代码中的软件工程

孟宁　编著

人 民 邮 电 出 版 社
北 京

图书在版编目（CIP）数据

代码中的软件工程 / 孟宁编著. -- 北京 : 人民邮电出版社, 2022.5
ISBN 978-7-115-57850-1

Ⅰ. ①代… Ⅱ. ①孟… Ⅲ. ①软件工程 Ⅳ. ①TP311.5

中国版本图书馆CIP数据核字(2021)第227084号

内 容 提 要

本书共五篇：第一篇介绍常用工具 VS Code、Git 和正则表达式；第二篇以 C 语言代码为例介绍工程化编程的基本方法，涵盖代码的风格和规范、模块化、可复用、可重入函数与线程安全等；第三篇介绍从需求分析到软件设计的基本建模方法——从需求分析开始，以 UML 为工具完成用例建模、业务领域建模、对象交互建模，最终形成设计方案；第四篇探讨软件的元素、结构、特性和描述方法，以及高质量软件的内涵等；第五篇回顾软件危机的前因后果，并将之与 PSP、TSP、CMM/CMMI、敏捷开发、DevOps 等软件过程和生命周期管理衔接起来。

本书以国家精品在线开放课程——“工程化编程实战”为核心内容，增加了常用工具、需求分析与建模方法、软件结构和软件过程等相关内容，内容全面、新颖，实践性强。本书主要针对在校学生编写，适合开设相关专业的普通高校和高职院校作为主要教材，也可供不同层次的自学者学习参考。

◆ 编　　著　孟　宁
　责任编辑　郭　媛
　责任印制　王　郁　焦志炜

◆ 人民邮电出版社出版发行　　北京市丰台区成寿寺路 11 号
　邮编　100164　　电子邮件　315@ptpress.com.cn
　网址　https://www.ptpress.com.cn
　保定市中画美凯印刷有限公司印刷

◆ 开本：800×1000　1/16
　印张：18.5　　　　　　2022 年 5 月第 1 版
　字数：403 千字　　　　2022 年 5 月河北第 1 次印刷

定价：89.90 元

读者服务热线：(010)81055410　印装质量热线：(010)81055316
反盗版热线：(010)81055315
广告经营许可证：京东市监广登字 20170147 号

前　言

目前，国内高校对于软件工程类课程的教授方法是以教师课堂授课为主，学生被动地听课，教学一般重理论而轻实践。中国科学技术大学软件学院软件工程课程在教学改革 10 年来一直寻找改变这一现状的方法，从中积累了一些教学经验，也在不断引入一些新的教学内容和教学思路，乃至对软件本身进行哲学上的思考。本书即这 10 年来的经验总结，编者将其整理出版，希望能抛砖引玉，激发软件工程在教学、研究和工程上的活力。

总体而言，本书兼有理论深度和实践厚度，内容丰富、由浅入深、层次鲜明。工欲善其事，必先利其器，本书首先从简单、实用的工具讲起，包括 VS Code、Git 以及正则表达式；接着以 C 语言代码为例介绍工程化编程的基本方法，涵盖了代码风格规范、模块化、可复用、可重入函数和线程安全等；然后从需求建模的角度，利用一种从需求分析到软件设计的基本建模方法，从需求分析开始，以 UML 为工具完成用例建模、业务领域建模、对象交互建模，最终形成设计方案；接着深刻讨论软件的本质和软件的结构，以软件科学化的视角梳理软件的基本构成元素、基本结构、设计模式、软件架构、质量属性，以及描述软件的不同视图等；最后从软件危机的历史讲起，回顾软件危机的前因后果，从还原论过渡到系统论，将软件的生命周期作为讨论的重点，并与业界主流的 PSP、TSP、CMM/CMMI、敏捷开发、DevOps 等软件过程和生命周期管理衔接起来。

在软件定义一切的时代，我们该如何定义软件？本书试图以从实践到理论、从还原论到系统论等不同的角度给出编者的思考和观点。毫无疑问软件已经成为人类生存的新一代基础设施，就像农业时代的禾本科农作物和农耕器械、工业时代的机械化工具和化石能源一样。智能软件已经渗透到人们生活的方方面面，成为人类赖以生存的条件之一，未来这一趋势将不断深化。

致谢

感谢我的同事白天老师、王超老师和汪炀老师，三位专家对本书内容进行了严谨的审核把关；本书部分内容的编写深受美国得州大学阿灵顿分校龚振和老师的启迪；《软件测试方法和技术》《敏捷测试：以持续测试促进持续交付》作者朱少民老师和《构建之法：现代软件工程》作者邹欣老师的成功经验和倾力指导使我受益良多；编写过程中我的同事华保健老师帮助我解答了一些问题。

本书得到了清华大学软件学院刘强老师、南京大学软件学院陈振宇老师、厦门大学计算机科学与技术系郑炜老师、中国矿业大学计算机科学与技术学院杨文嘉老师、北京电子科技学院网络空间安全系娄嘉鹏老师、淮阴师范学院计算机科学与技术学院桂斌老师、苏州工业园区服务外包学院谷瑞老师、苏州科技大学电子与信息工程学院胡伏原老师、西安交通大学计算机科学与技术学院鲍军鹏老师、浙江大学计算机学院翁恺老师、开课吧合伙人兼首席产品官孙志岗老师，以及我的同事朱宗卫老师和李曦老师等同行专家的评阅和指导，特对以上专家的关心和指导表示衷心的感谢并致以崇高的敬意！

在编写、修改和审校本书的过程中，编者得到人民邮电出版社信息技术出版分社社长陈冀康和编辑郭媛的全方位指导，并由他们对书稿进行了内容审核把关。本书的出版离不开出版社编辑团队所做的大量细致、专业的工作，在此对他们的辛苦工作表示衷心的感谢！

本书的出版得到中国科学技术大学研究生教材出版专项经费支持，感谢学校对教材编写工作的大力支持。

本书得以出版离不开编者的家人、朋友和同事各方面的支持和帮助，在此不一一列举姓名，一并表示诚挚的感谢！

由于本书是10年来讲稿的汇编整理，其间编者参考了大量互联网上的资料，时间跨度大，而且本领域的发展更多是以非正式的工程实践总结为主，严谨的学术论文并没有主导学科的发展，因此本书在参考文献的严谨性、规范性上有诸多不足。当然主要受限于编者水平，书中不当之处在所难免，欢迎广大读者批评指正，请关注微信公众号“读行学”与编者互动并给予反馈信息。另外，本书配套有完善的讲稿PPT、考试试题等资料，需要的读者可发送“所就职的学校+姓名+手机号”到 mengning997@163.com 索取，或者在公众号直接留言。如想获得本书参考文献和相关信息的电子版，可进入公众号“图书”菜单的本书页面附录1获得。

微信公众号“读行学”

孟宁

2021年11月

献给软件相关从业者和哲学爱好者！

在软件定义一切的时代，我们该如何定义软件？

如果一个现代哲学家不探究软件的哲学意义，那他已经是哲学的外行。

就像我们很难想象会有不去探究人类认知规律的古典哲学家一样。

资源与支持

本书由异步社区出品，社区（https://www.epubit.com）为您提供相关资源和后续服务。

配套资源

本书提供如下资源：

- 本书源代码；
- 书中彩图文件。

要获得以上配套资源，请在异步社区本书页面中点击 配套资源 ，跳转到下载界面，按提示进行操作即可。

提交勘误

作者和编辑尽最大努力来确保书中内容的准确性，但难免会存在疏漏。欢迎您将发现的问题反馈给我们，帮助我们提升图书的质量。

当您发现错误时，请登录异步社区，按书名搜索，进入本书页面，点击“提交勘误”，输入错误信息，点击“提交”按钮即可。本书的作者和编辑会对您提交的错误进行审核，确认并接受后，您将获赠异步社区的 100 积分。积分可用于在异步社区兑换优惠券、样书或奖品。

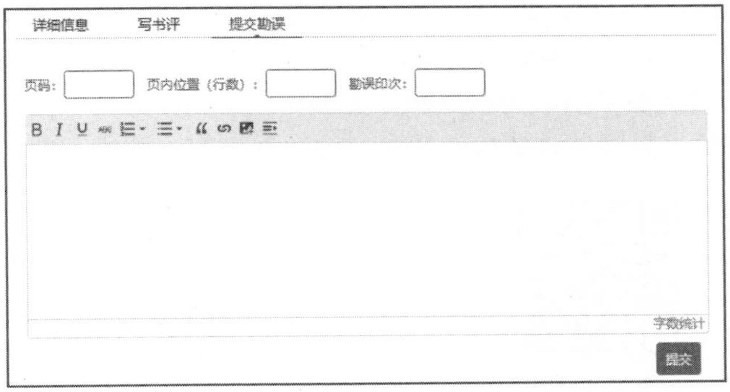

扫码关注本书

扫描下方二维码，您将会在异步社区微信服务号中看到本书信息及相关的服务提示。

与我们联系

我们的联系邮箱是 contact@epubit.com.cn。

如果您对本书有任何疑问或建议，请您发邮件给我们，并请在邮件标题中注明本书书名，以便我们更高效地做出反馈。

如果您有兴趣出版图书、录制教学视频，或者参与图书翻译、技术审校等工作，可以发邮件给我们；有意出版图书的作者也可以到异步社区在线提交投稿（直接访问 www.epubit.com/selfpublish/submission 即可）。

如果您所在的学校、培训机构或企业，想批量购买本书或异步社区出版的其他图书，也可以发邮件给我们。

如果您在网上发现有针对异步社区出品图书的各种形式的盗版行为，包括对图书全部或部分内容的非授权传播，请您将怀疑有侵权行为的链接发邮件给我们。您的这一举动是对作者权益的保护，也是我们持续为您提供有价值的内容的动力之源。

关于异步社区和异步图书

"异步社区"是人民邮电出版社旗下 IT 专业图书社区，致力于出版精品 IT 技术图书和相关学习产品，为作译者提供优质出版服务。异步社区创办于 2015 年 8 月，提供大量精品 IT 技术图书和电子书，以及高品质技术文章和视频课程。更多详情请访问异步社区官网 https://www.epubit.com。

"异步图书"是由异步社区编辑团队策划出版的精品 IT 专业图书的品牌，依托于人民邮电出版社近 40 年计算机图书出版的积累和专业编辑团队，相关图书在封面上印有异步图书的 Logo。异步图书的出版领域包括软件开发、大数据、AI、测试、前端、网络技术等。

异步社区

微信服务号

目　录

第一篇　工欲善其事，必先利其器

第二篇　工程化编程实战

第四篇 软件科学基础概论

第一篇

工欲善其事，必先利其器

“工欲善其事，必先利其器”，本部分精心介绍3种软件开发中常用的工具，即Visual Studio Code代码编辑器、Git分布式版本控制系统和正则表达式。后两种工具都被集成进了Visual Studio Code代码编辑器，因此我们可以围绕Visual Studio Code代码编辑器进行学习和训练。

第 1 章

编程“神器”Visual Studio Code

1.1 Visual Studio Code 的安装和基本用法

1.1.1 下载和安装 Visual Studio Code

Visual Studio Code（以下称 VS Code）的使用量近年来获得了“爆炸”式增长，成为广大开发者工具库中的必备“神器”。VS Code 是一个轻量且强大的代码编辑器，支持 Windows、macOS 和 Linux，内置 JavaScript、TypeScript 和 Node.js 支持，而且拥有丰富的插件生态系统，用户可通过安装插件来支持 C/C++、C#、Python、PHP 等语言。

VS Code 安装文件可以通过 VS Code 官方网站下载[①]。下载完 VS Code 安装文件，在 Windows 操作系统和 macOS 下可图形化安装，在此不赘述；在 Linux 操作系统（以 Ubuntu Linux 为例）下可以使用如下命令安装。

```
sudo apt install ./<filename>.deb
```

1.1.2 VS Code 界面概览

VS Code 主界面最左侧有六大主菜单，分别是文件资源管理器（Ctrl+Shift+E）、跨文件搜索（Ctrl+Shift+F）、源代码管理（Ctrl+Shift+G）、启动和调试（Ctrl+Shift+D）、远程资源管理器和管理扩展插件（Ctrl+Shift+X）。单击每个主菜单后都会显示对应的管理面板。图 1-1 所示为 VS Code 的界面概览。

通过 Ctrl+Shift+P 快捷键调出“查找并运行所有命令”工具，能够快速查找和运行所有命令。请务必牢记 Ctrl+Shift+P 快捷键。

另外，可使用 Ctrl+F 快捷键调出文件查找面板，以及使用 Ctrl+`（Esc 键下面的键）快捷键切换集成终端。

---

① 关注微信公众号“读行学”在“图书”菜单进入本书页面附录 1，即可获得 Visual Studio Code 的下载地址。

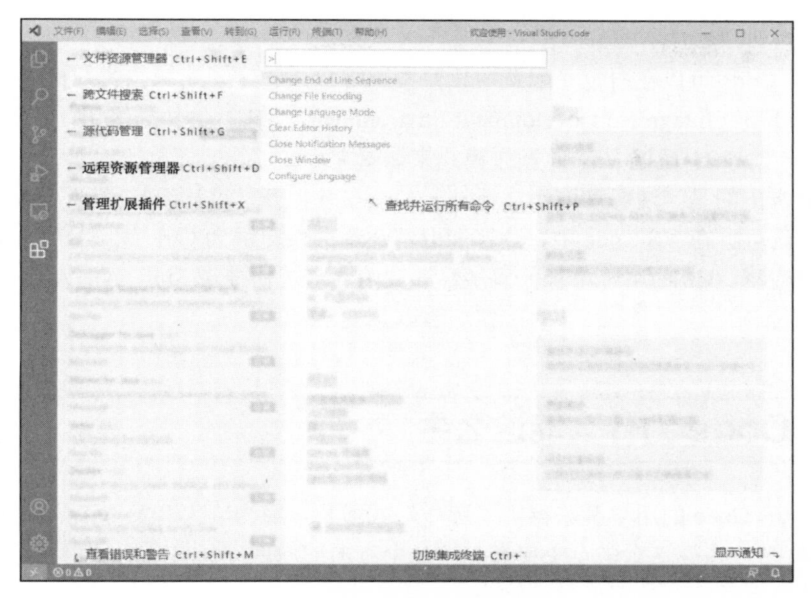

图 1-1 VS Code 的界面概览

1.1.3 VS Code 的基本配置

VS Code 界面语言的配置方法是按 Ctrl+Shift+P 快捷键调出查找并运行所有命令工具，输入 display 选择 Configure Display Language（配置显示语言），然后选择需要的语言，如 en 为英文、zh-cn 为简体中文。如果没有需要的语言可以选择 Install additional languages...（安装语言包），安装完语言包之后重新按 Ctrl+Shift+P 快捷键调出工具，选择 Configure Display Language，就可以看到刚才安装的语言包，选择之后重启 VS Code 就可完成语言配置。

通过“帮助”菜单打开“欢迎使用”，可以自定义界面颜色主题、安装相关工具和语言插件、设置和按键绑定等。

1.1.4 VS Code 的基本用法

VS Code 作为一款服务于软件开发者的文本编辑器，具备一般的文本编辑器所具有的基本功能，使用方法也基本类似，如新建文件（Ctrl+N）、关闭文件（Ctrl+W）、编辑文件和保存文件（Ctrl+S）、文件内搜索（Ctrl+F）等。

软件开发者在编辑和管理文件时以项目为单位，一个项目往往在一个独立的文件夹工作区（workspace）内，因此 VS Code 也具有文件资源管理器的特点，如打开文件夹（Ctrl+O）可以在文件资源管理器（Ctrl+Shift+E）管理面板中查看文件夹内的文件和目录，也可以关闭文件夹工作区（Ctrl+K F，注意该操作由两步完成：第一步为按 Ctrl+K 快捷键，第二步为按 F 键）。在软件开发过程中常常会同时打开多个源文件。也可以快速关闭所有文件（Ctrl+K W），以及关闭已保存的文件（Ctrl+K U）。

当然，VS Code 可以在自定义配置中设置按键绑定，通过安装插件的方式支持大多数编辑器或集成开发环境（Integrated Development Environment，IDE）的快捷键用法，如安装 Vim 插件后可以在 VS Code 中通过 Vim 的操作模式来编辑文本。

特别需要指出的是，注释和取消注释这一功能在软件开发过程经常用到，通过编辑菜单可以找到对应的选项。在 VS Code 中，注释和取消注释的快捷键为 Ctrl+/和 Shift+Alt+A，可以快捷地进行代码注释。Ctrl+/用于单行代码注释和取消注释，快捷键 Shift+Alt+A 用于代码块的注释和取消注释。

1.2 VS Code 为什么能这么牛①

近年来，VS Code 的用户量获得了“爆炸”式增长，成为广大开发者工具库中的必备“神器”。VS Code 为什么能这么牛？主要有以下几个方面的原因。

- 简洁而聚焦的产品定位贯穿始终。
- 进程隔离的插件模型是“定海神针”。UI 渲染与业务逻辑隔离，从而做到一致的用户体验。
- 代码理解和调试——LSP 和 DAP 两大协议“厥功至伟”。
- 集大成的 VS Code 远程开发环境。

1.2.1 简洁而聚焦的产品定位贯穿始终

你知道 VS Code 的核心开发团队人数只有 20 多个吗？难以相信吧！大家都觉得 VS Code “无所不能”，如此强大的工具仅 20 多个人怎么可能做得出来？实际上功能丰富是个“美好的错觉”，因为大部分针对特定编程语言和技术的功能都是第三方插件提供的。VS Code 的核心始终非常精简，这很考验产品团队的拿捏能力：做多了，臃肿，人手也不够；做少了，太弱，没人用。

“简洁”说到底是产品的“形态”，更关键的其实是前置问题——产品的定位，即它到底解决什么问题。

有如此多的编辑器和集成开发环境，我们为什么还需要一个新的工具？我们到底是需要一个代码编辑器（editor）还是集成开发环境（IDE）？VS Code 与代码编辑器及集成开发环境之间的关系如图 1-2 所示。

图 1-2 中 keyboard centric 的意思是以键盘为中心；lightweight/fast 的意思是轻量、快速；file/folders 的意思是支持文件和文件夹的管理功能；many languages 的意思是支持多种语言；code understanding 的意思是能够理解代码的语法规则和关键词；debug 的意思是支持代码调试

① 本节内容主要来自微软程序员李少侠的观点和分析。

功能；project systems 的意思是具有项目级别的管理功能；integrated build 的意思是集成了代码构建功能；templates,wizards 的意思是具有常用的工程模板和智能创建项目的工具；designers 的意思是对界面设计者比较友好；ALM integration 的意思是集成了项目的生命周期管理（Application Lifecycle Management，ALM）。

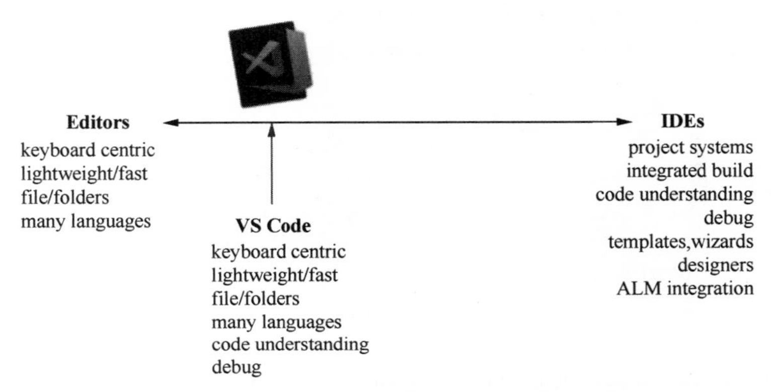

图 1-2 VS Code 与代码编辑器与集成开发环境之间的关系（源自 VS Code 官网）

VS Code 专注于开发者"最常用"的功能：编辑器+代码理解+版本控制+远程开发+调试。这是非常节制而平衡的选择。同时在产品的形式上 VS Code 力求简洁、高效。从结果来看，这个定位是相当成功的。

VS Code 相对较小的功能集，使开发者们能在代码质量上精益求精，最终使用户也得到一个性能优异的工具。这是 VS Code 从一众编辑器中脱颖而出的重要原因。

正是因为在产品定位以及团队职责上高度节制，团队成员才能把时间聚焦在开发者"最常用"的功能问题上，写出经得起考验的代码。而团队规模较小也使团队成员更易于做到行为层面的"整齐划一"。

1.2.2 进程隔离的插件模型是"定海神针"

有的人用 Node.js 开发，有的人用 Go 开发；有的人做前端开发，有的人做后台开发……VS Code 如何满足这些人五花八门的需求呢？机智的你已经抢答了——海量插件。

通过插件来扩展功能的做法已经是司空见惯的了，但如何保证插件的功能和原生工具的功能一样优秀呢？历史经验告诉我们——不能保证！

Eclipse 插件模型可以说是做得非常"彻底"了，从功能层面上讲它也是"无所不能"，但它存在几个烦人的问题：不稳定、难用、慢。所以不少用户转投 IntelliJ 的怀抱。可谓"成也插件，败也插件"。

不同团队写出来的代码，无论是思路还是质量，都不一致。最终可能会导致用户得到一个又乱又卡的产品。所以要让插件在稳定性、速度和用户体验的层面都做到和原生工具的功能一致，只能是一个"美好的愿望"。

享有“宇宙第一 IDE”美名的 Visual Studio 却可以“搞定”所有功能，并且做到优秀，让别人“无事可做”。IntelliJ 与之相仿，开箱即用，插件可有可无。这么看起来，自己搞定所有的事情是个好办法，但你是否知道，Visual Studio 背后有上千人的工程师团队。

Eclipse 核心部分的开发者就是早期的 VS Code 核心开发团队成员，所以他们没有“两次踏入同一条河流”。与 Eclipse 不同，VS Code 选择了“把插件关进笼子里”，造就了 VS Code 的“定海神针”——进程隔离的插件模型，如图 1-3 所示。

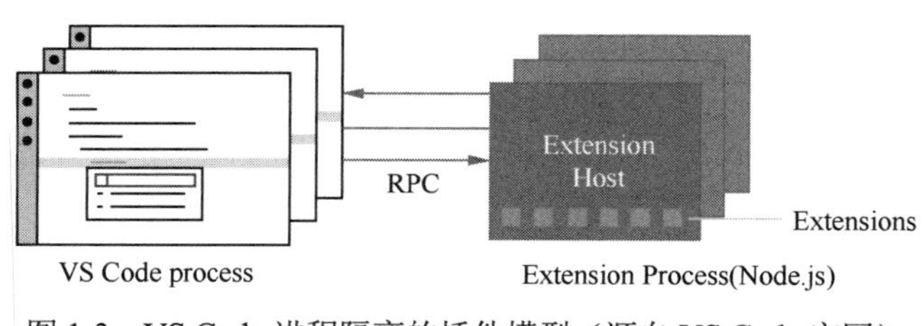

图 1-3　VS Code 进程隔离的插件模型（源自 VS Code 官网）

图 1-3 中 VS Code process 的意思是 VS Code 进程；RPC 的意思是远程过程调用（Remote Procedure Call）；Extension Process(Node.js)的意思是用 Node.js 实现的扩展插件进程；Extension Host 和 Extensions 的意思是扩展插件主机中有多个扩展插件。

稳定性对于 VS Code 来说尤为重要。VS Code 基于 Electron.js，但它实质上是个 Node.js 环境，而 Node.js 是单线程的，任何代码崩溃都会带来灾难性的后果，所以 VS Code 干脆不信任任何人，把各个插件放到单独的进程里，某个插件进程崩溃也无法干扰主进程代码的执行，因此主程序的稳定性得到了保障。

解决了稳定性的问题之后，最关键的问题就是影响易用性的问题了，具体来说，就是混乱的界面和流程。究其原因就是海量插件无法做到界面语言统一有序，这导致用户的学习曲线异常陡峭，并且在面临问题时没有统一的解决问题的路径。用两个字概括就是“难用”。

VS Code 的做法是根本不给插件开发者“发明”新界面的机会。

VS Code 统管所有用户界面交互，制定用户界面交互的标准，所有用户的操作被转化为各种请求发送给插件进程，插件能做的就是响应这些请求。插件进程只能专注于业务逻辑处理，从而做到从始至终插件都不能“决定”或者“影响”界面元素如何被渲染，比如颜色、字体等，至于在用户交互过程中弹出对话框一类的动作更是完全不可能的。这种用户界面（User Interface，UI）渲染与业务逻辑隔离的做法提供了一致的用户体验。

1.2.3　代码理解和调试——LSP 和 DAP 两大协议“厥功至伟”

绝大部分代码理解和调试功能都是由第三方插件来实现的，这些用于代码理解和调试的第三方插件与 VS Code 主进程之间的桥梁就是两大协议——语言服务协议（Language Server Protocol，LSP）和调试适配协议（Debug Adapter Protocol，DAP）。

全栈开发早已成为这个时代的主流，软件开发从业者们越来越不被某种特定的语言或者技术所局限，这对我们手里的开发者工具提出了新的挑战。举个例子，用 TypeScript 和 Node.js 做前端，同时用 Java 写后台，偶尔也用 Python 做一些数据分析，那么我很有可能需要若干个工具。这样做的问题就在于我需要在不同的工具间频繁切换，无论从系统资源消耗的角度，还是用户体验的角度来看，这都是很低效的。

那么有没有一种工具能在同一个工作区里把 3 种语言都“搞定”呢？VS Code 就是能同时支持多语言的开发环境，而多语言支持的基础就是 LSP。

LSP 在短短几年内取得了空前的成功，到目前为止，已经有来自微软等公司以及社区的一百多个实现，基本覆盖了所有主流编程语言。同时，它也被其他开发工具所采纳，如 Atom、Vim、Sublime、Emacs、Visual Studio 和 Eclipse，这也从另一个角度证明了 LSP 的优秀。

更难能可贵的是，LSP 还做到了轻量和快速，这可以说是 VS Code 的“杀手级”特性了。又强大又轻巧，它到底怎么做到的呢？先划重点：①节制的设计；②合理的抽象；③周全的细节。

在产品设计中追求大而全是很常见的。如果让我来设计这么一个用来支持所有编程语言的产品，第一反应很可能会将其设计成涵盖所有语言特性的超集。

微软就有过这样的尝试，如 Roslyn——一个语言中立的编译器，C#和 VB.NET 的编译器都是基于它做的。大家都知道 C#在语言特性层面是非常丰富的，Roslyn 能支撑起 C#足以说明它的强大。

那么问题来了，为什么它没有在社区得到广泛应用呢？我想根本原因是“强大”所带来的副作用——复杂。语法树就已经很复杂了，其他各种特性以及它们之间的关系更是让人望而却步，这样一个“庞然大物”，普通开发者是不敢轻易去碰的。

LSP 显然把小巧作为设计目标之一，它选择做最小子集，贯彻了团队一贯“节制”的作风。它关心的是用户在编辑代码时最经常处理的物理实体（如文件、目录）和状态（如光标位置），它根本没有试图去理解语言的特性，当然编译也不是它所关心的问题，所以自然不会涉及语法树一类的复杂概念。

小归小，功能可不能少，所以抽象就非常关键了。LSP 最重要的概念是动作和位置，LSP 的大部分请求都是在表达“在特定位置执行规定的动作”。将功能抽象成请求（request）和响应（response），同时规定请求和响应的数据规格（schema）。在开发者看来，其概念非常少，交互形式也很简单，实现起来非常容易，学习和理解起来非常轻松。

LSP 作为一个经典案例告诉我们，做设计的时候一定要倾向于简单。首先 LSP 是一个基于文本的协议，文本可降低理解和调试的难度。参考超文本传送协议（Hypertext Transfer Protocol，HTTP）和描述性状态迁移（Representational State Transfer，REST）的成功，很难想象如果它是一个二进制协议会带来什么局面。另外，同样是文本协议的简单对象访问协议（Simple Object Access Protocol，SOAP）也早已“作古”，足以说明“简单”在打造开发者生态里的重要性。

其次 LSP 是一个基于 JSON 的协议，JSON 可以说是最易读的结构化数据格式。大家看看各个代码仓库里的配置文件都是什么格式就知道这是个多么正确的决定了。现在还有人在新项目里用可扩展标记语言（Extensible Markup Language，XML）吗？几乎没有，人们一般都会倾向于选择更简单的 JSON。

最后 LSP 是一个基于 JSON 的远程过程调用（Remote Procedure Call，RPC）协议。由于

JSON 很流行，各大语言都对它有极好的支持，所以开发者根本不需要处理序列化、反序列化一类的问题，这对于实现层面来说也是选择了“简单”。

在 VS Code 或其他 IDE 中添加不同语言的调试器是令人沮丧的工作，因为每个调试器都使用不同的 API 来实现大致相同的功能，因此无法轻松适配诸多不同的调试器。

DAP 协议背后的理念是对 VS Code 与调试器进行协作的方式抽象到协议中。这样不同的调试器只要针对 DAP 协议开发调试适配器就可以与 VS Code 进行协作调试程序。这样 DAP 协议使 VS Code 能够通过调试适配器与不同的调试器进行协作成为可能。基于 DAP 协议的调试适配器不仅在 VS Code 中，还可以在其他多个开发工具中重复使用，从而显著减少了在不同工具中支持新调试器的工作量。

LSP 和 DAP 两大协议通过合理的抽象使代码理解和调试在 VS Code 中轻松支持众多编程语言及其调试器。

1.2.4 集大成的 VS Code 远程开发环境

使用 VS Code 远程开发环境（VS Code Remote Development，VSCRD）可以在远程环境（如云端虚拟机、容器）里打开一个 VS Code 工作区，用本地的 VS Code 连上去就像在本地开发一样方便。VS Code 远程开发环境示意图如图 1-4 所示。

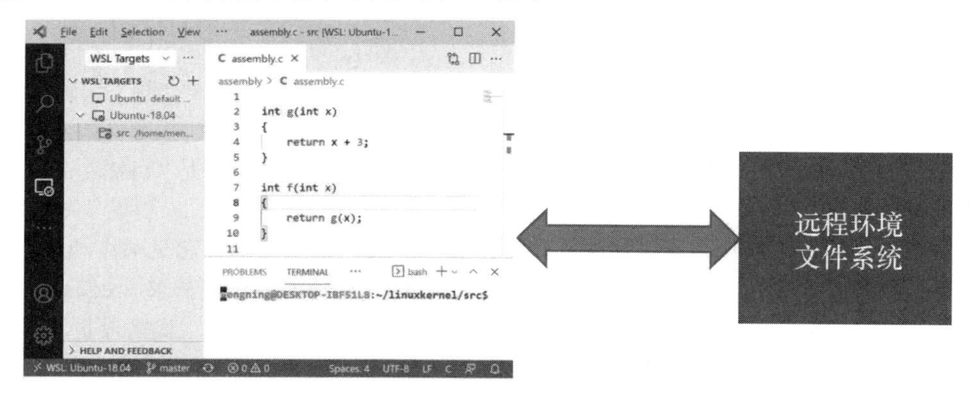

图 1-4 VS Code 远程开发环境示意图

VS Code 远程开发环境所有的交互都在本地 UI 内完成，响应迅速。而远程桌面由于传输的是截屏画面，数据往返延迟很大，卡顿是常态。

VS Code 远程开发环境的 UI 运行在本地，遵从所有本地设置，所以开发者依然可以使用自己所习惯的快捷键、布局、字体，避免在远程主机上重复配置带来工作效率层面的开销。

在远程工作区里，VS Code 的原生功能和所有第三方插件的功能都依然可用，避免了采用远程桌面方式需要在远程工作区重新安装第三方插件。

总之，VS Code 远程开发环境将远程文件系统完整地映射到本地，使远程工作区和本地工作区两者在操作逻辑上基本一致。VS Code 远程开发环境为什么那么“神奇”，能够实现以上效果呢？VS Code 远程开发环境工作原理示意图如图 1-5 所示。

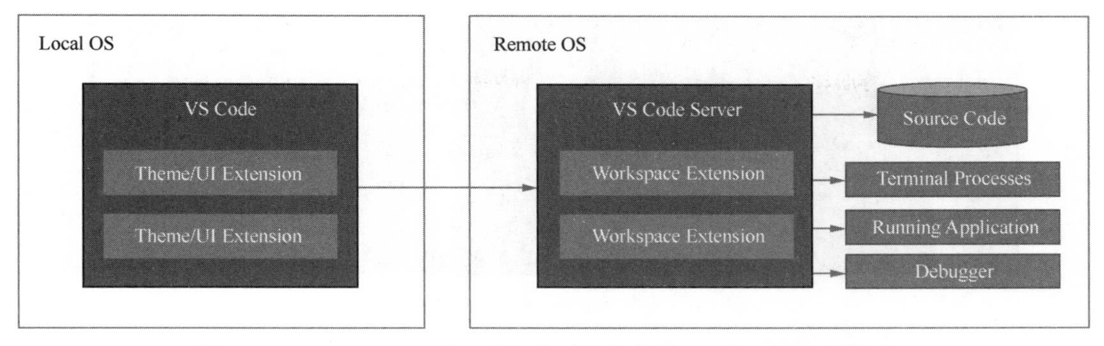

图 1-5 VS Code 远程开发环境工作原理示意图（源自 VS Code 官网）

图 1-5 中 Local OS 是本地操作系统；Remote OS 是远程操作系统；Theme/UI Extension 是界面主题插件；Workspace Extension 是工作区插件；Source Code 是源代码的文件系统；Terminal Processes 是终端控制台相关进程；Running Application 是运行中的应用程序，指当前开发的程序；Debugger 是调试器。

进程隔离的插件模型中插件主机 Extension Host（也就是 VS Code Server）与主程序通过 JSON RPC 进行网络通信，那么把插件主机 Extension Host 放在远程或者放在本地运行并没有本质的区别。UI 渲染与插件逻辑隔离，所有插件的 UI 都由 VS Code 统一渲染，所以插件里面只有纯业务逻辑，行为高度统一，在远程还是本地运行并没有区别。VS Code 的两大协议 LSP 和 DAP 都非常精简，天然适合网络延迟高的情况，用在远程开发上非常合适。

由此可见，VS Code 的开发团队在其架构上的决策无疑是非常有前瞻性的，与此同时，他们对细节的把握也无可挑剔。正因为有如此良好的架构设计和如此扎实的工程基础，VS Code 远程开发环境这样神奇的工具才得以诞生。VS Code 远程开发环境被认为是 VS Code 的集大成者。

VS Code 远程开发环境有两大非常有用的应用场景。一是开发环境配置起来很烦琐的场景，如物联网开发，需要自己安装和配置各种工具和插件。在 VS Code 远程开发环境里，使用一个远程工作区的模板即可解决。二是本地计算机配置太低，无法执行某些任务，比如大数据分析、深度学习训练，海量数据或计算资源需求量大的任务需要非常好的机器或云计算环境。在 VS Code 远程开发环境里，可以直接操作远程文件系统，使用远程的计算资源。

1.3 基于 VS Code 的 C/C++开发调试环境配置

1.3.1 安装 C/C++插件

打开 VS Code，单击最左侧的管理扩展插件图标。在扩展插件市场里搜索 C++，找到 Microsoft C/C++扩展插件 C/C++ for Visual Studio Code，单击 Install 安装即可，如图 1-6 所示。

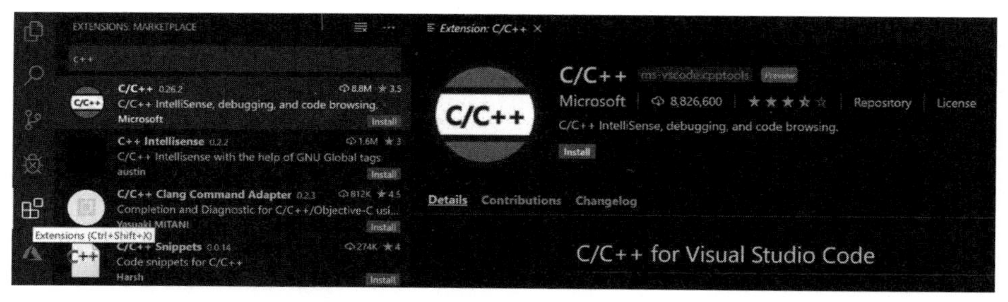

图 1-6　安装 Microsoft C/C++扩展插件

1.3.2　安装 C/C++编译器和调试器

VS Code 的 C/C++插件并不包含 C/C++编译器和调试器，我们需要自己安装 C/C++编译器和调试器，如果你在计算机上已经安装了 C/C++编译器和调试器可以直接使用。在不同操作系统中常用的 C/C++编译器和调试器如下。

- GCC on Linux。
- MinGW-W64 is GCC for Windows 64 & 32 bits。
- Microsoft C++ compiler on Windows。
- Clang for XCode on macOS。

不同的 C/C++编译器和调试器的用法有所不同，由于 GNU 编译器套件（GNU Compiler Collection，GCC）在不同操作系统上都可以使用，而且用法基本一致，我们这里选用 MinGW-W64 用于 Windows 操作系统，选用 GCC 和 GNU 调试器（GNU Debugger，GDB）用于不同的 Linux 发行版和 macOS。

1．Windows 操作系统下安装 MinGW-W64

MinGW（Minimalist GNU for Windows）是一个适用于 Windows 操作系统的应用程序的极简开发环境。MinGW 提供了一个完整的开源编程工具集，适用于原生 MS-Windows 应用程序的开发，并且不依赖于任何第三方 C 运行时动态链接库（Dynamic Link Library，DLL）。MinGW 主要供在 MS-Windows 平台上工作的开发人员使用，也可以跨平台使用。

MinGW-W64 是原始的 mingw.org 项目的升级版，该项目旨在支持 Windows 操作系统上的 GCC 编译器。它在 2007 年有了不同版本，以便为 64 位和新 API 提供支持。从那以后，它得到了广泛的使用和开发。

在 Windows 操作系统下可以下载 MinGW-W64 的安装文件①MinGW-W64-install.exe，运行安装文件，如图 1-7 所示。

图 1-7 所示安装 MinGW-W64-install.exe 的过程中有几个选项需要说明。

- Version：制定版本号，从 4.9.1 到 9.x.0，按需选择，没有特殊要求，可用最新版。
- Architecture：跟操作系统有关，64 位系统选择 x86_64，32 位系统选择 i686。
- Threads：设置线程标准，可选 posix 或 win32，为了与其他平台保持一致，这里我们

① 关注微信公众号“读行学”在“图书”菜单进入本书页面附录 1，即可获得 MinGW-W64 的安装文件下载地址。

选择 posix。

- Exception：设置异常处理系统，Architecture 为 x86_64 时可选 seh 或 sjlj，为 i686 时可选 dwarf 或 sjlj。
- Build revision：构建版本号，选择最大即可。

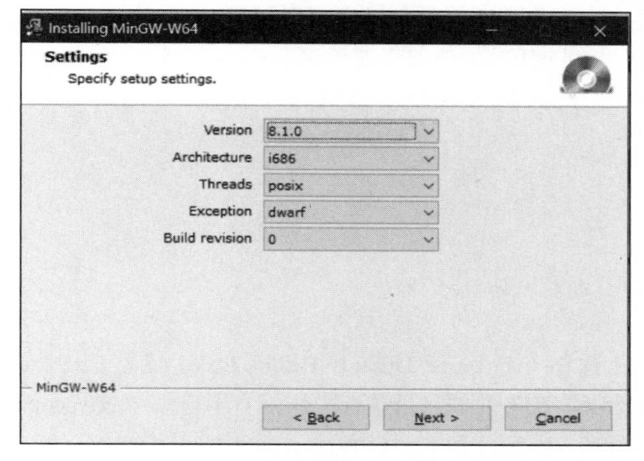

图 1-7 运行安装文件 MinGW-W64-install.exe

添加环境变量后，打开命令提示符窗口，执行命令 gcc -v 和 gdb -v 看看是否安装成功。

2. Ubuntu Linux 操作系统下安装 GCC 和 GDB

在 Ubuntu Linux 操作系统下安装 GCC 和 GDB 的命令如下。

```
sudo apt update
sudo apt install build-essential
gcc -v # 看看是否安装成功
sudo apt install gdb
gdb -v # 看看是否安装成功
```

3. macOS 下安装 GCC 和 GDB

在 macOS 下安装 GCC 和 GDB 的命令如下。

```
xcode-select —install
brew update
brew install gcc
# 因为在 macOS 下 gcc 这个名称被占用，这里 gcc-9 中的 9 为版本号
/usr/local/bin/gcc-9 -v # 看看是否安装成功
brew install gdb
/usr/local/bin/gdb -v # 看看是否安装成功
```

1.3.3 配置 Visual Studio Code 构建任务

在命令行下使用“code .”命令可以打开当前文件夹，并将当前文件夹作为工作区。同时 VS Code

会在当前工作区创建.vscode 文件夹并在其中创建 3 个 JSON 配置文件，如下。

- tasks.json (build instructions)。
- launch.json (debugger settings)。
- c_cpp_properties.json (compiler path and IntelliSense settings)。

tasks.json 配置文件是用来告诉 VS Code 如何编译程序，这里我们可以通过修改 tasks.json 配置构建任务，实际上就是调用 GCC 编译器将源代码编译成可执行程序。

我们可以使用以下 hello.c 代码测试构建任务是否成功。

```
#include <stdio.h>

int main()
{
    printf("hello world!\n");
}
```

通过菜单 Terminal 选择 Configure Default Build Task...或者 Configure Tasks...，然后选择 C/C++: gcc build active file，在当前项目目录（工作区）下自动生成.vscode/tasks.json 配置文件，构建任务的简要配置示例 tasks.json 如下，其中 command 表示指明编译器；args 表示编译器 GCC 的参数；isDefault 为 true 表示按 Ctrl+Shift+B 快捷键将自动执行默认构建任务（default build task）。

```
{
    "version": "2.0.0",
    "tasks": [
        {
            "type": "shell",
            "label": "gcc build active file",
            "command": "/usr/local/bin/gcc-9",
            "args": [
                "-g",
                "${file}",
                "-o",
                "${fileDirname}/${fileBasenameNoExtension}"
            ],
            "group": {
                "kind": "build",
                "isDefault": true
            }
        }
    ]
}
```

1.3.4 配置 Visual Studio Code 调试环境

配置文件 launch.json 用于告诉 VS Code 如何调用调试器调试程序，我们以 GDB 为例。配置调试环境可以通过单击 VS Code 主界面左侧的“启动和调试”或者按快捷键 Ctrl+Shift+D 进入 Debug 二级菜单，然后创建一个 launch.json 配置文件（create a launch.json file），选择 C++（GDB/LLDB）。

调试环境配置文件 launch.json 的简单示例如下。

```
{
    "version": "0.2.0",
    "configurations": [
        {
            "name": "gcc build and debug active file",
            "type": "cppdbg",
            "request": "launch",
            "program": "${fileDirname}/${fileBasenameNoExtension}",
            "args": [],
            "stopAtEntry": true,
            "cwd": "${workspaceFolder}",
            "environment": [],
            "externalConsole": false,
            "MIMode": "gdb",
            "setupCommands": [
                {
                    "description": "Enable pretty-printing for gdb",
                    "text": "-enable-pretty-printing",
                    "ignoreFailures": true
                }
            ],
            "preLaunchTask": "gcc build active file",
            "miDebuggerPath": "/usr/local/bin/gdb"
        }
    ]
}
```

进行程序调试的方法是通过菜单 Run 选择 Start Debugging 或者直接按 F5 键。

1.4 VS Code 远程开发环境配置

1.4.1 VS Code 远程开发环境概述

VS Code 远程开发环境可以在远程主机（包括云主机）、容器（如 Docker）、适用于 Linux 的 Windows 子系统（Windows Subsystem for Linux，WSL）等搭建。

VS Code 远程开发环境支持多种模式，以本地和远程的通信方式及远程环境的类型来划分，如下。

1．Remote-SSH

Remote-SSH 是最常见的方案，不论远程环境是何种类型，都可以通用地支持不同类型的操作系统、容器、云主机、WSL 等。VS Code 远程开发环境 Remote-SSH 如图 1-8 所示。

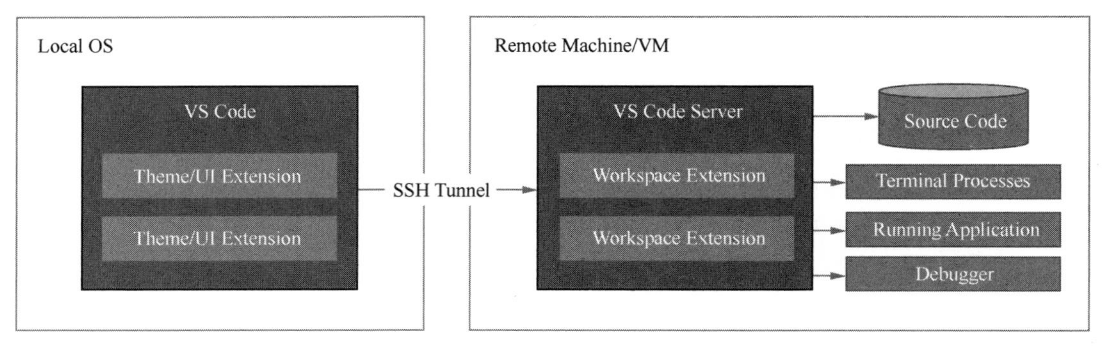

图 1-8 VS Code 远程开发环境 Remote-SSH（源自 VS Code 官网）

图 1-8 中 Local OS 是本地操作系统；Remote Machine/VM 是远程计算机或虚拟机；Theme/UI Extension 是界面主题插件；SSH Tunnel 是安全外壳协议（Secure Shell，SSH）隧道；Workspace Extension 是工作区插件；Source Code 是源代码的文件系统；Terminal Processes 是终端控制台相关进程；Running Application 是运行中的应用程序，指当前开发的程序；Debugger 是调试器。

2．Remote-WSL

Remote-WSL 仅限于 Windows 用户在本机使用 WSL 方式安装的 Linux 操作系统下运行，Windows 和 Linux 操作系统之间可以直接挂载文件系统，文件读写速度比较快，但这不是一种通用的解决方案。VS Code 远程开发环境 Remote-WSL 如图 1-9 所示。

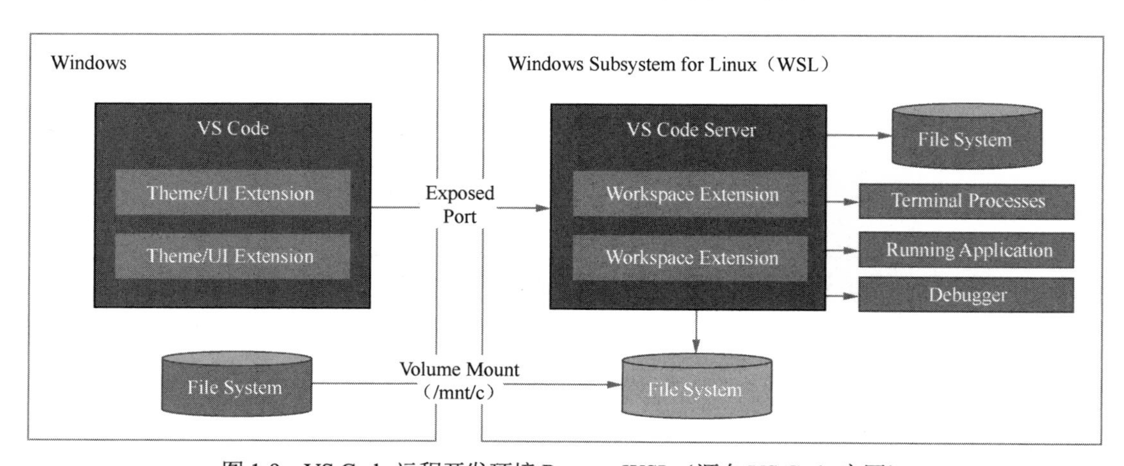

图 1-9 VS Code 远程开发环境 Remote-WSL（源自 VS Code 官网）

图 1-9 中，除了前文已经注明的英文，Windows Subsystem for Linux（WSL）指本地 Windows 主机的子系统 Linux；File System 是文件系统；Exposed Port 是暴露端口；Volume Mount(/mnt/c)

是指将本地文件系统挂载到 WSL 中的/mnt/c 目录。

3. Remote-Containers

Remote-Containers 这种方式适用于项目运行环境是 Docker 一类的容器。本地系统中安装了 Docker 一类的容器，这样本机操作系统和容器环境可以挂载共享源代码，文件读写速度比较快，但这不是一种通用的解决方案。VS Code 远程开发环境 Remote - Containers 如图 1-10 所示。

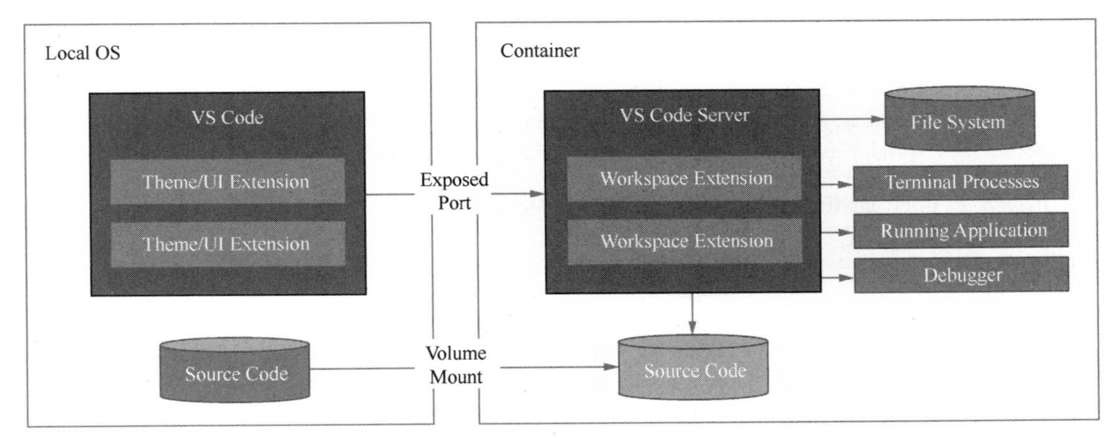

图 1-10 VS Code 远程开发环境 Remote-Containers（源自 VS Code 官网）

图 1-10 中，除了前文已经注明的英文，Container 是容器，这里指本地系统上运行的容器，因为要将本地的源代码挂载到容器里。

4. GitHub Codespaces

Visual Studio Codespaces 是微软提供的云上远程开发环境，注册开通后本地 VS Code 可以直接连接使用，无须自行配置远程开发环境，这样开发、部署、运维全部可以上云了。

目前 Visual Studio Codespaces 服务已关闭，它被 GitHub Codespaces 取代。

5. Web Remote-code-server

code-server 是在浏览器打开远程开发环境里的 VS Code，无须在本地安装 VS Code。

在上述 5 种远程开发环境中，我们以最为通用的 Remote-SSH 和 Web Remote-code-server 为例介绍其具体的安装配置过程。

1.4.2 VS Code 远程开发环境 Remote-SSH 配置

使用 VS Code 远程开发环境 Remote-SSH 配置模式可以打开远程主机、虚拟机、容器或者 WSL 上的远程目录，只要配置了 SSH 服务器，VS Code 就能像访问本地目录一样访问 SSH 远程目录。

VS Code 远程开发环境 Remote-SSH 配置大致分为两步：（1）在远程环境配置 SSH 服务器；（2）在本地 VS Code 中安装 Remote-SSH 插件并连接 SSH 服务器。

下面对这两个步骤进行具体介绍。

（1）在远程环境中配置 SSH 服务器。

安装 SSH 服务器 openssh-server。

```
$ sudo apt install openssh-server
```

如果 Ubuntu Linux 已经默认安装了 openssh-server，但并没有配置和启动 SSH 服务器。使用 sudo/etc/init.d/ssh start 命令启动，会提示不能加载 host key，如下。

```
$ sudo /etc/init.d/ssh start
 * Starting OpenBSD Secure Shell server sshd
Could not load host key: /etc/ssh/ssh_host_rsa_key
Could not load host key: /etc/ssh/ssh_host_ecdsa_key
Could not load host key: /etc/ssh/ssh_host_ed25519_key
```

重新安装 openssh-server，并且在安装过程中会更新配置文件/etc/ssh/sshd_config。

```
$ sudo apt remove openssh-server
$ sudo apt install openssh-server
```

安装好 openssh-server，修改配置文件/etc/ssh/sshd_config 中的 PasswordAuthentication 配置项为 yes，然后使用 sudo /etc/init.d/ssh start 命令启动 SSH 服务，如下。

```
$ sudo vi /etc/ssh/sshd_config
PasswordAuthentication yes
$ sudo /etc/init.d/ssh start
 * Starting OpenBSD Secure Shell server sshd
```

如果没有出错，则用 putty、SecureCRT、SSH Secure Shell Client 等 SSH 客户端软件，输入你的服务器的 IP 地址。如果一切正常，等一会儿就可以连接上了。并且使用现有的 Ubuntu Linux 用户名和密码就可以登录了。也可以在 SSH 服务器上通过 ssh 命令登录，自己测试 SSH 服务器是否工作正常。这里在 Windows PowerShell 中使用格式为 ssh name@ip 的命令登录，测试效果如下。

```
PS C:\Users\lx> ssh mengning@192.168.0.210
mengning@192.168.0.210's password:
Welcome to Ubuntu 18.04.4 LTS (GNU/Linux 4.4.0-17763-Microsoft x86_64)
...
mengning@DESKTOP-IBF51L8:~$ exit
logout
Connection to 192.168.0.210 closeD.
PS C:\Users\lx>
```

如果通过证书认证登录 SSH 服务器，则在 SSH 服务过程中，所有的内容都是加密传输的，安全性更加有保证，而且经过证书认证设置还能实现自动登录，更方便、更安全。首先需要生成 RSA 密钥对，可以直接使用 ssh-keygen 命令生成，如下。

```
$ ssh-keygen
Generating public/private rsa key pair.
```

```
Enter file in which to save the key (/home/mengning/.ssh/id_rsa):
Enter passphrase (empty for no passphrase):
Enter same passphrase again:
Your identification has been saved in /home/mengning/.ssh/id_rsA.
Your public key has been saved in /home/mengning/.ssh/id_rsA.puB.
The key fingerprint is:
SHA256:2GVPKrRdFxAaD8xoxDmseD0UrOK9af8c1g1XVZJkFG0 mengning@DESKTOP-IBF51L8
The key's randomart image is:
+---[RSA 2048]----+
...
+----[SHA256]-----+
```

生成的 RSA 密钥对存放在默认目录下。使用 ssh-keygen 命令生成密钥对的过程中会提示输入 passphrase，这相当于给证书加个密码，是提高安全性的措施，这样即使证书不小心被人复制也不怕。当然如果不输入 passphrase，后面即可实现通过证书认证的自动登录，这里留空。

ssh-keygen 命令会生成两个密钥，首先将公钥通过 ssh-copy-id 命令发给 SSH 服务器，然后将私钥从服务器上复制出来，并删除服务器上的私钥文件。

```
~$ ssh-copy-id -i ~/.ssh/id_rsA.pub mengning@192.168.0.210
/usr/bin/ssh-copy-id: INFO: Source of key(s) to be installed:
"/home/mengning/.ssh/id_rsA.pub"
/usr/bin/ssh-copy-id: INFO: attempting to log in with the new key(s), to filter
out any that are already installed
/usr/bin/ssh-copy-id: INFO: 1 key(s) remain to be installed -- if you are prompted
now it is to install the new keys
mengning@192.168.0.210's password:
Number of key(s) added: 1
Now try logging into the machine, with:   "ssh 'mengning@192.168.0.210'"
and check to make sure that only the key(s) you wanted were added
```

这里为了测试密钥在 SSH 服务器是否配置成功，我们就在 SSH 服务器主机上配置 SSH 客户端自动登录来测试。创建 SSH 客户端配置文件~/.ssh/config，如下。

```
vi ~/.ssh/config
Host start
    HostName 127.0.0.1
    User mengning
    PreferredAuthentications publickey
    identityfile ~/.ssh/id_rsa
    Port 22
```

配置文件~/.ssh/config 的权限需要适当设置，使 SSH 客户端有权限读取配置文件。类 UNIX 操作系统下使用以下命令。

```
sudo chmod 600 ~/.ssh/config
```

这时就可以使用以下命令自动登录了。

```
ssh mengning@192.168.0.210
```

如果是生产环境，建议为了安全修改配置文件/etc/ssh/sshd_config 中的 PasswordAuthentication 配置项为 no，关闭密码登录，然后使用 sudo /etc/init.d/ssh restart 命令启动 SSH 服务。

到这里 SSH 服务器就配置好了，而且还有一个私钥 id_rsa 文件作为通行证，接下来就可以配置 VS Code 远程开发环境了。

（2）在本地 VS Code 中安装 Remote-SSH 插件并连接 SSH 服务器。

按 Ctrl+Shift+X 快捷键进入插件菜单，搜索 Remote-SSH，如图 1-11 所示，安装 Remote-SSH 插件。

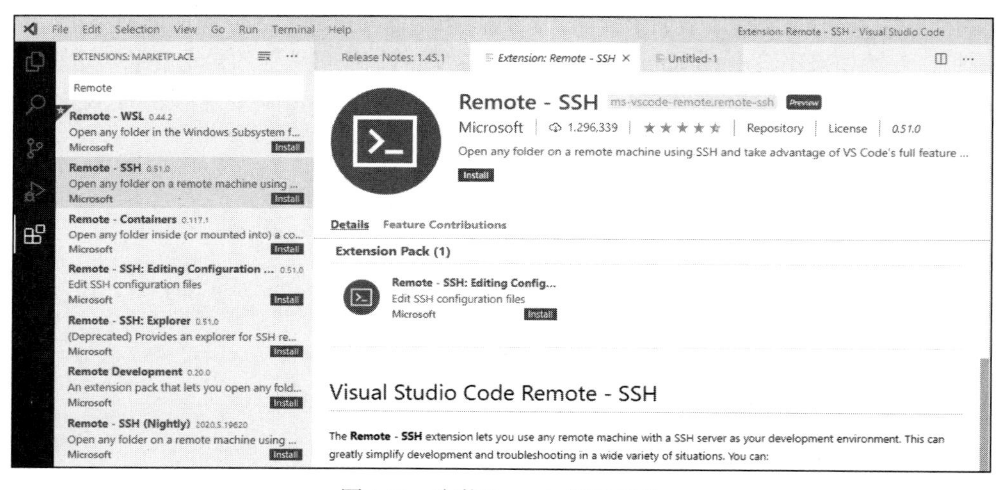

图 1-11　安装 Remote-SSH 插件

按 Ctrl+Shift+P 快捷键或者按 F1 键进入命令行，搜索 ssh，如图 1-12 所示，选择 Remote-SSH:Add New SSH Host...。

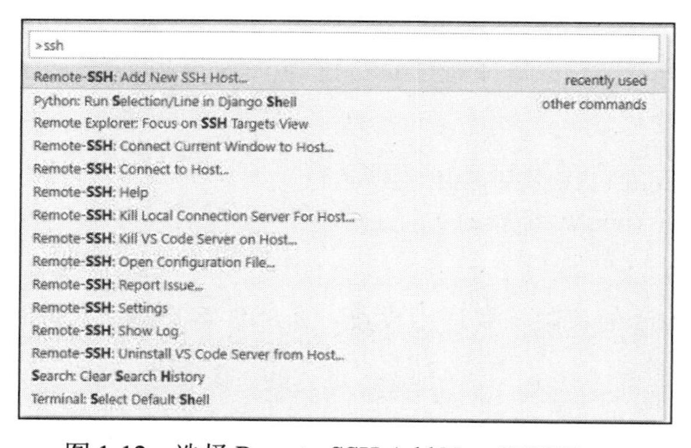

图 1-12　选择 Remote-SSH:Add New SSH Host...

填入格式为 ssh name@ip 的登录命令，如图 1-13 所示。

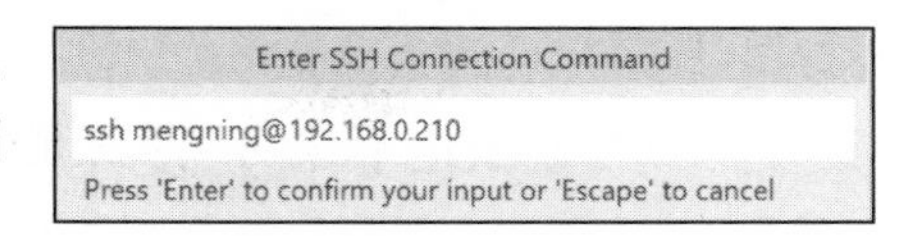

图 1-13 填入登录命令

然后在~/.ssh/目录下配置 config 文件如下，并把私钥 id_rsa 文件放到~/.ssh/目录下。

```
Host 192.168.0.210
    HostName 192.168.0.210
    User mengning
        PreferredAuthentications publickey
        IdentityFile ~/.ssh/id_rsa
        Port 22
```

可以在命令行下使用 ssh mengning@192.168.0.210 测试使用该配置文件和私钥 id_rsa 文件是否能正常登录远程主机。

接下来就可以按 Ctrl+Shift+P 快捷键或者按 F1 键进入命令行，搜索 ssh，选择 Remote-SSH: Connect to Host...，然后选择 192.168.0.210，在连接过程中及时根据提示选择远程主机的操作系统类型，如 Linux、Windows 或 macOS，以便 VS Code 登录到远程主机安装 VS Code Server。

安装完成后，通过 VS Code 远程开发环境就像在本地主机上一样，可以打开远程目录，也可以直接打开远程主机的终端。这样就可以愉快地使用 VS Code 远程开发环境了，如图 1-14 所示。

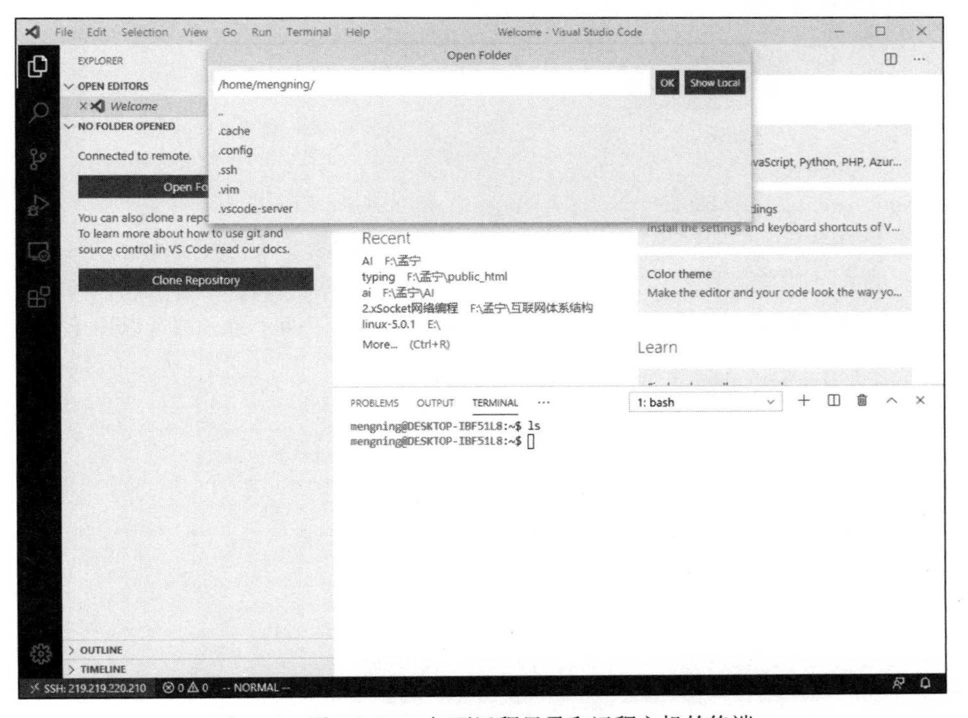

图 1-14 用 VS Code 打开远程目录和远程主机的终端

1.4.3　VS Code 远程开发环境 Web Remote-code-server 配置

对于 VS Code 远程开发环境 Web Remote，只要在服务器端安装配置好 code-server，就可以在任何浏览器上使用 VS Code，也就是 code-server 将 VS Code 打包到了 Web 服务中，这样也就实现了另外一种 VS Code 远程开发环境 Web Remote。只是这是第三方（coder.com）提供的解决方案，不是 VS Code 官方提供的解决方案。

code-server 是 coder.com 提供的解决方案，读者可以在 GitHub 网站搜索 code-server 项目。code-server 支持多种运行环境，如 Debian、Ubuntu、Fedora、Red Hat、SUSE、Arch Linux、macOS 等，也支持使用 yarn 和 npm 方式安装，还支持在 Docker 环境下运行。我们还是以 WSL Ubuntu Linux 为例简单介绍 code-server 的安装配置过程。

可以直接使用官方提供的脚本按以下命令安装，根据提示操作即可。

```
curl -fsSL https://code-server.dev/install.sh | sh -s -- --dry-run
```

由于文件较大，在安装过程中可能会断线，也可以按以下步骤安装。

（1）下载 code-server 安装包。可以在 GitHub 网站搜索 code-server 项目，并根据你的系统类型选择合适的安装包。code-server 官方提供的下载命令是 curl，但是由于安装文件比较大，建议使用支持多线程和断点续传的 aria2c 命令。

```
curl -sSOL https://github.com/cdr/code-server/releases/download/v3.3.1/code-server_
          3.3.1_amd64.deb
# 推荐安装 aria2 来下载
sudo apt update
sudo apt install aria2
aria2c https://github.com/cdr/code-server/releases/download/v3.3.1/code-server_
       3.3.1_amd64.deb
```

（2）安装 code-server。在 Ubuntu Linux 操作系统下，以下两个命令都可以用于安装。

```
sudo dpkg -i code-server_3.3.1_amd64.deb
sudo apt install ./code-server_3.3.1_amd64.deb
```

（3）配置启动。

```
$ systemctl --user enable --now code-server
# 也可以直接执行 code-server
$ code-server
info  Using config file ~/.config/code-server/config.yaml
info  Using user-data-dir ~/.local/share/code-server
info  code-server 3.4.0 69ad52907e8ea109345831d29da5425cb2a55047
info  HTTP server listening on http://127.0.0.1:8080
```

这样就可以通过浏览器使用 VS Code 了，如图 1-15 所示。本机测试网址为 http://127.0.0.1:8080（如果 8080 端口被占用则自动使用 8081 端口），非本机访问需要换上对应的 IP 地址。密码在配置文件~/.config/code-server/config.yaml 中。

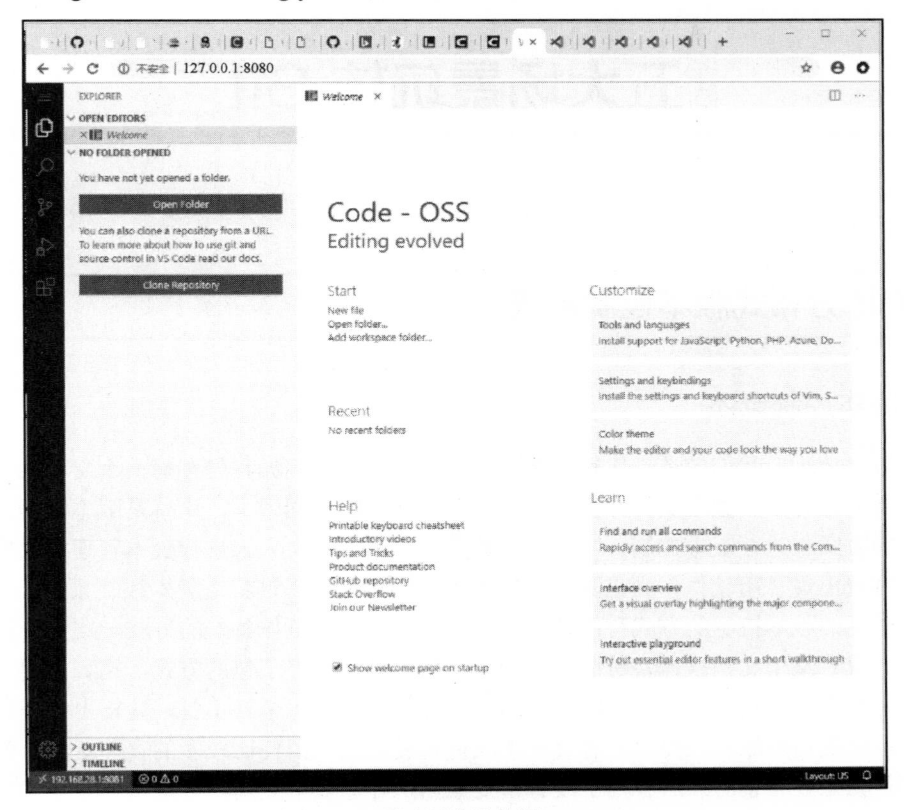

图 1-15　通过浏览器使用 VS Code

code-server 不能在线安装插件，与正常的 VS Code 相比还是有一些功能限制的，不过它对于专用的在线开发环境比较合适。

本章练习

一、填空题

1．VS Code 中调出查找并运行所有命令工具的快捷键是（　　　　）。

2．VS Code 中切换集成终端的快捷键是（　　　　）。

3．VS Code 中用于代码注释和取消注释的快捷键是（　　　　）。

二、实验

1．完成基于 VS Code 的 C/C++开发调试环境配置。

2．完成基于 Remote-SSH 的 VS Code 远程开发环境配置。

第2章 五大场景玩转 Git

2.1 Git 分布式版本控制系统

2.1.1 版本控制概述

关于版本控制，我们应该都比较熟悉，甚至经常用到。比如我们在写一个文档的过程中，经常会将其另存为一个独立文件作为备份，来管理文档的不同版本，这就是版本管理，只是这是用人工的方式来进行版本控制。当版本的数量庞大的时候，人工进行版本管理就比较容易出差错，这时就出现了用软件作为工具来进行版本控制的系统，这就是版本控制系统。

比较常见的版本控制的方式有两种：一种是独立文件或整体备份的方式，比如使用另存为将整个项目或者整个文档整体备份成一个版本；另一种就是补丁包的方式，比如使用 diff 命令将当前版本与上一个版本对比得出两者之间的差异从而形成一个补丁包，这样上一个版本加上这个补丁包就是当前版本。显然前者会产生大量重复数据，消耗比较多的存储资源，但是每一个版本都是独立且完整的；后者几乎没有重复数据，存储效率更高，但是每一个版本的补丁包无法独立使用，因为它们都需要递归地依赖上一个版本才能合并出一个完整的版本。

版本控制系统大致分为两大类，一类是中心版本控制系统，比如 Concurrent Versions System（以下称 CVS）和 Subversion（以下称 SVN）；另一类就是分布式版本控制系统，比如我们即将重点介绍的 Git，它是目前世界上最先进的分布式版本控制系统之一。

Git 的诞生过程大致是这样的。

2.1.2 Git 的历史

在 2002 年以前，Linux 内核源代码文件是通过 diff 的方式生成补丁包发给莱纳斯·托瓦兹（Linus Tovalds），然后由莱纳斯本人通过手动方式合并代码！莱纳斯坚定地反对 CVS 和 SVN，因为这些中心版本控制系统不但速度慢，而且必须联网才能使用。有一些商用的版本控制系统，虽然比 CVS 和 SVN 好用，但那是要付费购买的，这和 Linux 的开源精神不符。

2002 年莱纳斯选择了一个商用的版本控制系统 BitKeeper——BitMover 公司出于“人道主义精神”，授权 Linux 社区免费使用 BitKeeper。其实这应该是莱纳斯与 BitMover 公司的创始人之间的私人关系促成的。

2005 年，BitMover 公司要收回 Linux 社区的免费使用权。为什么 BitMover 公司要收回 Linux 社区的免费使用权？根据一些资料显示，大概是因为 Linux 社区里有人违反授权协议将 BitKeeper 用于其他项目，从而侵害了 BitMover 公司的商业利益。

为了替代 BitKeeper 版本控制系统，莱纳斯花了两周时间自己用 C 语言写了一个分布式版本控制系统，这就是 Git！一个月之内，Linux 内核源代码已经用 Git 管理了！莱纳斯除 Linux 内核之外又产出了一个“神作”——Git 分布式版本控制系统。

大约经过了 3 年时间的迅猛发展，2008 年，GitHub 网站上线了，它专为开源项目免费提供 Git 存储。如今 GitHub 已经成为全球最大的程序员社交网站，程序员将其戏称为“全球最大的单身男性社交网站”。

2016 年，也就是 Git 诞生 11 年之后，可能是由于 Git 太流行了，以致 BitKeeper 在商业上无法继续运营，BitMover 公司只得将 BitKeeper 的源代码贡献给开源社区。

2018 年，GitHub 网站被微软以 75 亿美元收购。

2.1.3 Git 的基本操作

大概了解了 Git 的历史，接下来我们看看 Git 的基本操作示意图，如图 2-1 所示。

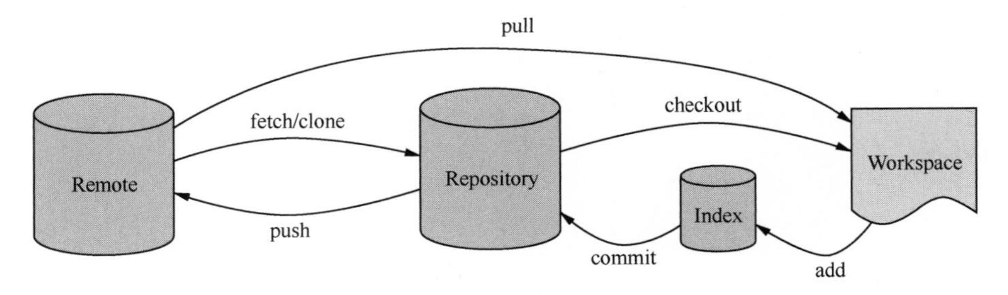

图 2-1 Git 的基本操作示意图

实际上本地 Repo（图 2-1 所示的中间存储库 Repository）都存在项目根目录下的.git 文件夹中，其内部可能有多个分支，但至少有一个叫 master 的分支。

本地 Repo 中的某个分支被 checkout 到当前 Workspace，就能在当前源代码目录中看到一份完整的源代码。

若要在 Workspace 中新增文件或修改文件，只有完成 add 和 commit 两步操作才能将新增或修改的文件纳入本地 Repo 中进行版本管理。add 和 commit 两步操作中间的 Index 索引数据应该也是和本地 Repo 一样存储在项目根目录下的.git 文件夹中。

Git 与 CVS、SVN 的操作逻辑大致一致，只是实现了本地的中心化版本控制。接下来看看 Git 是怎么做到分布式版本控制的。

本地 Repo 中的分支与一个或多个远程 Repo（如图 2-1 所示的 Remote）中的分支存在跟踪关系，这样就构成了 Git 分布式版本控制的网状结构。

显然 Git 的分布式网状结构比 CVS 和 SVN 在理解和使用上更为复杂一些。比如增加了本地与远程 Repo 之间数据同步操作 clone、fetch、push、pull。

通过 git --help 命令可以查看 Git 命令用法及常用的 Git 命令列表。

```
$ git --help
usage: git [--version] [--help] [-C <path>] [-c <name>=<value>]
           [--exec-path[=<path>]] [--html-path] [--man-path] [--info-path]
           [-p | --paginate | -P | --no-pager] [--no-replace-objects] [--bare]
           [--git-dir=<path>] [--work-tree=<path>] [--namespace=<name>]
           <command> [<args>]

These are common Git commands used in various situations:

start a working area (see also: git help tutorial)
    clone     Clone a repository into a new directory
    init      Create an empty Git repository or reinitialize an existing one

work on the current change (see also: git help everyday)
    add       Add file contents to the index
    mv        Move or rename a file, a directory, or a symlink
    reset     Reset current HEAD to the specified state
    rm        Remove files from the working tree and from the index

examine the history and state (see also: git help revisions)
    bisect    Use binary search to find the commit that introduced a bug
    grep      Print lines matching a pattern
    log       Show commit logs
    show      Show various types of objects
    status    Show the working tree status

grow, mark and tweak your common history
    branch    List, create, or delete branches
    checkout  Switch branches or restore working tree files
    commit    Record changes to the repository
    diff      Show changes between commits, commit and working tree, etc
    merge     Join two or more development histories together
    rebase    Reapply commits on top of another base tip
    tag       Create, list, delete or verify a tag object signed with GPG


collaborate (see also: git help workflows)
    fetch     Download objects and refs from another repository
    pull      Fetch from and integrate with another repository or a local branch
    push      Update remote refs along with associated objects


'git help -a' and 'git help -g' list available subcommands and some
concept guides. See 'git help <command>' or 'git help <concept>'
to read about a specific subcommand or co
```

接下来我们用五大场景来介绍 Git 的基本用法，基本遵循从简单到复杂，最终回归到简单的原则，同时这五大场景也基本能够覆盖大多数实际使用的应用场景。

2.2 场景一：Git 本地版本库的基本用法

2.2.1 安装 Git

如果你使用了 VS Code，那么恭喜你，安装 VS Code 时已经附带安装了 Git。建议 Windows 用户通过安装 VS Code 完成 Git 软件包的安装。

如果你使用的是 Linux 或者类 UNIX 的操作系统，以 Ubuntu 为例，大致可以通过类似以下命令安装 Git 软件包。

```
sudo apt install git
```

当然 Linux 和 macOS 也可以通过安装 VS Code 附带安装 Git，但是在没有图形界面的服务器端单独安装 Git 软件包比较合适。

2.2.2 初始化一个本地版本库

在 VS Code 中打开文件夹（Ctrl+O），实际上就是打开一个项目工作区。VS Code 的工作区概念与 Git 的工作区概念基本一致，都是指当前项目文件夹里的整套源代码。

如果项目文件夹里没有 Git 存储库，这时打开源代码管理（Ctrl+Shift+G），如图 2-2 所示，可以直接单击“初始化存储库”按钮，初始化一个 Git 本地版本库。

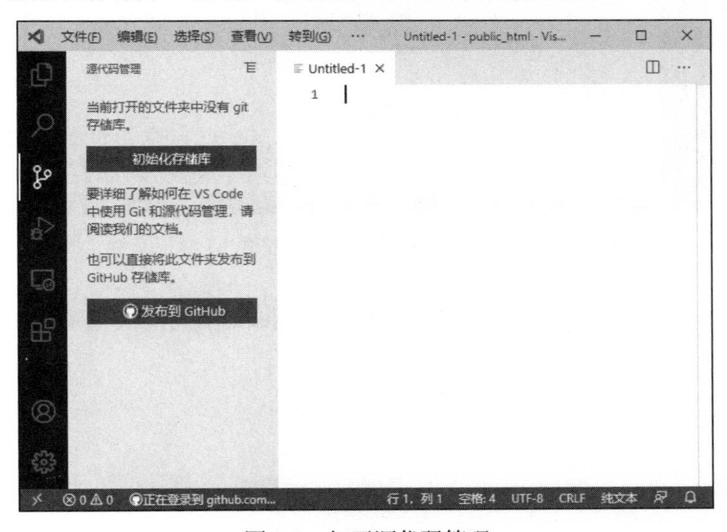

图 2-2 打开源代码管理

如果习惯使用命令行，只需在项目根目录下执行 git init 命令即可初始化一个 Git 本地版本库。

如果你已经在 Gitee 或者 GitHub 网站上创建了版本库，可以通过 git clone 命令，将版本库克隆到本地完成本地版本库的初始化。git clone 命令的用法如下。

```
git clone https://DOMAIN_NAME/YOUR_NAME/REPO_NAME.git
```

不管使用何种方式初始化一个 Git 本地版本库，实际上都是在项目根目录下创建了一个.git 文件夹。若读者感兴趣，可以进入.git 文件夹进一步了解 Git 版本库内部数据的存储结构。

2.2.3　查看当前工作区的状态

在 VS Code 中打开源代码管理可以看到与上一个版本相比本项目的所有更改，即当前工作区的状态，比如图 2-3 所示的源代码管理中左侧，以绿色 U 标记的文件为没有添加到版本库进行跟踪的文件（untracked files）、以橙色 M 标记的文件为已修改（modified）未提交（changes not staged for commit）的文件。

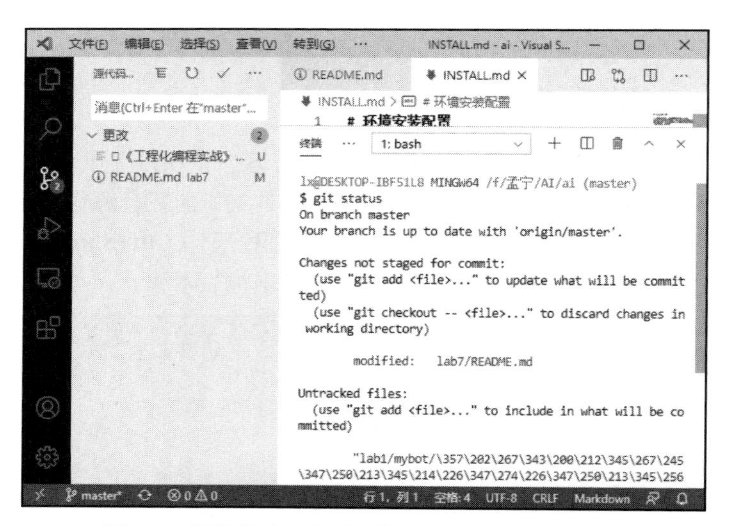

图 2-3　源代码管理中以绿色 U 和橙色 M 标记文件

如果习惯使用命令行，只需在项目目录下执行 git status 命令即可查看 Git 本地版本库当前工作区的状态。

```
$ git status
On branch master
Your branch is up to date with 'origin/master'.

Changes not staged for commit:
```

```
    (use "git add <file>..." to update what will be committed)
    (use "git checkout -- <file>..." to discard changes in working directory)

        modified:   lab7/README.md

Untracked files:
    (use "git add <file>..." to include in what will be committed)
"lab1/mybot/\357\202\267\343\200\212\345\267\245\347\250\213\345\214\226\347\274\
226\347\250\213\345\256\236\346\210\230\343\200\213\350\242\253\346\225\231\350\202\
262\351\203\250\350\256\244\345\256\232\344\270\272\345\233\275\345\256\266\347\262\
276\345\223\201\345\234\250\347\272\277\345\274\200\346\224\276\350\257\276\347\250\
213 (2018).txt"

no changes added to commit (use "git add" and/or "git commit
```

2.2.4　暂存更改的文件

在 VS Code 中打开源代码管理可以看到与上一个版本相比本项目的所有更改，即当前工作区的状态，如图 2-4 所示。只要在“更改”列表里的文件上单击“+”即可暂存更改（git add FILES），即将更改的文件加入“暂存的更改”列表，单击“ ↶ ”即可放弃更改（git checkout -- FILES / git checkout .），即将该文件中的更改清除。

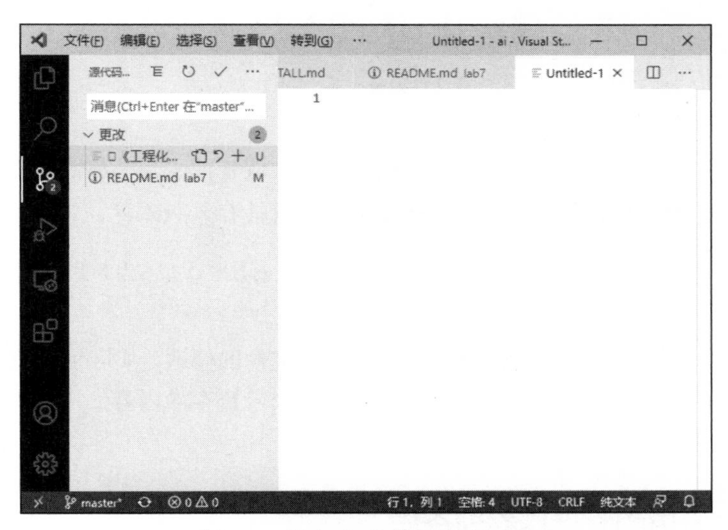

图 2-4　单击“+”即可暂存更改

只要在“暂存的更改”列表里的文件上单击“—”即可取消暂存更改（git reset HEAD FILES），即将暂存更改的文件从“暂存的更改”列表里撤销，使其重新回到“更改”列表，如图 2-5 所示。

图 2-5　单击"—"即可取消暂存更改

如果习惯使用命令行，需要清楚对应的几个命令的用法，如下。

```
git add FILES # 指定文件或文件列表
git add .     # 用"."表示当前目录
```

以上两个命令是将特定文件或者当前目录下所有文件添加到暂存区。

```
git reset HEAD FILES # 指定文件或文件列表
git reset HEAD
```

以上两个命令是取消将特定文件或者当前目录下所有文件添加到暂存区，即将它们从暂存区中删除。只有在暂存区登记的文件才会在提交代码时被存入版本库。

```
git checkout -- FILES # 不要忘记"--" ，不写系统就会把 FILES 当分支名
git checkout .
```

以上两个命令的效果是放弃对特定文件或者所有文件的修改，实际上是重新 checkout 特定文件或者所有文件到工作区，注意这样会覆盖掉已修改未暂存的内容。不希望被覆盖的文件可以先使用 git add 将其添加到暂存区。

2.2.5　把暂存区里的文件提交到仓库

在 VS Code 中打开源代码管理，如图 2-6 所示，只要"暂存的更改"列表里有文件就可以直接单击"√"(Ctrl+Enter）将暂存的文件提交到仓库，只是在提交之前会强制要求输入提交日志消息。

图 2-6　单击“ √ ”将暂存的文件提交到仓库

注意：一旦提交到仓库，尽管可以撤销上次提交，但是这样依然会在仓库里留下记录，提交和撤销上次提交的菜单命令如图 2-7 所示。可以通过 git reflog 命令查看当前 HEAD 之后的提交记录，稍后我们通过命令行方式详细解释。

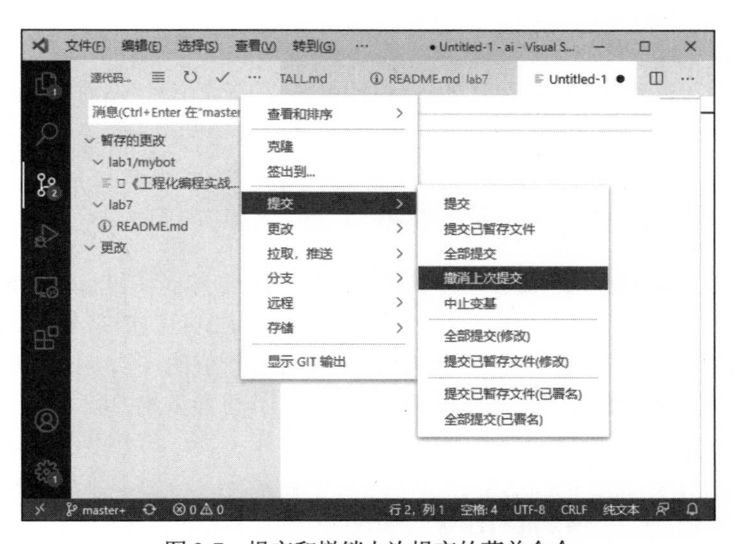

图 2-7　提交和撤销上次提交的菜单命令

如果习惯使用命令行，注意把暂存区里的文件提交到仓库主要使用 git commit 命令，但是还会涉及撤销提交和查看日志的命令。

```
git commit -m "wrote a commit log"
```

通过以上命令可以把暂存区里的文件提交到仓库。

```
git log
```

通过以上命令可以查看提交日志，可以看到当前 HEAD 之前的所有提交记录。

```
git reset --hard HEAD^
git reset --hard HEAD^^
git reset --hard HEAD~100
git reset --hard 128 个字符的 commit-id
git reset --hard 简写为 commit-id 的头几个字符
```

通过以上命令可以让 HEAD 回退到指定版本，比如 HEAD^表示 HEAD 的前一个版本、HEAD^^表示 HEAD 的前两个版本、HEAD～100 表示 HEAD 的前 100 个版本。也可以用版本号字符串来指定任意一个版本。

注意：HEAD 只是一个指向特定版本的指针，通过 git reset --hard 回退之后，HEAD 指向的不是最新的版本，而 git log 只能查看 HEAD 及其之前（时间更早）的提交记录。这就会产生一个问题，我们可以通过 git reset --hard 回到过去某个版本，那怎么“回到未来”？那就要想办法查到 HEAD 指向的版本之后（时间更晚）的提交记录。

```
git reflog
```

通过以上命令可以查看当前 HEAD 之后（时间更晚）的提交记录，从而可以通过 git reset --hard 回到未来。

2.2.6 Git 本地版本库的基本用法参考

场景一主要在本地对源代码进行基本的版本控制，通过 git add 和 git commit -m 提交版本。有了提交记录之后可以灵活地将当前工作区里的源代码回退到过去的某个版本，也就是回到过去。回到过去之后，有可能发现之前撤销的某个版本是有价值的，希望找回来，这就需要回到未来。过去和未来之间的分界点就是 HEAD，即当前工作区所依赖的版本。

```
git init # 初始化一个本地版本库
git status # 查看当前工作区的状态
git add [FILES] # 把文件添加到暂存区
git commit -m "wrote a commit log infro" # 把暂存区里的文件提交到仓库
git log # 查看当前 HEAD 之前的提交记录，便于回到过去
git reset --hard HEAD^^/HEAD~100/commit-id/commit-id 的头几个字符 # 回退
git reflog # 可以查看当前 HEAD 之后的提交记录，便于回到未来
git reset --hard commit-id/commit-id 的头几个字符 # 回退
git revert HEAD^^/HEAD~100/commit-id/commit-id # 通过提交新 commit 的方式回滚
```

2.3 场景二：Git 远程版本库的基本用法

2.3.1 克隆远程版本库

如果你已经在 Gitee 或者 GitHub 等网站上创建了 Git 版本库，可以通过 git clone 命令，将版本库克隆到本地完成本地版本库的初始化。git clone 命令的用法如下。

```
git clone https://DOMAIN_NAME/YOUR_NAME/REPO_NAME.git
```

也可以在 VS Code 中打开源代码管理，如果当前没有打开的项目文件夹，可以看到源代码管理界面上有图 2-8 所示的“打开文件夹”和“克隆存储库”两个按钮，这时单击“克隆存储库”，即可输入存储库 URL，按 Enter 键选择保存的目录位置，即可完成将远程的版本库克隆到本地的任务。

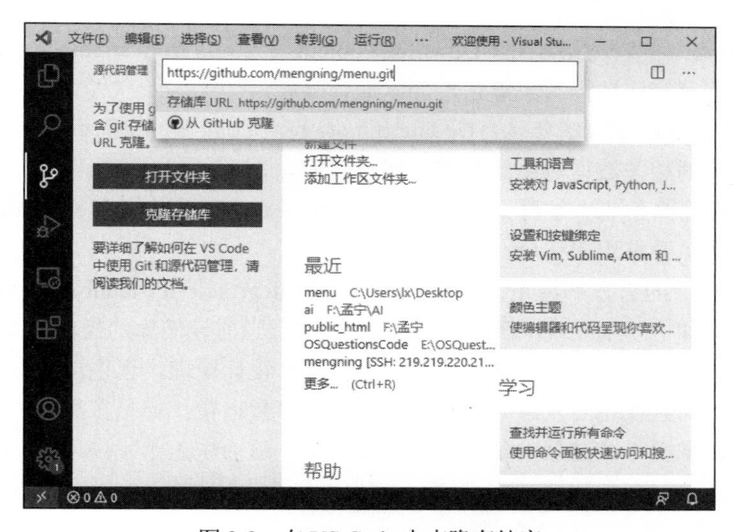

图 2-8 在 VS Code 中克隆存储库

通过克隆远程版本库从而在本地创建了一个版本库，这时就可以参照场景一的本地版本库基本用法，执行查看工作区状态、暂存更改的文件、把暂存区提交到仓库，以及回到过去、回到未来等本地版本控制的基本操作。

2.3.2 远程版本库的基本命令简介

在场景二 Git 远程版本库的基本用法的介绍中我们假定远程版本库用作远程备份或者公开源代码。还是像场景一一样介绍单人的版本控制，为了循序渐进，暂时不涉及多人项目的协作。

这里使用 git clone 之后默认的分支，即远程为 origin/master、本地为 master，没有创建其他分支。查看本地版本库所跟踪的远程存储库的命令为 git remote。

```
$ git remote
origin
```

执行 git remote 命令后可以看到克隆之后默认的远程存储库名称为 origin。

```
$ git remote -v
origin  https://DOMAIN_NAME/YOUR_NAME/REPO_NAME.git (fetch)
origin  https://DOMAIN_NAME/YOUR_NAME/REPO_NAME.git (push)
```

执行 git remote -v 命令可以查看更详细的远程存储库信息，包括抓取（fetch）的远程存储库 URL 和推送（push）的远程存储库 URL。

git fetch、git push 和 git clone 是 3 个对远程存储库的基本操作的命令，而 git pull 实际上是 git fetch 与 git merge 的组合。

- git clone 命令的官方解释是“Clone a repository into a new directory”，即克隆一个存储库到一个新的目录下。
- git fetch 命令的官方解释是“Download objects and refs from another repository”，即下载一个远程存储库数据对象等信息到本地存储库。
- git push 命令的官方解释是“Update remote refs along with associated objects”，即将本地存储库的相关数据对象更新到远程存储库。
- git merge 命令的官方解释是“Join two or more development histories together”，即合并两个或多个开发历史记录。
- git pull 命令的官方解释是“Fetch from and integrate with another repository or a local branch”，即从其他存储库或分支抓取并合并到当前存储库的当前分支。

如果不理解 Git 背后的设计理念，或者说不理解其设计原理，记住这些命令及其实际作用还是有一些难度，而且在相对复杂的项目环境下使用容易出错。但是在深入 Git 背后的设计理念之前，还是可以掌握一些在默认条件下的基本用法，从而快速上手使用。

2.3.3　Git 远程版本库的基本用法参考

我们假定场景二所述的工作是串行的并且能及时将本地与远程的项目同步，也就是对于一个单人项目，要么在本地提交代码到仓库，要么通过 Web 页面更新远程仓库，而且这两种方式不会同时发生。不管是在本地仓库还是在远程仓库，修改代码之前都首先进行代码同步操作，防止产生分叉和冲突。

在 VS Code 中版本库同步操作已经简化为一个菜单命令，如图 2-9 所示。

在我们假定的使用场景中，此同步操作会将提交项推送到远程仓库 origin/master，并从远程仓库 origin/master 拉取提交项到本地 master。

但是在我们假定的使用场景中，实际上只会有提交项被推送或拉取，不会同时有提交项被推送并被拉取，因此不会产生冲突。

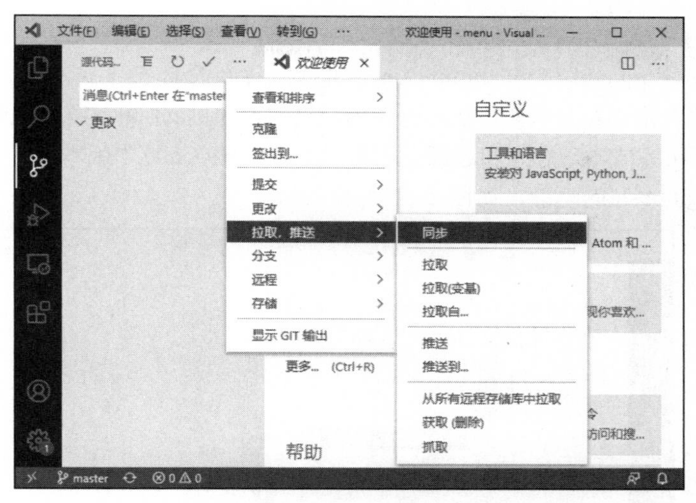

图 2-9　在 VS Code 中版本库同步操作菜单命令

在我们假定的使用场景中，在命令环境下同步操作大致相当于使用以下两条命令。

```
git pull
git push
```

同步完成后，不管是在本地仓库还是在远程仓库提交代码，都能再次执行同步操作而不会产生分叉或冲突。

实际操作中难免会产生无法同步的情况，这时就需要在本地解决冲突，情形会稍微复杂一点。首先我们通过 git pull 拉取远程仓库里的提交项到本地仓库并合并到当前分支，即将 origin/master 中的提交项抓取到本地仓库并合并到本地 master 分支。在 VS Code 中版本库有一个菜单命令——拉取，可以完成 git pull 的功能，如图 2-10 所示。

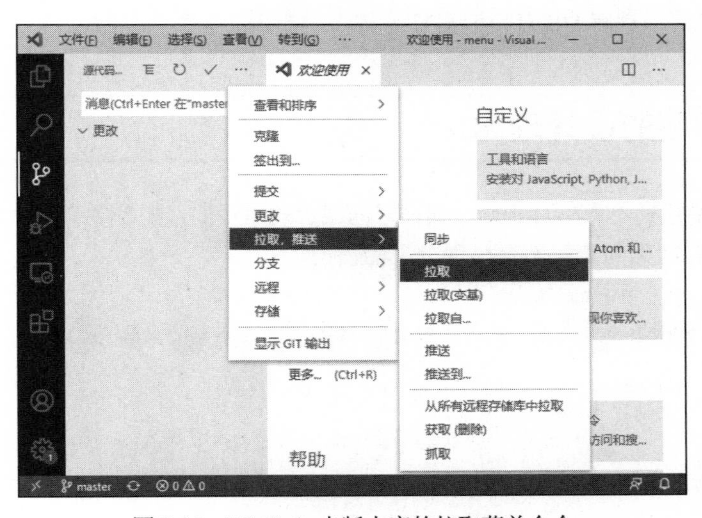

图 2-10　VS Code 中版本库的拉取菜单命令

拉取过程中有可能产生冲突，无法完成合并，这时需要对产生冲突的代码进行修改并提交到本地仓库，即利用 git add.和 git commit -m 等本地版本库的命令。

这时本地仓库的提交项是领先于远程仓库的，只需要通过 git push 将本地仓库中的提交项推送到远程仓库，即可完成本地仓库和远程仓库的同步。在 VS Code 中版本库有一个菜单命令——推送，可以完成 git push 的功能，如图 2-11 所示。

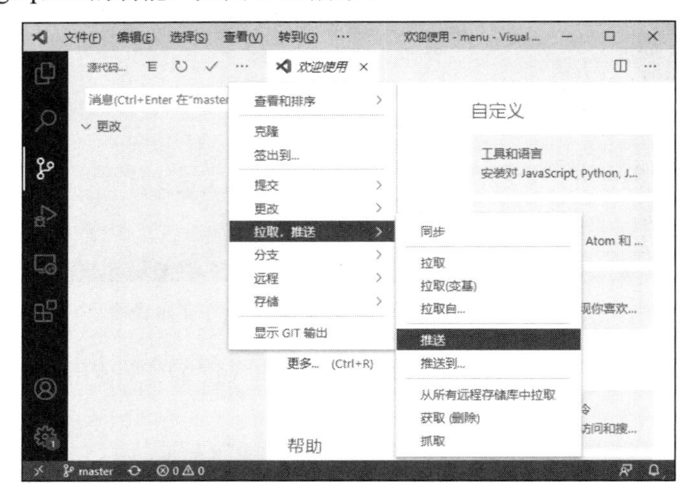

图 2-11　VS Code 中版本库的推送菜单命令

注意：推送过程中一般需要用户名和密码验证身份。

至此，在本地版本库基本命令的基础上，只需要用推送和拉取就可完成本地仓库和远程仓库的同步。但是其中涉及了抓取、合并，以及分支、提交项的概念，要进一步深入学习 Git、灵活使用 Git，就需要理解 Git 背后的设计理念，乃至 Git 仓库的存储方式。

2.4　Git 背后的设计理念

使用场景二所述的单人项目工作，其在时间线上是串行的，如图 2-12 所示分叉之前的部分。只要及时将本地与远程同步就不会出现分叉的情况。

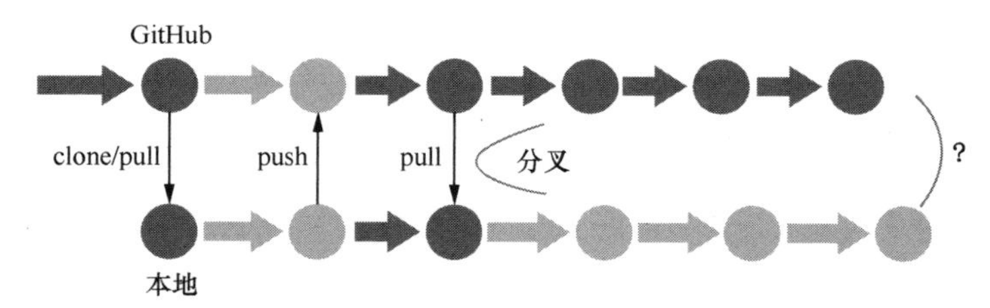

图 2-12　Git 中的分叉现象示意图

在实际工作中往往是多人团队开发项目，多人团队的工作时间线常常是“并行”的，团队中的每个人都向远程版本库推送，难免会发生如图 2-12 所示的分叉现象，这种情况该如何处理呢？只有理解了 Git 背后的设计理念，才能比较准确地把握分叉合并的处理方法。

首先要清楚 Git 版本管理中提交的概念。通过按行对比（line diff）将有差异的部分作为增量补丁，使用 git add 添加到暂存区里的每一个文件都会由按行对比得到它们的增量补丁，而使用 git commit 将暂存区里的所有文件的增量补丁合并起来存入仓库，这就是一次提交。

通常在提交时，会生成一个 SHA-1 Hash 值作为 commit ID。每个 commit ID 中有 40 个十六进制数字（如 3d80c612175ce9126cd348446d20d96874e2eba6），就是该次提交在 Git 仓库中存储的内容和头信息的校验和。Git 使用 SHA-1 并非为了保证安全性，而是为了保证数据的完整性，即可以保证，在很多年后重新校验某次提交时，一定是它多年前的状态，完全一模一样、完全值得信任。

按时间线依次排列的一组提交记录形成一个分支，比如默认分支 master，也可以根据某种需要创建分支。

tag 是某个提交的标签，比如发布 1.0 版本时的那次提交被专门打了个标签 v1.0。标签就是别名，便于记忆和使用。

我们简要总结一下以上几个关键概念。

- 按行对比是制作增量补丁的方法，即通过按行对比将有差异的部分制作成增量补丁。
- 提交是存储到仓库里的一个版本，是整个项目的一个或多个文件的增量补丁合并起来形成的项目的增量补丁，是一次提交记录。每次提交都生成一个唯一的 commit ID。
- 分支是按时间线依次排列的一组提交记录，理论上可以通过当前分支上最初的提交依次打补丁直到 HEAD 得到当前工作区里的源代码。
- 标签是某次提交的 commit ID 的别名。

了解以上几个概念再来理解合并的概念就有了基础。合并操作常指将远程分支合并到本地 master 分支，或者某个本地分支合并到 master 分支。以图 2-13 为例，项目在 A 版本处开始分叉，形成了两个分支，分别提交了 B、D、F 和 C、E、G，这时希望将这两个分支合并，只要将 F 与 A 的有差异的部分放入工作区，此时 C、E、G 已经在工作区了，如果有冲突，解决冲突后就可以提交一个版本 H，即完成了两个分支的合并。

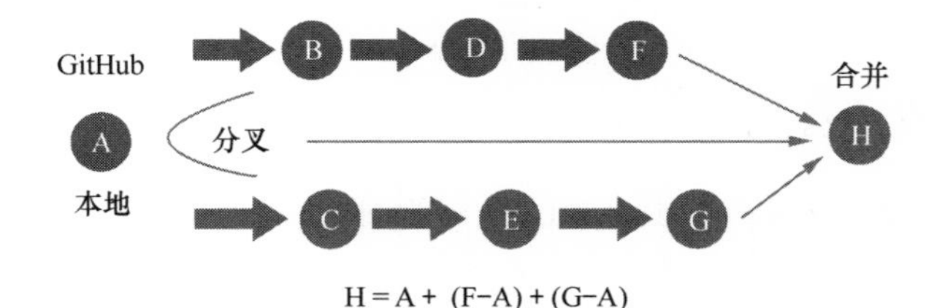

图 2-13 将 GitHub 远程分支合并到本地分支的示意图

简要总结一下，合并操作可以用一个公式来表示：H = A + (F − A) + (G − A)，即 F 版本与 A 版本的差异，以及 G 版本与 A 版本的差异，与 A 合并起来，如果有冲突，解决冲突，形成一个新的版本 H。

具体技术实现上，因为每一个版本都具有上一个版本的“增量补丁”，只要将要合并的分支里 B、D、F 的增量补丁，合并到当前工作区的 G 版本里，解决冲突后即可提交为 H 版本。

2.5　场景三：团队项目中的分叉合并

2.5.1　团队项目的一个参考工作流程

有了前面的基础知识和技能之后，我们可以了解更复杂的团队项目合作的工作流程。如果多人同时向远程分支频繁提交代码，一来可能会有诸多冲突的情况发生；二来整个 git log 提交记录中多个开发者或多个功能模块、代码模块的提交是交错排列在同一条时间线上的，不利于回顾查看和回退代码，并且会让跟踪代码的成长轨迹变得异常困难。

我们需要考虑以新的方式来独立维护不同开发者或者不同功能模块、代码模块的代码，让一段连续的工作在提交日志的时间线上呈现为一条独立的分支线段，只在关键节点处进行分支合并。

基于以上想法，建议团队项目的每一个开发者采用的工作流程大致如下。

（1）克隆或同步最新的代码到本地存储库。

（2）为自己的工作创建一个分支，该分支应该只负责单一功能模块或代码模块的版本控制。

（3）在该分支上完成某单一功能模块或代码模块的开发工作。

（4）最后，将该分支合并到主分支。

注意：默认的合并方式为“快进式合并”（fast-farward merge），会将分支里的提交合并到主分支里，并列在一条时间线上，与我们期望的呈现为一条独立的分支线段不符，因此合并时需要使用--no-ff 参数关闭“快进式合并”。

接下来，让我们了解分支合并的具体方法。

2.5.2　分支的基本用法

在 VS Code 中创建分支可使用如图 2-14 所示的创建分支菜单命令。

也可使用如下 Git 命令创建分支。

```
git checkout -b mybranch
```

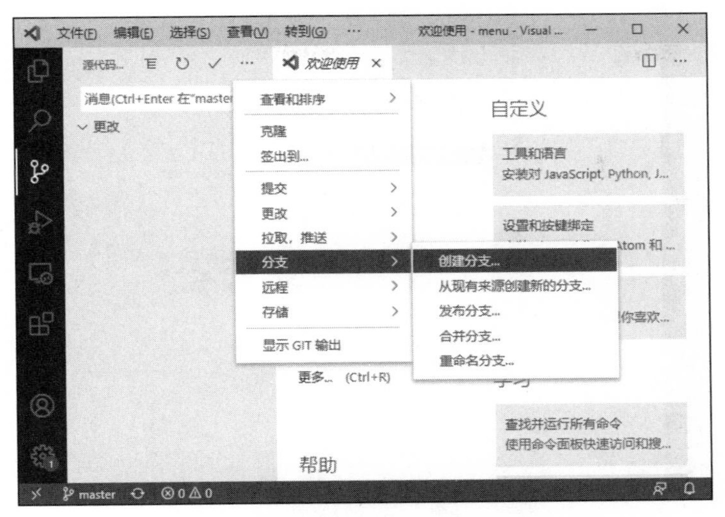

图 2-14 VS Code 中的创建分支菜单命令

实际上不管是使用菜单命令方式还是使用 Git 命令方式创建分支，都是将当前分支分叉出一个分支（以上命令中分支名称为 mybranch），并签出到工作区。这时使用 git branch 查看分支列表，如下所示，mybranch 前面有一个*代表当前工作区处于 mybranch 分支。

```
$ git branch
  master
* mybranch
$ git checkout master
Switched to branch 'master'
Your branch is up to date with 'origin/master'.
$ git branch
* master
  mybranch
```

这时要将当前工作区切换到 master 分支，如上所示使用 git checkout master 命令即可。在 VS Code 中可以使用如图 2-15 所示的“签出到...”菜单命令，然后选择要签出的 master 分支即可完成分支切换。

假如要将 mybranch 分支合并到 master 分支，那么首先确保当前工作区处于 master 分支。可以使用 git checkout master 命令切换到 master 分支，也可以使用 git branch 查看确认，或者在 VS Code 中源代码管理的消息输入文本框里也能看到。然后可以使用如图 2-16 所示的“合并分支...”菜单命令选择 mybranch 分支。

这样就可以将 mybranch 分支合并到 master 分支。如果创建 mybranch 分支之后 master 分支更新过，合并可能会因为有冲突而失败，这时 mybranch 分支的代码已经合并到当前工作区，只要在当前工作区里先解决冲突，然后提交到仓库（使用 git add 和 git commit -m）即可完成合并。

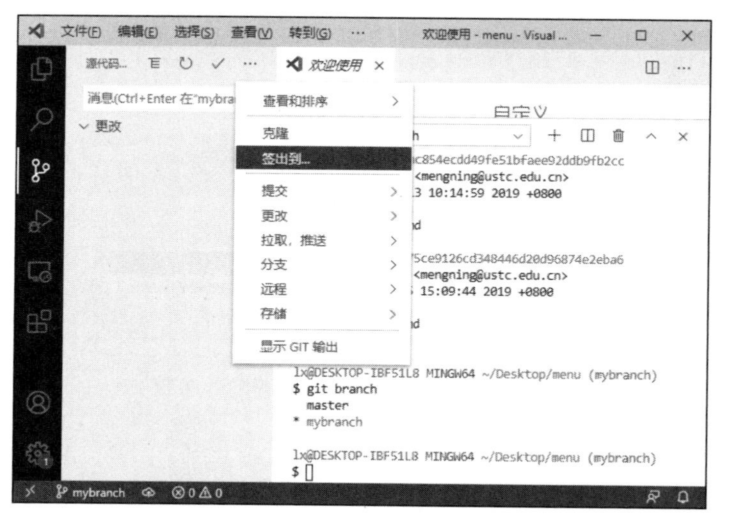

图 2-15　VS Code 中的“签出到...”菜单命令

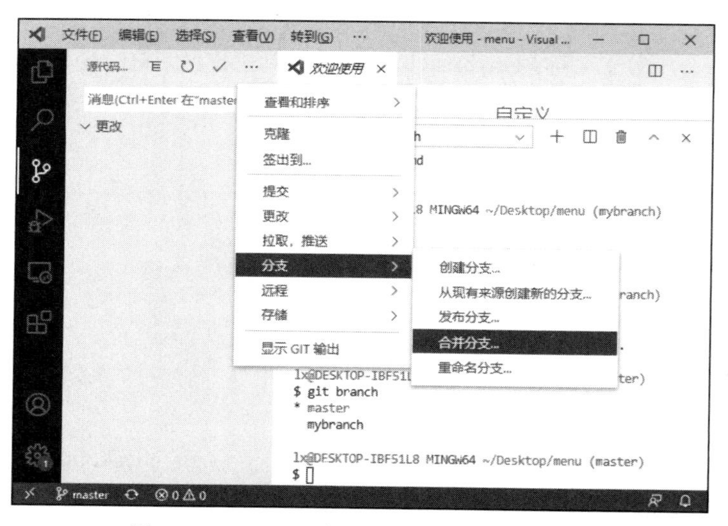

图 2-16　VS Code 中“合并分支...”菜单命令

可以使用上述“合并分支...”菜单命令合并 mybranch 分支到当前的 master 分支，也可以使用以下 Git 命令。

```
git merge mybranch
```

不管是 Git 命令还是“合并分支...”菜单命令，都使用默认的合并方式，即“快进式合并”。“快进式合并”的合并前后示意图大致如图 2-17 所示，也就是 mybranch 分支与 master 分支会合并到一条时间线中。

如果要保留 mybranch 分支为一段独立的分支线段，则需要使用--no-ff 参数关闭“快进式合并”，Git 命令如下。

```
git merge --no-ff mybranch
```

使用--no-ff 参数后，会进行正常合并，在 master 分支上生成一个新节点。关闭“快进式合并”的合并示意图如图 2-18 所示。

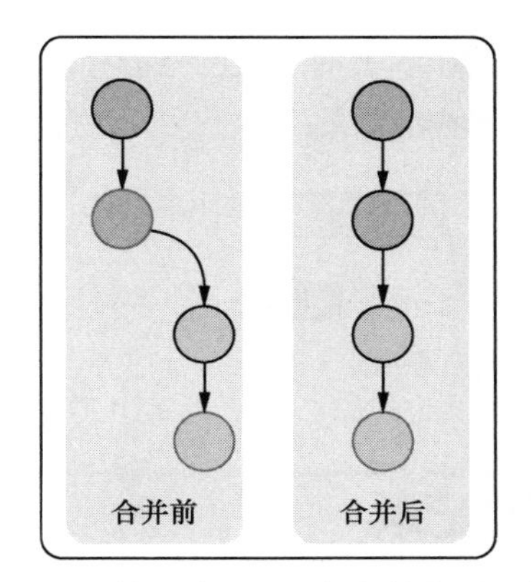

图 2-17 “快进式合并”的合并前后示意图

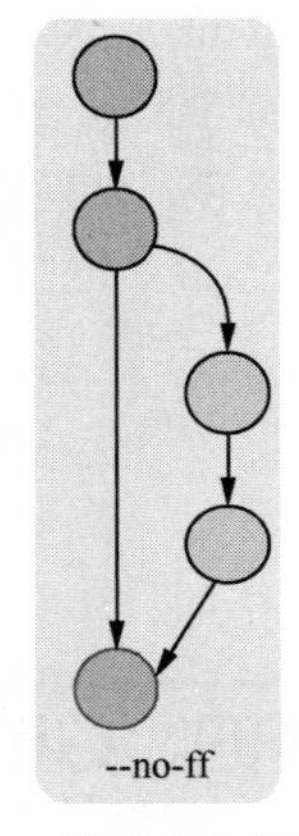

图 2-18 关闭“快进式合并”的合并示意图

为了保证版本演进路径清晰，我们可采用这种关闭“快进式合并”的合并方法。不过这种方法在 VS Code 中没有对应的菜单命令，在 VS Code 中可以通过 Ctrl+`快捷键调出集成终端，使用 Git 命令来使用这种合并方法。

2.5.3 团队项目工作流程参考

我们建议团队的每一个开发者都采用的基本工作流程有以下四大步，此处以 Git 命令方式为例，其中每一步对应的 VS Code 菜单命令一般都可以在前文中查找到。

（1）克隆或同步最新的代码到本地存储库。

```
git clone https://DOMAIN_NAME/YOUR_NAME/REPO_NAME.git
git pull
```

（2）为自己的工作创建一个分支，该分支应该只负责单一功能模块或代码模块的版本控制。

```
git checkout -b mybranch
git branch
```

（3）在该分支上完成某单一功能模块或代码模块的开发工作。多次执行以下命令。

```
git add FILES
git commit -m "commit log"
```

（4）最后，先切换回 master 分支，将最新的远程 origin/master 分支同步到本地存储库，再合并 mybranch 分支到 master 分支，推送到远程 origin/master 分支之后即完成了一项开发工作。

```
git checkout master
git pull
git merge --no-ff mybranch
git push
```

这样在 GitHub 上的分支网络图中，该工作将有一段明确的分叉合并路径。如果整个团队的每一项工作都参照这个工作流程进行，那么最终 GitHub 上的分支网络图中就会留下清晰的项目演进成长路径，如图 2-19 所示，有两次合并到 master 分支。

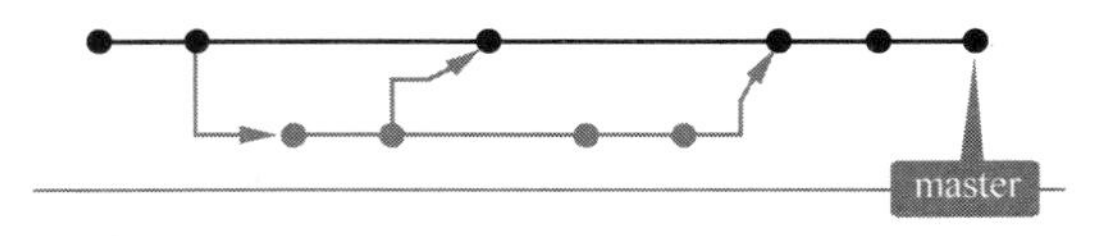

图 2-19　GitHub 上的分支网络图

2.6　场景四：Git Rebase 整理提交记录

一般我们在软件开发的流程中，有一个朴素的版本管理“哲学”：开发者的提交要尽量干净、简单。开发者要把自己修改的代码根据功能拆分成一个个相对独立的提交，一个提交对应一个功能点，而且要在对应的 commit log message 里描述清楚。在合并和推送之前检查修改提交记录时常需要进行此操作。

场景四实际就是在场景三团队项目工作流程中增加一步“Git Rebase”，即在 mybranch 分支上完成工作之后，为了让我们更容易回顾、参考 log 记录，用 git rebase 命令重新整理提交记录。

注意：不要通过 git rebase 对任何已经提交到远程仓库中的提交记录进行修改。

---

git rebase 命令的格式大致如下。

```
git rebase -i  [startpoint]  [endpoint]
```

其中-i 的意思是--interactive，即弹出交互式的界面让用户编辑完成合并操作，[startpoint] [endpoint]则指定了一个编辑区间，如果不指定[endpoint]，则该区间的终点默认是当前分支的 HEAD。

一般只指定[startpoint]，即从某一个提交节点开始，可以使用 HEAD^^、HEAD~100、commit ID 或者 commit ID 的头几个字符来指定，比如下面的命令指定重新整理 HEAD 之前的 3 个提交节点。

```
$ git rebase -i HEAD^^^
```

这时打开命令行文本编辑器大致有如下信息。

```
pick c5fe513 A
pick ec777a8 B
pick 52c5ac5 C

# Rebase 902d019..52c5ac5 onto 902d019 (3 commands)
#
# Commands:
# p, pick <commit> = use commit
# r, reword <commit> = use commit, but edit the commit message
# e, edit <commit> = use commit, but stop for amending
# s, squash <commit> = use commit, but meld into previous commit
# f, fixup <commit> = like "squash", but discard this commit's log message
# x, exec <command> = run command (the rest of the line) using shell
# d, drop <commit> = remove commit
# l, label <label> = label current HEAD with a name
# t, reset <label> = reset HEAD to a label
# m, merge [-C <commit> | -c <commit>] <label> [# <oneline>]
# .      create a merge commit using the original merge commit's
# .      message (or the oneline, if no original merge commit was
# .      specified). Use -c <commit> to reword the commit message.
#
# These lines can be re-ordered; they are executed from top to bottom.
#
# If you remove a line here THAT COMMIT WILL BE LOST.
#
#      However, if you remove everything, the rebase will be aborteD.
#
#
# Note that empty commits are commented out
```

该文本编辑器的用法与 Vim 编辑器的大致相同，按 i 键进入插入编辑模式，可以删除某个版本，也可以修改提交日志消息；按 Esc 键退出编辑模式回到一般命令模式（normal mode），这时按:键进入底线命令模式，输入:wq 按 Enter 键可保存退出，输入:q 按 Enter 键可退出，输入:q! 按 Enter 键可强制退出。

不管进行了怎样的编辑操作，退出文本编辑器后，如果想撤销 git rebase 命令的操作，可以执行以下命令。

```
git rebase --abort
```

如果我们删除了 B 版本，即删除了“pick ec777a8 B”一行，然后输入:wq 按 Enter 键保存退出，可以看到以下提示。

```
$ git rebase -i HEAD^^^
Auto-merging git2.md
CONFLICT (content): Merge conflict in git2.md
```

```
error: could not apply 52c5ac5... C

Resolve all conflicts manually, mark them as resolved with
"git add/rm <conflicted_files>", then run "git rebase --continue".
You can instead skip this commit: run "git rebase --skip".
To abort and get back to the state before "git rebase", run "git rebase --abort".

Could not apply 52c5ac5...
```

这时用 VS Code 打开冲突文件，冲突提示如图 2-20 所示。

```
采用当前更改 | 采用传入的更改 | 保留双方更改 | 比较变更
<<<<<<< HEAD (当前更改)
A
=======
A
B
C
>>>>>>> 52c5ac5... C (传入的更改)
```

图 2-20　VS Code 中的冲突提示

可以根据提示选择保留哪个更改，也可以直接编辑文件去掉提示信息。

解决冲突后需要将修改后的文件存入暂存区，最后执行以下命令完成整理。

```
git add .
git rebase --continue
```

删除的 B 版本的内容很可能会合并到 C 版本，这时往往需要重新修改 C 版本的提交日志消息，因此在完成操作之前需进入文本编辑器修改 C 版本的提交日志。按 i 键进入插入编辑模式，可以修改 C 版本的提交日志消息；按 Esc 键退出编辑模式回到一般命令模式，这时按:键进入底线命令模式，输入:wq 按 Enter 键保存退出。保存退出后即完成了整理操作。

```
$ git rebase --continue
[detached HEAD adcb434] C
 1 file changed, 6 insertions(+), 1 deletion(-)
Successfully rebased and updated refs/heads/mybranch.
```

这时查看提交日志可以发现 B 版本已经不存在了。

```
$ git log
commit adcb434396ca664b11f19ed518f7901a27c81e1f (HEAD -> mybranch)
Author: mengning <mengning@ustC.edu.cn>
Date:   Sun Sep 20 11:19:57 2020 +0800

    C

commit c5fe51360f8bc010ae8de3cabe0f550240ae78f8
Author: mengning <mengning@ustC.edu.cn>
Date:   Sun Sep 20 11:19:07 2020 +0800
```

最后，和场景三的第 4 步一样，先切换回 master 分支，将最新远程 origin/master 分支同步到本地存储库，再合并 mybranch 分支到 master 分支，推送到远程 origin/master 分支之后即完成了一项开发工作。

Git Rebase 的操作较为复杂，这里给出一道练习题如下。

在 GitHub 或 Gitee 上新建一个版本库，并实现如图 2-21 所示的 commit 分支网络示意图，要求 A 和 B 在本地存在过，但并不出现在远程网络图中。

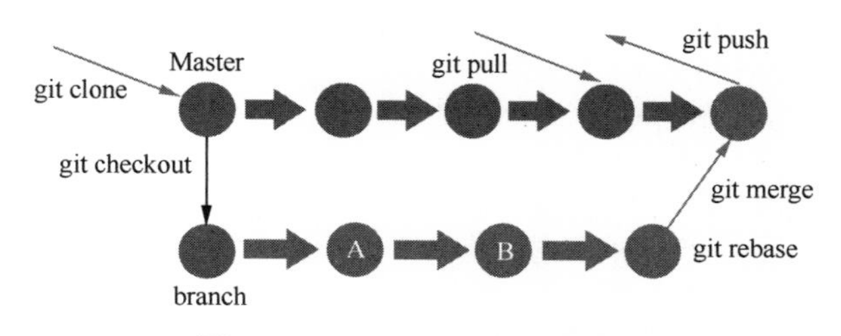

图 2-21　commit 分支网络示意图

2.7　场景五：Fork + Pull request 开发工作流程

前面我们讨论的场景三和场景四都是在合作紧密的开发团队中使用的，这样的开发团队具有良好的信任关系，具有共同遵守的、规范的项目开发流程。但是开源社区的开发活动往往是松散的，团队成员的技术水平往往参差不齐，开发流程千差万别。这时如果采用场景三和场景四中推荐的参考工作流程，项目仓库的网络图就会“一团糟”。

为了解决开源社区松散团队的协作问题，GitHub 提供了 Fork+ Pull request 的协作开发工作流程。当你想更正别人仓库里的 bug 或者向别人的仓库贡献代码时可以执行此流程。

（1）先“Fork”（分叉）别人的仓库，相当于复制一份。

（2）做一些漏洞修复或其他的代码贡献。

（3）发起 Pull request 给原仓库。

（4）原仓库的所有者审核 Pull request，如果没有问题，就会合并 Pull request 到原仓库。

接下来按步骤简要看一下整个 Fork + Pull request 的过程。

（1）在某个项目页面的右上角单击 Fork 按钮，如图 2-22 所示。

系统会以该项目仓库为蓝本为你新建一个版本库，然后直接进入新建的版本库，如图 2-23 所示。

注意新建的版本库页面中有 Pull request 按钮，如图 2-23 所示。

（2）可以参考前面场景一、场景二、场景三和场景四的做法，在新建的版本库中独立工作，最终将漏洞修复或其他的代码贡献同步到远程新建的版本库中。

（3）创建 Pull request。即在如图 2-23 所示的 Fork 的版本库页面中找到 Pull request 按钮并单击，进入 Comparing changes 页面，如图 2-24 所示。

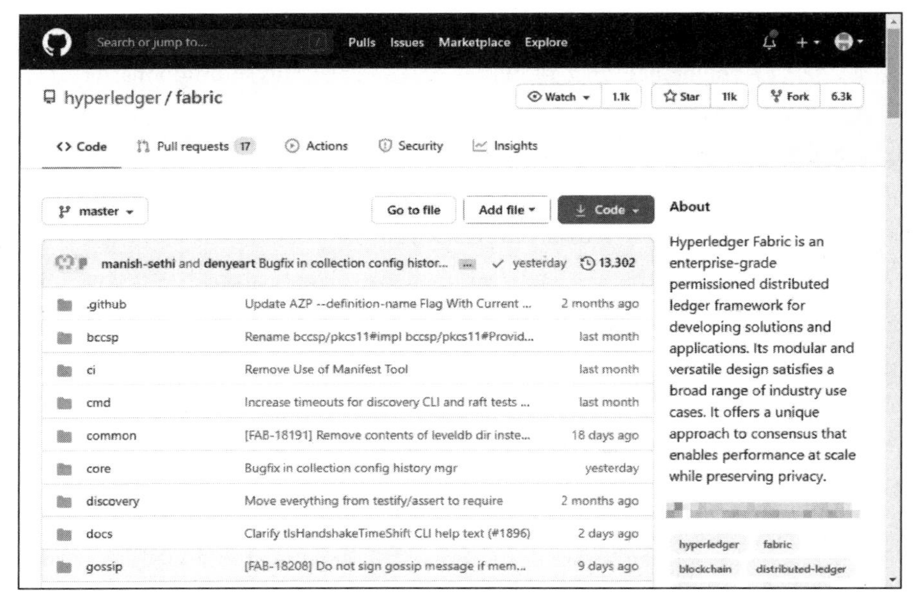

图 2-22　单击页面右上角的 Fork 按钮

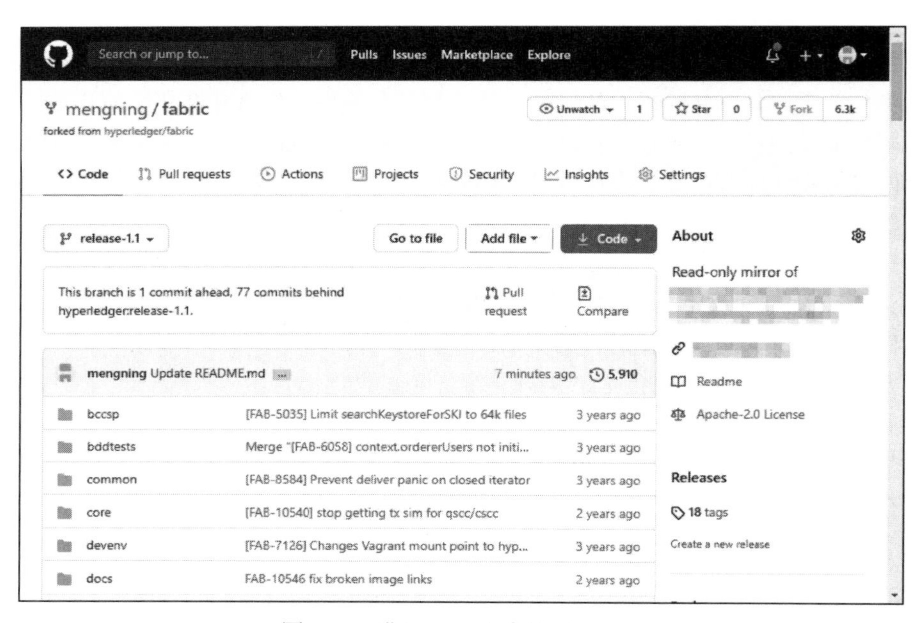

图 2-23　进入 Fork 出来的项目页面

在 Comparing changes 页面可以看到新建的版本库与原仓库之间的所有变更信息，单击页面上绿色的 Create pull request 按钮页面即跳转到原仓库。此时可审核变更信息创建一个 Pull request，如图 2-25 所示。

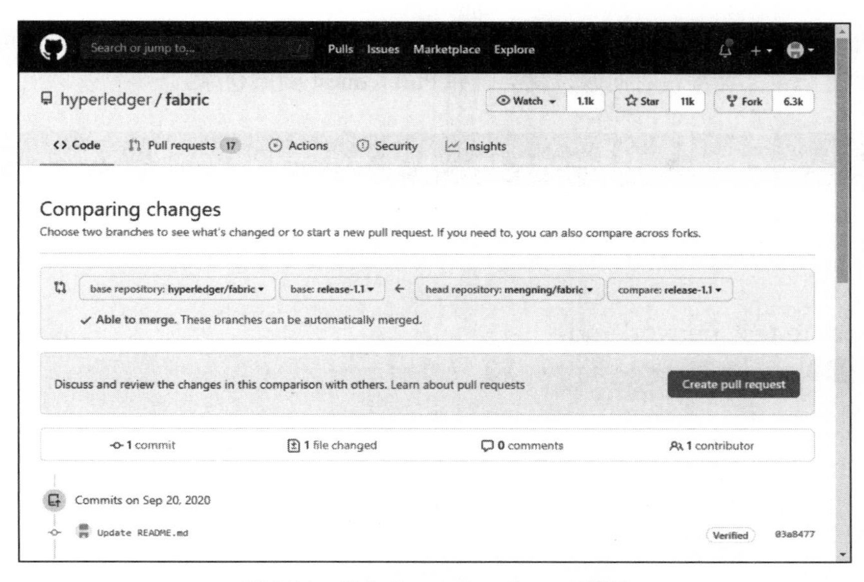

图 2-24　进入 Comparing changes 页面

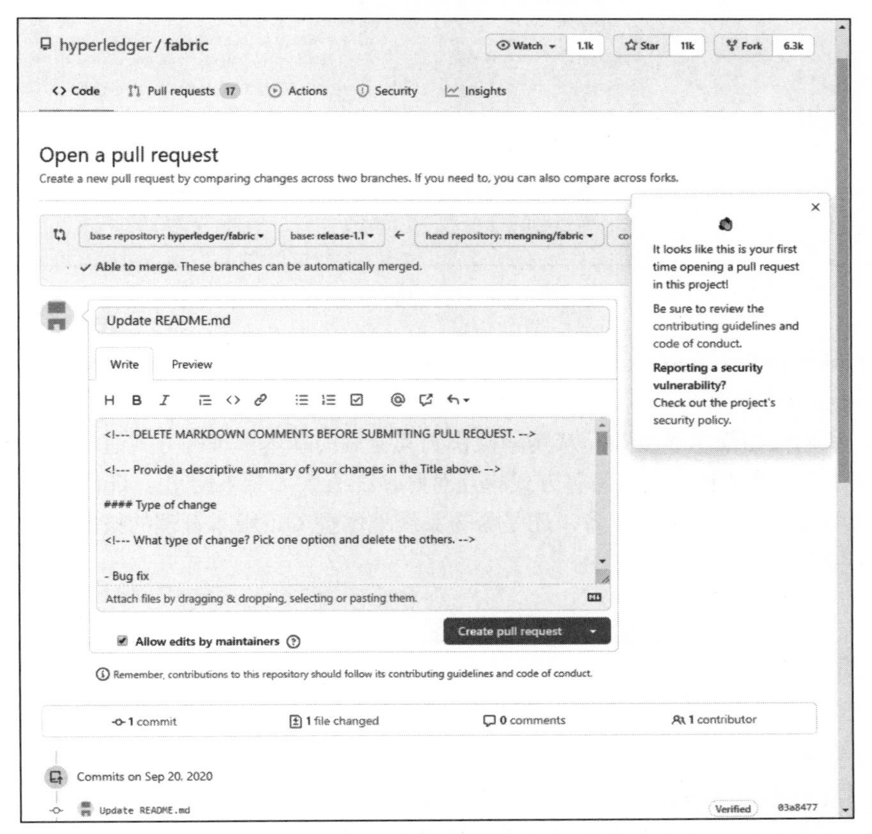

图 2-25　创建一个 Pull request

（4）处理 Pull request。原仓库的所有者审核 Pull request，在图 2-26 所示的页面可以看到所有的代码变更信息，如果没有问题，就会合并 Pull request 到原仓库。

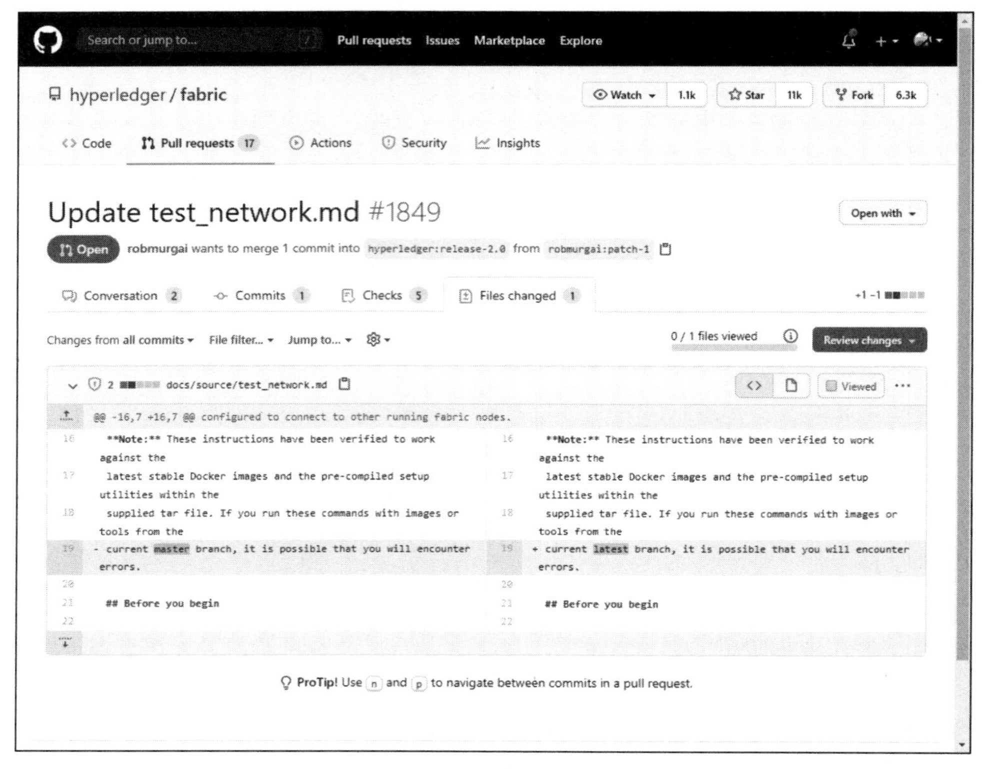

图 2-26　处理 Pull request

学习 Fork + Pull request 的具体操作，可以两人一组互相“Fork”对方的仓库，然后互相提交 Pull request 等进行演练。

至此，我们按由简单到复杂、从实际操作到其背后的基本原理的方式进行了讲解，并通过 VS Code 菜单命令和 Git 命令行两种方式相互对照，在五大场景下给出了 Git 命令的参考用法。不管你是希望实际使用时快速参考，还是希望系统地掌握 Git 版本管理的技能，相信本章都能为你提供必要帮助。

本章练习

一、填空题

1. 在 Git 命令行下查看当前工作区的状态的命令是（　　　　）。
2. 在 Git 命令行下将更改的文件加入暂存区的命令是（　　　　）。

3．在 Git 命令行下取消添加到暂存区里的所有文件，即将之从暂存区中删除，所需的命令是（　　　　）。

4．在 Git 命令行下把暂存区里的文件提交到仓库的命令是（　　　　）。

5．在 Git 命令行下将仓库回退到一个指定版本的命令是（　　　　）。

6．在 Git 命令行下从远程仓库中克隆一个仓库到本地的命令是（　　　　）。

7．在 GitHub 中远程仓库的默认分支名称是（　　　　）。

8．在 GitHub 中按时间线依次排列的一组提交记录称为（　　　　）。

二、简述题

1．比较常见的版本控制的方式有两种：一种是独立文件或说整体备份的方式；另一种是增量补丁包的方式。Git 采用了增量补丁包的方式，请问 Git 是如何生成增量补丁包的？

2．在 Git 中默认的分支合并方式为“快进式合并”，但是我们常常使用--no-ff 参数关闭“快进式合并”，请你简述两者有何不同。

三、实验

1．参考第 2.2.6 小节实际演练本地版本库的用法。

2．参考第 2.3.3 小节实际演练 GitHub 远程版本库的基本用法。

3．参考第 2.5.3 小节实际演练团队项目工作流程。

第3章 正则表达式十步通关

3.1 为什么使用正则表达式

正则表达式（regular expression）是对字符串操作的一种逻辑公式。正则表达式的应用范围非常广泛，最初是由UNIX普及开来的，后来广泛运用于Scala、PHP、C#、Java、C++、Objective-C、Perl、Swift、VBScript、JavaScript、Ruby及Python等。学习正则表达式，实际上是学习一种十分灵活的逻辑思维，通过简单、快速的方法达到对字符串的控制。可以说正则表达式是程序员手中一种威力无比强大的武器！

正则表达式大有用处，这里简要介绍几种常见的用途。

- 测试字符串内的模式。可以测试输入字符串，以查看字符串内是否出现电话号码模式或信用卡号码模式。这称为数据验证。
- 替换文本。可以使用正则表达式来识别文档中的特定文本，完全删除该文本或者用其他文本替换。
- 基于模式匹配从字符串中提取子字符串。可以查找文档内或输入域内特定的文本等并删除或替换。例如，你可能需要搜索整个网站，删除过时的材料，以及替换某些HTML格式标记。在这些情况下，可以使用正则表达式来确定每个文件中是否出现相应材料或HTML格式标记。此过程将受影响的文件范围缩小到包含需要删除或更改的材料的那些文件。然后可以使用正则表达式来删除过时的材料。最后，可以使用正则表达式来搜索和替换HTML格式标记。

总结下来，正则表达式最核心的功能就是搜索和替换。接下来我们以VS Code开发环境下搜索和替换中使用的正则表达式为例来学习正则表达式的基本用法，在其他环境下的正则表达式的用法规则基本大同小异。

由于Vim文本编辑器非常高效，且具有悠久的历史和广泛的用户群，因此我们将同时介绍正则表达式在Vim文本编辑器中的用法。在VS Code开发环境的基础上可以通过安装Vim文本编辑器插件的方式使用Vim文本编辑器。

3.2 第一关：基本的字符串搜索方法

在 VS Code 中跨文件搜索（Ctrl+Shift+F）和文件内搜索（Ctrl+F）的输入文本框中输入字符串即可进行基本的字符串搜索。图 3-1 所示左侧搜索面板为跨文件搜索的结果，右侧为文件内搜索的结果。

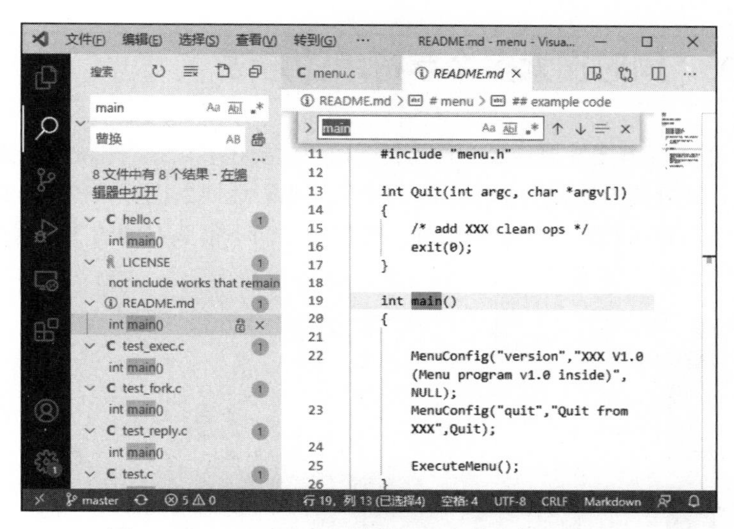

图 3-1 VS Code 中跨文件搜索和文件内搜索的结果

使用文件内搜索功能时，可以按 Shift+Enter 快捷键搜索上一个，按 Enter 键继续搜索下一个。这两种操作在文件内搜索面板上有对应的向上、向下箭头，向下箭头右侧 3 条横线的按钮是指在选定内容中查找（Alt+L）。

跨文件搜索和文件内搜索的输入文本框内部右侧都有 3 个按钮。

- 选中第一个表示搜索时区分大小写（Alt+C）。
- 选中第二个表示搜索时全字匹配（Alt+W）。
- 选中第三个表示搜索时采用正则表达式（Alt+R），如果在输入文本框中使用了正则表达式的语法规则，则需要选中第三个按钮或按 Alt+R 快捷键。显然如图 3-1 所示的输入没有使用正则表达式。

在 Vim 文本编辑器的一般命令模式（Normal Mode）下按/输入文本 main（与按:进入底线命令模式类似的方式），即在当前文档中向光标之下寻找文本模式为 main 的字符串。例如要在文件内搜寻 RegEx 这个字符串，输入/RegEx 按 Enter 键即可。在底部的状态栏可以看到输入的搜索命令/RegEx，按 Enter 键之后光标就停在搜索到的下一个 RegEx 字符串上。相应地，?word 是向光标之上寻找一个文本模式为 word 的字符串。

按 Enter 键搜索到一个目标字符串之后按 N 键，代表重复前一个搜索的动作继续搜索目标字符串。举例来说，如果刚刚我们执行/RegEx 向下搜寻 RegEx 这个字符串，按 N 键后，会继续向下搜索 RegEx 字符串。如果是执行?RegEx，那么按 N 键会向上继续搜寻 RegEx 字符串。

按 Enter 键搜索到一个目标字符串之后，我们可用 Shift+N 快捷键，反方向进行前一个搜索动作（与按 N 键实现的功能相反）。例如/RegEx 后，按 Shift+N 快捷键则表示向上搜寻 RegEx。

使用“/字符串”配合 Shift+N 快捷键及 N 键是非常有帮助的，可以让你重复找到一些你希望找到的字符串。

3.3　第二关：同时搜索多个字符串的方法

在 VS Code 中进行跨文件搜索或文件内搜索时，只要在多个字符串之间增加或运算符“|”，比如“main|int”，同时选中输入文本框最右侧使用正则表达式的图标，即可同时搜索多个字符串。图 3-2 所示为除同时搜索多个字符串外，还使用了向下箭头右侧的 3 条横线的按钮，即在选定内容区域内查找多个字符串。

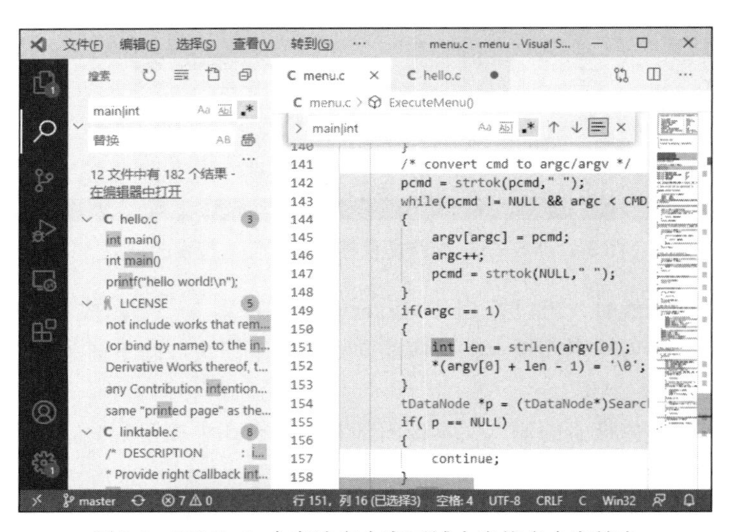

图 3-2　VS Code 中在选定内容区域内查找多个字符串

在 Vim 文本编辑器中搜索多个字符串的方法与在 VS Code 中的基本一致。如果你想匹配“yes”或“no”，你需要使用的正则表达式是/yes|no。

你也可以同时搜索超过两个字符串，通过添加更多的或运算符来分隔它们，如/yes|no|maybe。

3.4　第三关：在匹配字符串时的大小写问题

到目前为止，你已经知道使用正则表达式进行字符串匹配的方法了。但有时，你也可能想要匹配具有大小写差异的字符串。比如大写字母“A”、“B”和“C”，小写字母“a”、“b”和“c”。

在 VS Code 跨文件搜索和文件内搜索中，默认是忽略大小写的，只有通过选中搜索输入文本框中区分大小写的按钮，才会按照大小写严格匹配字符串。

在 Vim 文本编辑器中可通过底线命令方式:set ignorecase 将其设置为忽略大小写，可通过:set noignorecase 使其恢复到大小写敏感的状态。Vim 文本编辑器默认是大小写敏感的。

类 UNIX 操作系统默认都是大小写敏感的，而 Windows 操作系统默认是大小写不敏感的。这大概是 VS Code 和 Vim 文本编辑器在大小写的默认设置上不同的原因吧。

在 Vim 文本编辑器中也可以通过\c 表示大小写不敏感，\C 表示大小写敏感。比如/ignorecase\c，表示可以匹配“ignorecase”、“igNoreCase”和“IgnoreCase”等。

注意：有些环境下你可以使用/i 标志来指明是否忽略大小写。你可以通过将/i 标志附加到正则表达式中来使用，使用/i 标志的示例是/ignorecase/i，表示可以匹配“ignorecase”、“igNoreCase”和“IgnoreCase”等。

在 VS Code 跨文件搜索和文件内搜索中不支持在正则表达式中使用\c 或/i 这种标志。

3.5　第四关：通配符的基本用法

有时不知道文件中的确切字符，就找出所有可能与之匹配的单词，但如果拼写错误会浪费很长时间。幸运的是，可以使用通配符“.”“+”“*”“?”查找以节省时间。

- 通配符“.”表示将匹配任意一个字符。该通配符也可称为 dot 和 period。你可以像使用正则表达式中的任何其他字符一样使用通配符。例如，你想匹配“hug”、“huh”、“hut”和“hum”等，可以使用正则表达式 hu.来匹配所有可能的字符串。
- 通配符“+”表示查找出现一次或多次的字符。例如要匹配“hahhhhh”，可以使用正则表达式 hah+。
- 通配符“*”表示匹配零次或多次出现的字符。例如使用正则表达式 hah*可以匹配 ha 字符串，因为*表示前一个字符出现零次或多次都是符合正则表达式的匹配条件的。
- 通配符“?”表示指定可能存在的元素，也就是检查前一个元素存在与否，如正则表达式 colou?r、favou?rite 中的通配符“?”前面的 u 字符存在和不存在这两种情况的字符串都符合匹配条件。

简要总结一下：通配符“.”表示任意一个字符；“?”表示其前的一个字符是否存在，也就是存在 0 次或 1 次；“+”表示前一个字符出现一次或多次；“*”表示前一个字符出现 0 次、1 次或多次。

练习题：解释以下几个正则表达式的含义。

- .?。
- .+。

- .*。

如果有指定查找某个字符出现 3～5 次的情况该怎么办呢？可以使用数量说明符指定下限次数和上限次数。数量说明符使用大括号“{}”，将两个数字放在大括号之间并用逗号“,”隔开表示字符出现的上限次数和下限次数。

- 要匹配字符串“aaah”中出现 3～5 次字母 a，正则表达式是 a{3,5}h。
- 要匹配字符串“haaah”与至少出现 3 次字母 a，正则表达式是 ha{3,}h。
- 仅匹配字符串“haaah”（出现 3 次字母 a），正则表达式是 ha{3}h。

3.6 第五关：匹配具有多种可能性的字符集

前文介绍了如何匹配完整的字符串以及通配符“.”“+”“*”“?”等。这些只是正则表达式的两种极端情况，一种是查找完整的字符串进行匹配，另一种通过通配符可以匹配任意字符出现零次、一次和多次的方法。

除此之外，我们可以使用字符集来灵活地搜索字符。

- 方括号“[]”用来定义一组你希望匹配的字符。例如，你要匹配“bag”、“big”和“bug”，而不是“bog”，你可以创建正则表达式 b[aiu]g 来执行此操作。[aiu]是只匹配字符“a”“i”或“u”的字符集。
- 连字符“-”用来定义要匹配的字符的范围。当需要匹配一系列字符（例如字母表中的每个字母）时，需要输入很多字符。幸运的是，有一个内置的功能可以使这些命令更短、更简单。在字符集中，你可以使用连字符“-”定义要匹配的字符范围。例如，要匹配小写字母 a 到 e，可以使用[a-e]。使用连字符“-”匹配一系列字符并不只限于字母，也可以匹配一系列数字。例如字符集[0-5]匹配 0 和 5 之间的所有数字，包括 0 和 5。
- 字符“^”用来定义不想匹配的字符，称为否定字符集。要创建一个否定字符集，可以在左边的方括号之后放置一个插入字符“^”。例如[^aeiou]表示排除“a”“e”“i”“o”“u”。

如果匹配的可能存在的字符太多，写起来不是很方便，可使用字符集提供的快捷写法。

- \w 用来匹配字母、数字，对应的字符集为[A-Za-z0-9_]。这个字符集匹配大小写字母和数字。注意：\w 包括匹配下画线“_”。
- \W 用来匹配\w 匹配的字符集的否定字符集。

注意：\W 使用的是大写字母 W。\W 与[^A-Za-z0-9_]相同。

- \d 用来搜索数字，其对应的字符集为[0-9]。
- \D 用来查找非数字字符，等同于否定字符集[^0-9]。

3.7 第六关：贪婪匹配和懒惰匹配

在正则表达式中，可用贪婪（greedy）匹配查找符合正则表达式的字符串的最长的可能字符串，并将其作为匹配结果返回。而懒惰（lazy）匹配是查找符合正则表达式的字符串的最短的可能字符串。

可以用正则表达式 t[a-z]*i 查找字符串“titani”。这个正则表达式基本是以 t 开始，以 i 结尾的，并且之间有 0 个、1 个或多个字母。正则表达式默认的是贪婪匹配，所以将查找到最长的字符串“titani”。

但是可以使用?字符将其更改为懒惰匹配。例如使用 t[a-z]*?i 正则表达式会返回“ti”。

注意：这时使用字符“?”表示懒惰匹配，字符“?”还可以作为通配符，表示检查前一个元素存在与否。

练习题：修正正则表达式<.*>以返回 HTML 标签<h1>而不是文本“<h1>Winter is coming</h1>”。记住使用正则表达式中的通配符“.”可匹配一个任意字符，“.*”可匹配多个任意字符。

3.8 第七关：一些特殊位置和特殊字符

正则表达式具有可用于查找匹配字符串开头和末尾特殊字符和位置的模式。

- 字符“^”用于表示字符串的开头。
- 字符“$”用于表示字符串的末尾。

如在“Ricky is first and can be found”中查找开头的“Ricky”则为^Ricky，查找结尾的“found”则为 found$。

可以使用\s 搜索空格，这个小写的 s 有“空格”之意。此模式不仅匹配空格，还包括回车符、制表符、换页符和换行符等字符。你可以将其看作与字符集[\r\t\f\n\v]类似。

使用\S 搜索非空格。使用它将不匹配空格、回车符、制表符、换页符和换行符等字符，也可用否定字符集[^\r\t\f\n\v]表示。

- \n：换行符（光标移到下行行首）。
- \r：回车符（光标移到本行行首）。
- \f：换页符。
- \t：水平跳格符（水平制表符）。
- \v：垂直跳格符（垂直制表符）。

3.9　第八关：使用捕获组复用模式

正则表达式中的字符串模式多次出现，手动重复输入这些正则表达式是浪费时间的。有一个更好的方法可用于你的字符串中有多个重复子串时进行指定，这个方法就是捕获组。

用括号“()”可以定义捕获组，用于查找重复的子串，即把会重复的字符串模式的正则表达式放在括号内。

要指定重复字符串出现的位置，可以使用反斜线“\”，然后使用数字。该数字从 1 开始，并随着用括号定义的捕获组数量而增加。比如\1 匹配正则表达式中通过括号定义的第一个捕获组。

使用捕获组来匹配字符串中连续出现 3 次的数字，每个数字由空格分隔，正则表达式为(\d+)\s\1\s\1。\1 代表捕获组(\d+)内正则表达式匹配的结果，而不是正则表达式\d+。因此这个正则表示可以匹配 123 123 123，但是不能匹配 120 210 220。

3.10　第九关：基本的字符串搜索替换方法

在 VS Code 中基本的字符串搜索替换方法比较简单，只要单击查找输入文本框左侧的“>”按钮就可以打开替换输入文本框，如图 3-3 所示。也可以使用跨文件替换（Ctrl+Shift+H）和文件内替换（Ctrl+H），它们的含义与跨文件搜索和文件内搜索相对应。

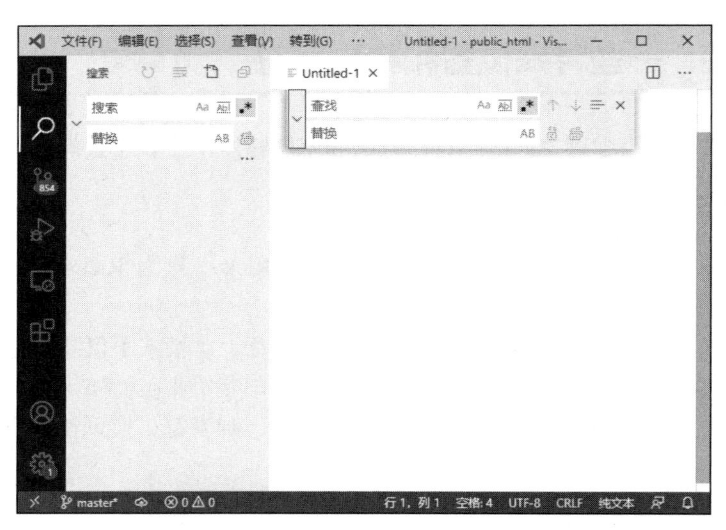

图 3-3　VS Code 中基本的字符串搜索替换方法

在 Vim 文本编辑器中，基本的字符串搜索替换正则表达式为:n1,n2s/word1/word2/g，它以:开头，n1 与 n2 为数字，即在第 n1 与 n2 行之间寻找 word1 这个字符串，并将该字符串替换为 word2 字符串。举例来说，在第 100 到 200 行之间搜寻 regex 并将其替换为 RegEx 的表达式为:100,200s/regex/RegEx/g。

其中 s 是 substitute 的简写，表示执行替换字符串操作；最后的/g 是 global 的简写，表示全局替换。另外与/g 的用法相似，/c 是 confirm 的简写，表示操作时需要确认，/i 是 ignorecase 的简写，表示不区分大小写。

:1,$s/word1/word2/g 或:%s/word1/word2/g 表示从第一行到最后一行寻找 word1 字符串，并将该字符串替换为 word2 字符串。

:1,$s/word1/word2/gc 或:%s/word1/word2/gc 表示从第一行到最后一行寻找 word1 字符串，并将该字符串替换为 word2 字符串，且在替换前显示提示信息给用户确认是否需要替换。

3.11　第十关：在替换中使用捕获组复用模式

如果我们在搜索替换中希望保留搜索字符串中的某些字符串作为替换字符串的一部分，可以使用符号“$”访问搜索字符串中的捕获组。

比如在搜索正则表达式中的捕获组为 capture groups，则替换的正则表达式中可以直接使用$1 复用搜索正则表达式中的捕获组 capture groups。

在 VS Code 中，如果想将项目中所有的 HTML 标签中的 h 改为 H，搜索正则表达式<h(\d)>就可以查找出所有标签，如<h1>、<h2>、<h3>、<h4>等，其中还定义了捕获组（\d）。

替换的正则表达式<H$1>使用$1 复用了搜索正则表达式中定义的捕获组（\d），如图 3-4 所示。

图 3-4　使用$1 复用了搜索正则表达式中定义的捕获组（\d）

在 Vim 文本编辑器中，复用捕获组进行替换的方法为:1,$s/(capture groups)/$1/g。如果想在当前文件中将所有的 HTML 标签中的 h 改为 H，则正则表达式为:1,$s/<h(\d)>/<H$1>/g。

本章练习

一、填空题

1．正则表达式中的通配符（　　　　）表示匹配一个任意字符；通配符（　　　　）用来查找出现一次或多次的字符；通配符（　　　　）匹配零次或多次出现的字符；通配符（　　　　）指定可能存在的字符，也就是检查其前的一个字符存在与否。

2．使用字符集可以灵活地搜索字符，其中（　　　　）中的字符用来定义一组你希望匹配的字符。

3．用（　　　　）可以定义捕获组，用于查找重复的字符串，即把会重复的字符串模式的正则表达式放在其中。如果我们在搜索替换中希望保留搜索字符串中的某些字符串作为替换字符串的一部分，可以使用符号（　　　　）在替换字符串中访问捕获组。

二、实验

1．合理地限制用户名。用户名在互联网上随处可见。它们是网站给用户的一个独特的身份标识。

网站需要检查用户设置的用户名是否符合规则。以下是创建用户名时用户必须遵守的一些简单规则。

1）用户名中唯一的数字必须在末尾，末尾可以有零个或多个数字。

2）用户名字母可以是小写或大写，用户名只能由数字和大小写字母组成。

3）用户名必须至少有两个字符长度，双字母用户名只能使用字母表中的字母字符。

写出符合上面规则的正则表达式。

2．编码过程中为之前已经定义的变量名增加类型信息，比如将 int 类型变量 iVarNameA、iVarNameB、iVarNameC...（VarName 可能是任意变量名称）改为 i32VarNameA、i32VarNameB、i32VarNameC...，请你使用正则表达式搜索替换的方法完成这一工作。

3．在代码中批量注释和取消注释。

在 Vim 文本编辑器中使用下面命令在指定的行首添加注释。使用命令格式为 :起始行号,结束行号 s/^/注释符/g。

注意：以冒号开头，如以//为注释符号:10,20s#^#//#g，以#为注释符号:10,20s/^/#/g。

在 Vim 文本编辑器中使用下面命令取消指定行首的注释，使用的命令格式为:起始行号,结束行号 s/^注释符//g。

注意：以冒号开头，如以//为注释符号:10,20s#^//##g，以#为注释符号:10,20s/#//g。

第二篇

工程化编程实战

本部分以 C 语言代码为例，通过一个简单的 menu 菜单项目[①]介绍工程化编程的基本方法，涵盖代码规范和代码风格、模块化软件设计、可复用软件设计，以及线程安全和软件质量等相关问题的讨论。

① 关注微信公众号“读行学”在“图书”菜单进入本书页面附录 1，即可获得 menu 菜单项目源代码。

第4章

简约而不简单——代码规范和代码风格

4.1 实验项目介绍

本实验项目通过完成一个通用的以命令行控制的菜单子系统以便其在不同项目中复用。接下来结合项目的具体要求[①]讨论。

代码最初是如何“生长”起来的？UML（Unified Modeling Language，统一建模语言）三“巨头”之一的伊瓦尔·雅各布森（Ivar Jacobson）曾说，银弹是不存在的，我们需要的仅仅是明智的软件开发方法，软件必须从一个小的可运行的简单原型系统开始，逐渐充实、生长成为全面的成熟系统。

这个 menu 菜单项目就采用该思路，从最简单的原型系统开始不断迭代、调试使代码生长得越来越像一个命令行的菜单程序。

写代码的过程中要遵循“小步快跑、不断迭代”的基本方法。罗马不是一天建成的，做事时不要期望一蹴而就。menu 菜单项目是从头开始的项目，但在实际工作中大多数项目并不是从头开始的，这时最简单的原型系统可能是以某个已有的项目为基础来实现的。

注意：做实际项目并不鼓励一开始就从头写代码，而是先找已有的类似项目做对比分析，对开源代码做逆向工程和再工程，在对项目有深刻理解的基础上，再考虑是从头构建，还是通过改造和维护一个已有的项目来达成目标。

以 hello world 程序为基础来开发 menu.c 作为项目的开始，因为菜单程序始终在前台与用户交互，自顶向下地来看整个菜单程序会发现它一定是一个大循环，所以这里先添加命令行菜单程序的主循环结构，如下。

```
#include <stdio.h>

int main()
{
```

① 关注微信公众号“读行学”在“图书”菜单进入本书页面附录 1，即可获得实验项目相关的视频介绍。

```
        while(1)
        {
            printf("hello world!\n");     //4 个空格的缩进
        } //括号对齐
    }
```

编译运行可以看到 Shell 终端上不断输出“hello world!”，这证明添加的命令行菜单程序的主循环结构是可以工作的，就这样每添加一些代码就编译运行，可以及时发现代码错误，而不是一次写很多代码积累很多代码错误。

和生活中的菜单类似，作为一个菜单程序，需要具备根据用户点的菜（输入的参数等），准确执行相应操作、应答的功能。因此，我们需要给菜单程序一个接收命令的变量 cmd。为了能够看到更直观的效果，我们将输出换为我们所输入的命令，具体代码如下。

```
#include <stdio.h>

int main()
{
    char cmd[128];
    while(1)
    {
        scanf("%s", cmd);
        printf("%s\n", cmd);
        /* 注释内为风格不良的代码举例：
        scanf("%s",cmd);
        printf("%s\n",cmd);
        变量与标点符号之间留有空格将改善阅读体验
        */
    }
}
```

此时再编译运行，可看出 Shell 终端上总是会输出我们输入的命令。这时的 menu 菜单程序已经初具雏形了，只不过还不能为我们提供一些有用的功能。

我们想象中的菜单是可以根据用户的需要来提供一些服务的，比如在 Shell 终端中，如果一些命令后面跟“help”，将会输出该命令的帮助信息，包括所有参数及其使用方法。以下为 ls 命令的帮助信息。

```
$ ls --help
Usage: ls [OPTION]... [FILE]...
List information about the FILEs (the current directory by default).
Sort entries alphabetically if none of -cftuvSUX nor --sort is specifieD.
...
```

当然这是使用命令行参数的方式，像 Shell 终端本身就包含一个 help 命令来列出当前支持的所有命令的帮助信息。Shell 终端自带的 help 命令执行效果如下（此处仅展示部分信息）。

```
$ help
GNU bash, version 4.4.19(2)-release (x86_64-pc-msys)
These shell commands are defined internally.  Type 'help' to see this list.
Type 'help name' to find out more about the function 'name'.
Use 'info bash' to find out more about the shell in general.
Use 'man -k' or 'info' to find out more about commands not in this list.
...
```

那我们如何才能实现根据对应功能做出回应呢？首先，我们需要将用户的输入命令与 menu 的命令集合进行匹配，若匹配成功，则做出相应的动作；若不成功，则需要给出相应的提示表示目前还不支持这个命令。以下代码使用了 strcmp 库函数来匹配 help 命令和 quit 命令。

```
#include <stdio.h>
#include <stdlib.h>

int main()
{
    char cmd[128];
    while(1)
    {
        scanf("%s", cmd);
        if(strcmp(cmd, "help") == 0)
        /* 注释内为风格不良的代码举例：
        * 使用逻辑尽可能简单的方法描述会使代码更容易理解
        if(!strcmp(cmd, "help"))
        */
        {
            printf("This is help cmd\n", cmd);
        }
        else if(strcmp(cmd, "quit") == 0)
        {
            exit(0);
        }
        else
        {
            printf("Wrong cmd!\n");
        }
    }
}
```

以上代码实现了一个命令行的菜单程序[①]，执行某个命令时调用一个特定的函数作为命令执行的动作。

① 关注微信公众号“读行学”在“图书”菜单进入本书页面附录 1，即可获得实现代码编写过程的视频。

4.2 代码风格的原则：简明、易读、无二义性

代码风格如同一个人给其他人的第一印象一样，非常重要！代码风格之所以那么重要，是因为它往往决定了代码是否规范、是否易于阅读，而且还影响团队的合作。

虽然编译之后代码最终是由计算机执行的，但毕竟程序员要参与整个项目的开发过程，伴随代码生长和重构，程序员需要反复阅读和修改代码。在编写代码的过程中，尤其是在团队协作开发的过程中，如果代码杂乱无章，阅读、理解起来都费劲，那么编译出来在计算机上执行时的差错往往难以避免，更别说还需要在此基础上进一步反复修改和重构代码。

好的代码风格不仅易于代码的阅读和理解，还能在很大程度上减少一些不必要的错误。例如少一个花括号“}”，如果在编码的时候严格遵循了花括号对齐的规则，那么此类错误将很容易避免。

到底什么样的代码风格是好代码风格呢？我们把代码的风格分成三重“境界”。

- 一是规范整洁。遵守常规语言规范，合理使用空格、空行、缩进、注释等。
- 二是逻辑清晰。没有代码冗余、重复，具有让人清晰明了的命名规则。做到逻辑清晰不仅要求程序员的编程基本功好，更重要的是要求软件设计能力强，选用合适的软件设计模式、软件架构风格可以有效改善代码的逻辑结构，会让代码更加简洁清晰。
- 三是“优雅”。优雅的代码是软件设计的艺术，是编码的艺术，是程序员对编程的最高追求。

一般来讲，代码风格的基本原则是：简明、易读、无二义性。下面我们来看一些具体的代码风格。

下面有四种不同的代码写法，它们代表不同的代码风格，你认为哪种代码风格更好一些呢？

（1）第一种代码风格。

```
if(condition) dosomething();
```

（2）第二种代码风格。

```
if(condition)
    dosomething();
```

（3）第三种代码风格。

```
if(condition){
    dosomething();
}
```

（4）第四种代码风格。

```
if(condition)
{
```

```
        dosomething();
    }
```

我们通常认为，对于复杂的代码第四种代码风格更好，因为代码块更清晰、更易于阅读。当然我们这里以 C/C++代码为例，其他编程语言可能有其自身的特点，我们要尊重不同社区约定俗成的编码习惯，不能一概而论。

我们经常见到不同风格的文件头部的注释，下面举几个例子，看看你更喜欢哪种风格的文件头部注释。

Linux 内核开源代码的文件头部注释举例分别如图 4-1 和图 4-2 所示。

```
1   /*
2    *  linux/init/main.c
3    *
4    *  Copyright (C) 1991, 1992  Linus Torvalds
5    *
6    *  GK 2/5/95  -  Changed to support mounting root fs via NFS
7    *  Added initrd & change_root: Werner Almesberger & Hans Lermen, Feb '96
8    *  Moan early if gcc is old, avoiding bogus kernels - Paul Gortmaker, May '96
9    *  Simplified starting of init:  Michael A. Griffith <grif@acm.org>
10   */
```

图 4-1　Linux 内核的文件头部注释举例 1

```
1   /*
2    *  Linux INET6 implementation
3    *
4    *  Authors:
5    *  Pedro Roque     <roque@di.fc.ul.pt>
6    *
7    *  $Id: ipv6.h,v 1.1 2002/05/20 15:13:07 jgrimm Exp $
8    *
9    *  This program is free software; you can redistribute it and/or
10   *      modify it under the terms of the GNU General Public License
11   *      as published by the Free Software Foundation; either version
12   *      2 of the License, or (at your option) any later version.
13   */
```

图 4-2　Linux 内核的文件头部注释举例 2

某网络协议栈商业代码的文件头部注释举例分别如图 4-3 和图 4-4 所示。

```
1   /*************************************************************************
2   * Copyright (C) XXXXX Sotware,1997-98,2001
3   *
4   * $Id: ipoutput.c,v 1.1.1.1 2005/02/14 11:04:16 Administrator Exp $
5   *
6   * Description:This file contains the output processing of
7   *             packets from higher layer and then delivering
8   *             to lower layer for transmission of packet.
9   *
10  *************************************************************************/
```

图 4-3　商业代码的文件头部注释举例 1

某高校教学项目代码文件头部注释举例分别如图 4-5 和图 4-6 所示。

```
1  /*********************************************************************
2   * Copyright (C) XXXXX Sotware,1997-98,2001
3   *
4   * $Id: arpinc.h,v 1.1.1.1 2005/02/14 11:04:16 Administrator Exp $
5   *
6   * Description: This file contains the common includes of ARP
7   *              module
8   *
9   *********************************************************************/
```

图 4-4 商业代码的文件头部注释举例 2

```
1   
2   /*********************************************************************/
3   /* Copyright (C) SSE-USTC, 2009                                      */
4   /*                                                                   */
5   /*  FILE NAME             :  socketwraper.h                          */
6   /*  PRINCIPAL AUTHOR      :  Mengning                                */
7   /*  SUBSYSTEM NAME        :  ChatSys                                 */
8   /*  MODULE NAME           :  ChatSys                                 */
9   /*  LANGUAGE              :  C                                       */
10  /*  TARGET ENVIRONMENT    :  ANY                                     */
11  /*  DATE OF FIRST RELEASE :  2009/9/29                               */
12  /*  DESCRIPTION           :  The exported file for this module.      */
13  /*********************************************************************/
14  
15  /*
16   * Revision log:
17   * UDP socket API replaced by TCP socket API,modified by Mengning,2009/12
18   * Created by Mengning,2009/9/29
19   *
20   */
```

图 4-5 教学项目代码文件头部注释举例 1

```
1   
2   /*********************************************************************/
3   /* Copyright (C) SSE-USTC(Suzhou), 2010                              */
4   /*                                                                   */
5   /*  FILE NAME             :  mmdbdatabase.cpp                        */
6   /*  PRINCIPAL AUTHOR      :  M-Mencius Group (mengning@ustc.edu.cn)  */
7   /*  SUBSYSTEM NAME        :  MMDB                                    */
8   /*  MODULE NAME           :  FastDB Abstuctation Layer               */
9   /*  LANGUAGE              :  C++                                     */
10  /*  TARGET ENVIRONMENT    :  ANY                                     */
11  /*  DATE OF FIRST RELEASE :  2010/05/14                              */
12  /*  DESCRIPTION           :  The exported API implementation,MMDB.   */
13  /*********************************************************************/
14  
15  /*
16   * Revision log:
17   *
18   * Created by Mengning,2010/05/14
19   *
20   */
```

图 4-6 教学项目代码文件头部注释举例 2

从上面几组代码文件头部注释的例子我们可以看到，文件头部注释的精细程度是逐渐递增的。第一组例子来自在数十亿设备上使用的 Linux 内核代码；第二组例子来自某知名网络厂商的商业版本的 TCP/IP 协议栈代码，估计也在数百万设备上运行；第三组例子则是某高校工程教学的实验项目，几乎没有实际应用。

为什么它们对代码文件头部注释编辑的精细程度不同呢？尤其是工程教学中为什么要求那么严格？请看以下关于古罗马战士正确的训练方法，相信你能理解其中的原委。

有关古罗马战士的训练，哪一个是正确的？

- 没有训练，直接投入实战。
- 只学理论，不碰武器。
- 使用半重假武器。
- 使用全重实战武器。
- 使用两倍重的武器。

再来看看程序块头部的注释。最精简的是无注释，理想的情况是即便没有注释，也能通过函数、变量等命名直接理解代码。糟糕的情况是代码本身很难理解，作者又“惜字如金”。还有的情况是一句话形式的简短的注释，或者是将函数功能、各参数的含义和输入/输出用途等一一列举，这往往是模块的对外接口注释，方便自动生成开发者文档。图4-7给出了一个接口函数的注释示例。

```
32  /* Function Protypes */
33  /*********************************************
34   * Function Name :  ParseChatSysPdu
35   * Description   :  parse pInputChatSysPdu to be  pRequestMsg
36   * Input(s)      :  pInputChatSysPdu
37   * Output(s)     :  pRequestMsg
38   * Return        :  SUCCESS/FAILURE
39   *********************************************/
40  INT4 ParseChatSysPdu(tChatSysPdu * pInputChatSysPdu, tChatSysMsg * pRequestMsg);
41  
42  /*********************************************
43   * Function Name :  FormatChatSysPdu
44   * Description   :  format pResponseMsg to be pOutputChatSysPdu
45   * Input(s)      :  pResponseMsg
46   * Output(s)     :  pOutputChatSysPdu
47   * Return        :  SUCCESS/FAILURE
48   *********************************************/
49  INT4 FormatChatSysPdu(tChatSysPdu * pOutputChatSysPdu, tChatSysMsg * pResponseMsg);
```

图4-7　接口函数的注释示例

最后我们以C/C++代码为例，将缩进、命名、注释等编排代码的风格、规范简要总结如下。

- 缩进：4个空格。
- 行宽：小于100个字符。
- 代码行内要适当多留空格，如“=”“+=”“>=”“<=”“+”“*”“%”“&&”“||”“<<”“^”等操作符的前后应当加空格。对于表达式比较长的for语句和if语句，紧凑起见可以适当去掉一些空格，如for (i=0; i<10; i++)和if ((a<=b) && (c<=d))。
- 在一个函数体内，逻辑上密切相关的语句之间不加空行，逻辑上不相关的代码块之间要适当留有空行以示区分。
- 在复杂的表达式中要用括号来清楚地表示逻辑优先级。
- 花括号：所有“{”和“}”应独占一行且成对对齐。
- 不要把多条语句和多个变量的定义放在同一行。

- 命名：适当地命名会大大增加代码的可读性。
  - 类名、函数名、变量名等命名一定要与程序里的含义保持一致，以便于阅读理解。
  - 类型的成员变量通常用 m_或者_来做前缀以示区别。
  - 一般变量名、对象名等使用 lowerCamel 风格，即第一个单词首字母小写，之后的单词都首字母大写。第一个单词一般都表示变量类型，比如 int 型变量 iCounter。
  - 类型、类、函数名等一般都用 Pascal 风格，即所有单词首字母大写。
  - 类型、类、变量名一般用名词或者组合名词，如 Member。
  - 函数名一般使用动词或者动宾短语，如 Get/Set，RenderPage。
- 注释和版权信息：注释要使用英文，尽量不要使用中文或特殊字符，要保持源代码是 ASCII 格式文件。
- 不要解释程序是如何工作的，要解释程序做什么、为什么这么做，以及需要特别注意的地方。
- 源文件头部注释应该有版权、作者、版本、描述等相关信息。

遵守代码规范和代码风格的要求之后，menu.c 的完整源代码如图 4-8 所示。

```
1   /**************************************************************************************************/
2   /* Copyright (C) mc2lab.com, SSE@USTC, 2014-2015                                                  */
3   /*                                                                                                */
4   /*  FILE NAME             :  menu.c                                                               */
5   /*  PRINCIPAL AUTHOR      :  Mengning                                                             */
6   /*  SUBSYSTEM NAME        :  menu                                                                 */
7   /*  MODULE NAME           :  menu                                                                 */
8   /*  LANGUAGE              :  C                                                                    */
9   /*  TARGET ENVIRONMENT    :  ANY                                                                  */
10  /*  DATE OF FIRST RELEASE :  2014/08/31                                                           */
11  /*  DESCRIPTION           :  This is a menu program                                               */
12  /**************************************************************************************************/
13
14  /*
15   * Revision log:
16   *
17   * Created by Mengning, 2014/08/31
18   *
19   */
20
21  #include <stdio.h>
22  #include <stdlib.h>
23
24  int main()
25  {
26      char cmd[128];
27      while(1)
28      {
29          scanf("%s", cmd);
30          if(strcmp(cmd, "help") == 0)
31          {
32              printf("This is help cmd!\n");
33          }
34          else if(strcmp(cmd, "quit") == 0)
35          {
36              exit(0);
37          }
38          else
39          {
40              printf("Wrong cmd!\n");
41          }
42      }
43  }
44
```

图 4-8 遵守代码规范和代码风格的 menu.c

4.3　编写高质量代码的基本方法

4.3.1　通过控制结构简化代码

代码的基本结构分为顺序执行结构、条件分支结构和循环结构，还有很多编程语言支持递归结构。我们要利用代码的基本结构特点来有效地梳理需求，从而写出思路清晰的代码。以下代码就是没有将需求有效梳理，而是简单直接地将凌乱的需求转换成了代码。如果你看到以下代码，你该如何简化代码？

```
        benefit = minimum;
        if (AGE < 75) goto A;
        benefit = maximum;
        goto C;
        if (AGE < 65) goto B;
        if (AGE < 55) goto C;
A:      if (AGE < 65) goto B;
        benefit = benefit * 1.5 + bonus;
        goto C;
B:      if (AGE < 55) goto C;
        benefit = benefit * 1.5;
C:      next statement
```

通过合理的控制结构简化之后的代码如下。

```
if (AGE < 55)
{
    benefit = minimum;
}
elseif (AGE < 65)
{
    benefit = minimum + bonus;
}
elseif (AGE < 75)
{
    benefit = minimum * 1.5 + bonus;
}
else
{
    benefit = maximum;
}
```

以上代码将年龄数小于 55、小于 65、小于 75 和大于 75，按年龄段的递增顺序整理，同时通过结合条件判断语句的控制结构，让代码简洁清晰。

4.3.2 通过数据结构简化代码

保持程序简单是一个重要的编程原则，如何保持程序简单呢？其中一种方法就是设计合适的数据结构来简化代码。一个典型的例子就是累进税率的计税程序，其简化的需求大致如下。

- 收入 1 万元以下的部分，税率为 10%。
- 收入 1 万元以上 2 万元以下的部分，税率为 12%。
- 收入 2 万元以上 3 万元以下部分，税率为 15%。
- 收入 3 万元以上 4 万元以下部分，税率为 18%。
- 收入 4 万元以上的部分，税率为 20%。

如果没能从需求分析中发现业务层面的操作规律，简单地将需求转换为代码，写出的代码大致如下。

```
tax = 0;

if (income == 0) goto OVER;

if (income > 10000) tax = 1000;
else{
    tax = 0.10 * income;
    goto OVER;
}

if (income > 20000) tax = tax + 1200;
else{
    tax = tax + 0.12 * (income - 10000):
    goto OVER;
}

if (income > 30000) tax = tax + 1500;
else{
    tax = tax + 0.15 * (income - 20000);
    goto OVER;
}

if (income < 40000){
    tax = tax + 0.18*(income - 30000);
    goto OVER;
}
else
    tax = tax + 1800 + 0.20 * (income - 40000);

OVER:
        Print(tax);
```

如果我们从需求分析中发现业务层面的操作规律或者有向用户学习的积极心态，很可能会找到一个如表 4-1 所示的累进税速算表，那么计税将变得非常简单，实际上财会人员进行人工计税时也会使用类似的数据结构表格来速算税金。

表 4-1　累进税速算表

bracket	base	percent
0	0	10
10,000	1000	12
20,000	2200	15
30,000	3700	18
40,000	5500	20

有了合适的数据结构，计税代码将变得非常简洁。

```
int level = 0;
for (int i=1; i<5; i++)
{
    if (income > bracket[i])
    {
        level = level + 1;
    }
}
int tax = base[level] + percent[level] * (income - bracket[level]);
```

4.3.3　一定要有错误处理

根据一般的经验总结，在软件项目开发过程中，编写程序的主要功能（80%的功能）大约仅占程序员 20%的工作量，而进行错误处理（20%的功能）却要占 80%的工作量。因此错误处理在软件项目开发中需要谨慎对待。

错误处理中最常见的就是参数处理，一般参数处理的基本原则如下。

- 对调试（debug）版本中所有的参数都要验证是否正确。
- 对发布（release）版本中从外部（用户或别的模块）传递进来的参数要验证正确性。
- 在调试过程中肯定会使用断言（assert），只有在代码逻辑可能发生错误时才用错误处理。

4.3.4　性能优先策略背后隐藏的代价

由于计算资源和存储资源较为昂贵，在编写代码时往往更多地考虑最大限度地高效利用资源，因此在编写代码时习惯上追求时间（计算）和空间（存储）性能优先的策略，我们称之为面向机器编写代码。

但是随着计算机硬件成本逐步降低，尤其是云计算技术的发展使计算和存储资源的价格大幅度下降，性能优先的策略背后隐藏的代价逐步显露，总结下来主要有以下几种。

- 开发时间上的代价。当软件工程师的人力成本远大于所消耗的资源成本时，提高代码编写的工作效率将更有价值。
- 测试代码上的代价。质量保证的人力成本和质量保证的成效也比所消耗的资源成本更有价值。
- 理解代码的代价。性能优先的策略往往会让代码很难理解，结果需要消耗更多的工时。
- 修改代码的代价。面向机器的代码修改起来更困难，可扩展性差，同样会消耗更多的工时。

因此，我们在具体编程实现过程中已经不再需要过多考虑代码的性能问题，可将更多精力放在提高工作效率、质量保证、代码的可读性、可扩展性等方面。性能问题在更高层的软件架构设计层面考虑会更加合理、有效。

4.3.5 拒绝修修补补，要不断重构代码

如果你觉得控制流程盘根错节、判定过程难以理解，或者无条件的分支难以消除，就该返回到设计。重新检查设计，搞清楚你遇到的问题是设计中的固有问题，还是设计转化为代码的过程中引入的问题。

重新检查设计，使设计结构和代码结构在逻辑上保持一致，而不是用“头痛医头，脚痛医脚”的方式对代码修修补补。

不断重构代码是现代软件工程中编写代码的基本方式。传统的开闭原则（Open Closed Principle，OCP）在 1988 年被提出，大致是说软件应当对扩展开放、对修改关闭，显然从今天的角度来看，开闭原则有它的适用场景和局限性，这值得我们反思。

4.3.6 编码过程中的团队合作

编码过程中的团队合作主要有客户和开发者这两类不同类型的参与者的合作，开发者和开发者即同类参与者之间的合作。

在敏捷方法极限编程中，我们往往要求与客户紧密合作。通常，客户更关注需求和结果，开发者更关注实现过程。

- 客户：定义需求、描述测试用例，以及给需求分配优先级。
- 开发者：实现需求等。

在软件开发过程中我们鼓励结对编程。结对编程是指同类参与者合作，一般两人中一个负责操作计算机写代码，一个负责审阅代码并提供反馈。这样能大大减少编码过程中的疏忽，提高代码质量。

本章练习

一、判断题

1.（　　）按照工程规范，C 语言代码中 if、for、while、do 等语句应各自占一行，执行语

句不得紧跟其后，但执行语句只有一句时可以考虑省略前后的{}。

2.（　　）代码行内要适当多留空格，如“=”“+=”“>=”“<=”“+”“*”“%”“&&”“||”“<<”“^”等操作符的前后应当加空格。但对于表达式比较长的 for 语句和 if 语句，紧凑起见可以适当地去掉一些空格，如 for (i=0; i<10; i++)和 if ((a<=b) && (c<=d))。

3.（　　）代码风格规范非常重要，当我们参与一个大型项目时，对于原来团队已经形成的、习惯性的不良代码风格要勇于说“不”，并按良好的代码风格新增代码，甚至可以建议团队按良好的代码风格规范重新整理已有代码。

4.（　　）在一个函数体内，逻辑上密切相关的语句之间不加空行，其他地方应适当多加空行分隔。

5.（　　）程序的分界符“{”和“}”应独占一行并且位于同一列，同时与引用它们的语句左对齐。{ }之内的代码块在“{”右边 8 个空格处左对齐。

6.（　　）遵守代码风格规范的主要目的是编译出执行效率更高的可执行程序，同时提高代码的可读性以便于维护代码。

7.（　　）一行代码只做一件事情，如只定义一个变量，或只写一条语句。一个函数只做一件事情，如只完成一个特定功能，或只负责一项特定的工作。一个类或软件单元模块只做一件事情，如只完成特定的一类功能，或只负责一组类似的工作。这样做的目的是降低代码的耦合度和内聚度。

8.（　　）代码中的注释是非常重要的，它能帮助提高代码的可读性，但通过变量名、函数名、类名等命名等，在代码风格规范上就能保证代码易于阅读和理解，则注释不一定是必要的。

9.（　　）代码中一般要避免直接使用 magic number（一些可变的参数），一般 magic number 需要使用宏定义间接用到代码逻辑中去，比如#define ZERO 0 用 ZERO 替代代码中的 0 就是比较好的做法。

10.（　　）如果能在编码过程中通过文件名、变量名、函数名等命名的方式达成易于阅读和理解的目标，则所有注释都是不必要的，如函数接口说明、重要的代码行或段落提示、版权声明等。

二、简述题

简述在代码编写中性能优先策略背后隐藏的代价有哪些。

第5章 模块化软件设计

5.1 模块化思想背后的基本原理

模块化（modularization）是指在软件系统设计时保持系统内各部分相对独立，以便每一个部分可以被独立地设计和开发。这个做法背后的基本原理是关注点分离（Separation Of Concerns，SOC），关注点分离是由软件工程领域的奠基性人物艾兹格·W.迪科斯彻（Edsger Wybe Dijkstra，1930—2002）在 1974 年提出的。——没错，他就是 Dijkstra 最短路径算法的作者。

关注点分离在软件工程领域是最重要的法则之一，我们习惯上称之为模块化，也就是“分而治之”的方法。

关注点分离思想的根源是，由于人脑处理复杂问题时容易出错，应把复杂问题分解成一个个简单问题进行处理，从而减少出错。

模块化软件设计的方法如果应用得比较好，最终每一个软件模块都将只有一个单一的功能目标，并相对独立于其他软件模块，使每一个软件模块都更容易理解、容易开发。从而整个软件系统也更容易定位软件缺陷（bug/fault），因为每一个软件缺陷都局限在很少的软件模块内。而且整个系统的变更和维护也更容易，因为一个软件模块内的变更只影响很少的软件模块。

因此，软件设计中的模块化程度便成为软件设计质量的一个重要指标，一般我们使用耦合度（coupling）和内聚度（cohesion）来衡量软件模块化的程度。

耦合度是指软件模块之间的依赖程度，一般可以分为紧密耦合、松散耦合和无耦合，如图 5-1 所示。一般在软件设计中我们追求松散耦合。

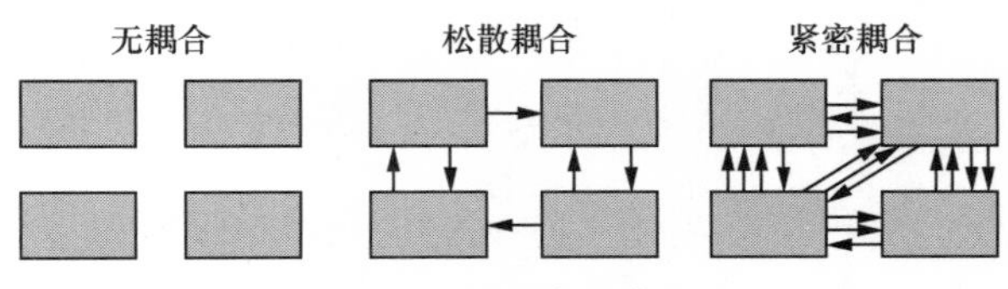

图 5-1 耦合度示意图

- 无耦合是指软件模块之间完全没有互相依赖关系，各自保持完全独立。
- 松散耦合是指软件模块之间有一些依赖关系，且互相之间的依赖关系清晰、明确。

- 紧密耦合是指软件模块之间有很多依赖关系，而且互相之间的依赖关系错综复杂。

内聚度是指一个软件模块内部各种元素之间互相依赖的紧密程度。理想的内聚是功能内聚，也就是一个软件模块只做一件事，只完成一个主要功能点或者一个软件特性。

5.2 模块化代码的基本写法举例

在开源社区中命令行菜单常见的写法是通过一个数据结构的数组来定义一组命令，从而实现命令的定义独立于菜单引擎关键代码，其中的关键是使用指针函数 handler。示例代码如下。

```
#include <stdio.h>
#include <stdlib.h>

int Help();
int Quit();

#define CMD_MAX_LEN 128
#define DESC_LEN    1024
#define CMD_NUM     10

typedef struct DataNode
{
    char*   cmd;
    char*   desc;
    int     (*handler)();
    struct  DataNode *next;
} tDataNode;

static tDataNode head[] =
{
    {"help", "this is help cmd!", Help, &head[1]},
    {"version", "menu program v1.0", NULL, &head[2]},
    {"quit", "Quit from menu", Quit, NULL}
};

int main()
{
    /* cmd line begins */
    while(1)
    {
        char cmd[CMD_MAX_LEN];
        printf("Input a cmd number > ");
        scanf("%s", cmd);
        tDataNode *p = head;
```

```
        while(p != NULL)
        {
            if(strcmp(p->cmd, cmd) == 0)
            {
                printf("%s - %s\n", p->cmd, p->desc);
                if(p->handler != NULL)
                {
                    p->handler();
                }
                break;
            }
            p = p->next;
        }
        if(p == NULL)
        {
            printf("This is a wrong cmd!\n ");
        }
    }
}

int Help()
{
    printf("Menu List:\n");
    tDataNode *p = head;
    while(p != NULL)
    {
        printf("%s - %s\n", p->cmd, p->desc);
        p = p->next;
    }
    return 0;
}

int Quit()
{
    exit(0);
}
```

进一步，还可以将数据结构及其操作与菜单业务处理进行分离处理，将数据结构及其操作独立出来，与命令的定义和菜单引擎分解开来各自独立编码。从以下代码可以看到数据结构及其操作与菜单业务处理尽管还是在同一个源代码文件中，但是已经在逻辑上做了切分，可以认为进行了初步的模块化。

```
#include <stdio.h>
#include <stdlib.h>

int Help();
```

```
#define CMD_MAX_LEN 128
#define DESC_LEN    1024
#define CMD_NUM     10

/* data struct and its operations */

typedef struct DataNode
{
    char*   cmd;
    char*   desc;
    int     (*handler)();
    struct  DataNode *next;
} tDataNode;

tDataNode* FindCmd(tDataNode * head, char * cmd)
{
    if(head == NULL || cmd == NULL)
    {
        return NULL;
    }
    tDataNode *p = head;
    while(p != NULL)
    {
        if(!strcmp(p->cmd, cmd))
        {
            return p;
        }
        p = p->next;
    }
    return NULL;
}

int ShowAllCmd(tDataNode * head)
{
    printf("Menu List:\n");
    tDataNode *p = head;
    while(p != NULL)
    {
        printf("%s - %s\n", p->cmd, p->desc);
        p = p->next;
    }
    return 0;
}

/* menu program */
```

```
static tDataNode head[] =
{
    {"help", "this is help cmd!", Help,&head[1]},
    {"version", "menu program v1.0", NULL, NULL}
};

int main()
{
    /* cmd line begins */
    while(1)
    {
        char cmd[CMD_MAX_LEN];
        printf("Input a cmd number > ");
        scanf("%s", cmd);
        tDataNode *p = FindCmd(head, cmd);
        if( p == NULL)
        {
            printf("This is a wrong cmd!\n ");
            continue;
        }
        printf("%s - %s\n", p->cmd, p->desc);
        if(p->handler != NULL)
        {
            p->handler();
        }

    }
}

int Help()
{
    ShowAllCmd(head);
    return 0;
}
```

进行了模块化软件设计之后我们往往使设计的模块与实现的源代码文件有映射对应关系，menu.c 和 linklist.h/linklist.c 模块的映射对应关系如图 5-2 所示，因此我们需要将数据结构及其操作放到单独的源代码文件中。

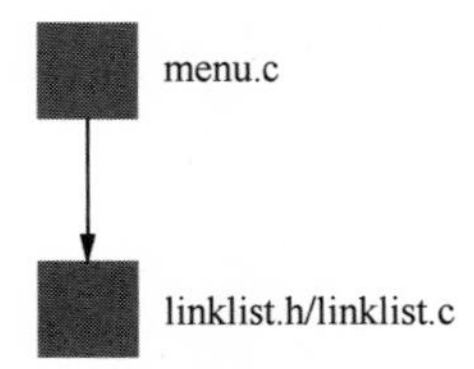

图 5-2 menu.c 和 linklist.h/linklist.c 模块的映射对应关系

下面是 linklist.h 中定义的软件模块接口。

```
/* data struct and its operations */

typedef struct DataNode
{
    char*   cmd;
    char*   desc;
    int     (*handler)();
    struct  DataNode *next;
} tDataNode;

/* find a cmd in the linklist and return the datanode pointer */
tDataNode* FindCmd(tDataNode * head, char * cmd);
/* show all cmd in listlist */
int ShowAllCmd(tDataNode * head);
```

对应的 linklist.c 中软件模块的实现代码如下。

```
#include <stdio.h>
#include <stdlib.h>
#include "linklist.h"

tDataNode* FindCmd(tDataNode * head, char * cmd)
{
    if(head == NULL || cmd == NULL)
    {
        return NULL;
    }
    tDataNode *p = head;
    while(p != NULL)
    {
        if(!strcmp(p->cmd, cmd))
        {
            return p;
        }
        p = p->next;
    }
    return NULL;
}

int ShowAllCmd(tDataNode * head)
{
    printf("Menu List:\n");
    tDataNode *p = head;
    while(p != NULL)
    {
```

```
        printf("%s - %s\n", p->cmd, p->desc);
        p = p->next;
    }
    return 0;
}
```

这时主程序，也就是菜单业务处理模块的代码还是保留在 menu.c 中。

```
#include <stdio.h>
#include <stdlib.h>
#include "linklist.h"

int Help();

#define CMD_MAX_LEN 128
#define DESC_LEN    1024
#define CMD_NUM     10

/* menu program */

static tDataNode head[] =
{
    {"help", "this is help cmd!", Help,&head[1]},
    {"version", "menu program v1.0", NULL, NULL}
};

int main()
{
    /* cmd line begins */
    while(1)
    {
        char cmd[CMD_MAX_LEN];
        printf("Input a cmd number > ");
        scanf("%s", cmd);
        tDataNode *p = FindCmd(head, cmd);
        if( p == NULL)
        {
            printf("This is a wrong cmd!\n ");
            continue;
        }
        printf("%s - %s\n", p->cmd, p->desc);
        if(p->handler != NULL)
        {
            p->handler();
        }

    }
```

```
}

int Help()
{
    ShowAllCmd(head);
    return 0;
}
```

想深入了解可以看以上代码的讲解视频[①]。

5.3 传统单体集中式架构与微服务架构

在模块化思想的指导下，目前主要有两种软件架构，即传统单体集中式（monolithic）架构与微服务（microservice）架构。

传统单体集中式架构是相对于新型的微服务架构而言的，因此我们先来看看什么是微服务架构。微服务架构其实是一种架构风格，旨在通过将功能分解到各个离散的服务中以实现对解决方案的解耦。近几年微服务架构在很多公司得到了实际应用，带来的都是较好的效果。

Netflix 公司的 SpringCloud 微服务架构，以 SpringBoot 风格，将已被很多公司使用的较成熟的服务架构组合在一起，成为很多中小企业的架构模式。

阿里巴巴中间件团队开源的微服务治理框架 Dubbo，致力于提供高性能和透明化的 RPC 方案，包含服务发现、远程通信、集群容灾和监控等模块。

还有代表着新一代微服务架构的 Service Mesh 的 Istio，它简化了微服务体系中服务间的通信结构，使微服务开发变得更加轻松。

微服务架构作为将单体应用分解为一组独立的微小服务的方法，主要使用了容器虚拟化和编排技术、服务发现技术、轻量的通信机制等。

提到容器虚拟化技术，人们想到的往往是 Docker 和 Kubernetes。Docker 是一个开源的容器引擎，Kubernetes 是 Google 公司开源的容器编排引擎，在开源社区的维护和贡献下 Docker 基本成为容器化的代名词，Kubernetes 成为容器编排的标准。

相比于传统的虚拟机技术，Docker 具有高性能、更轻量和更便捷的特点，只要构建了 Docker 镜像，就可以用较少的物理资源在秒级的时间内快速地部署在物理机上，是微服务发展的重要基础技术。

微服务采用的远程调用模式是一种典型的客户-服务器模式，客户端需要知道服务器的服务地址（IP 地址和端口号），服务器在启动或变更时要及时地将服务地址注册到服务发现服务器上，只有保证了及时的注册，客户端才能获取地址并进行调用。高可用的服务注册和发现技术也就随之而生了。

现在用得较多的有 ZooKeeper 和 Consul 等技术。ZooKeeper 作为 Hadoop 的一部分，有

① 关注微信公众号“读行学”在“图书”菜单进入本书页面附录 1，即可获得讲解视频链接。

非常健壮的功能，但其复杂度太高，维护成本较高；Consul 作为一种强一致性的数据存储引擎，可以非常灵活地部署集群，还可以检测服务的健康状态，是非常好的服务发现解决方案。

微服务本质上还是分布式系统。分布式系统面临着网络通信的延迟等问题，再加上微服务中服务粒度小，往往跨网络节点的访问特别多，这就需要更加轻量和简易的网络通信机制。

RPC 是一种同步通信协议，把网络通信抽象成远程调用，使调用不同主机上的服务就像在本地调用函数一样，业务开发者不用关心中间的网络传输过程。典型的 RPC 框架有 Facebook 公司开源的 Thrift 和 Google 公司开源的 gRPC。

Thrift 通过编写 IDL 文件可以实现跨语言的调用，且已经支持目前主流的编程语言，如 C/C++、Java、Golang、Python 等。

gRPC 是 Google 公司开源的高性能 RPC 框架，它基于 HTTP2.0 传输协议和 ProtoBuf 内容交换协议设计开发，是一个跨编程语言的 RPC 框架。

Thrift 和 gRPC 这两种 RPC 方式由于在传输前会将数据编排成二进制的，比 JSON 格式数据具有更小的体积，更节省流量，能更好地支持高并发和大流量场景。

简单地总结一下，微服务架构的概念包含以下内容。

- 由一系列独立的微服务共同组成软件系统的架构模式。
- 每个微服务单独部署，“跑”在自己的进程中，也就是说每个微服务可以有自己独立的运行环境和软件堆栈。
- 每个微服务作为独立的业务功能开发，一般每个微服务应分解到最小可变产品（Minimum Variable Product，MVP），达到功能内聚的理想状态。
- 系统中的各微服务是分布式管理的，各微服务之间非常强调隔离性，互相之间无耦合或者有极为松散的耦合，系统通过前端应用或 API 网关来聚合各微服务完成整体系统的业务功能。

微服务架构的基本概念可以简单地概括为通过模块化的思想垂直划分业务功能，其示意图如图 5-3 所示。

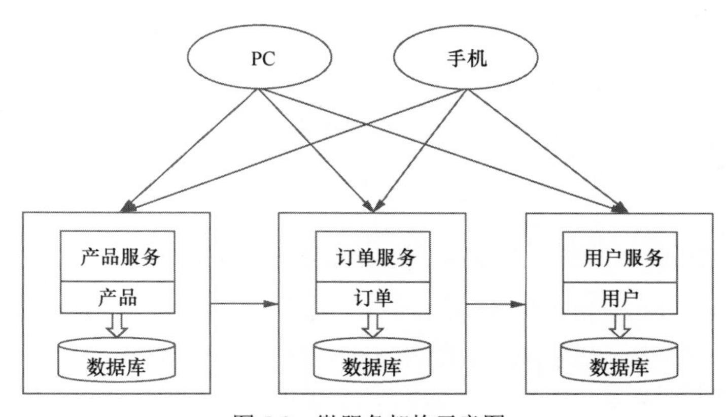

图 5-3 微服务架构示意图

相对应的传统单体集中式架构在模块化软件设计中不仅能垂直划分业务功能，而且更重要的是会大量使用水平的方式进行模块抽象层级的划分，以便减小每个模块的粒度。其示意图如图 5-4 所示。

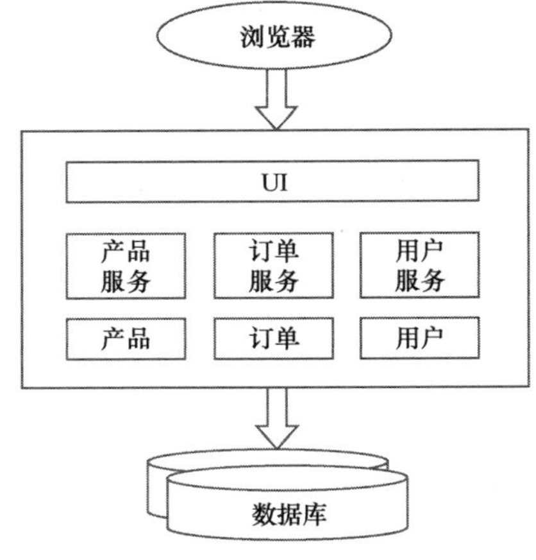

图 5-4　传统单体集中式架构示意图

显然微服务架构是传统单体集中式架构基础上的进化。为什么会出现这样的进化？我们如果套用达尔文进化论“适者生存”来解释，一定是微服务架构比传统单体集中式架构更适应不断变化的环境。据此进一步思考就是，环境发生了怎样的变化？

显然，微服务架构的出现是伴随着单体服务器向基于虚拟化技术和云计算技术的分布式计算变化趋势的。

做了类比可能更容易理解：比如你是建筑设计师，你用一万亩地来规划一所学校，与用十亩地来规划一所学校，一定会考虑不同校园布局模式。一万亩地上可以有小桥流水、亭台楼阁，采用错落有致的分布式布局；在十亩地上为了具有学校所需的教学条件，必然会设计结构复杂的巨大单体建筑。

同样的道理，传统单体集中式架构是适应大型机、小型机等单体服务器环境的软件架构；微服务架构则是为了适应 PC 服务器的大规模集群及基于虚拟化技术和云计算技术的分布式计算环境的架构。

传统单体集中式架构与微服务架构都遵循着模块化的基本原理。

5.4　模块化软件设计中的基本方法

5.4.1　KISS 原则

KISS 是 Keep It Simple & Stupid 的首字母缩写，顾名思义 KISS 原则就是保持简单明了、“傻瓜”化。

KISS 原则在不同的设计领域应用广泛，在产品用户体验设计中尤为重要。

在模块化软件设计中，KISS 原则是指一个软件模块只做一件事，即软件模块要功能内聚，还要求软件模块足够简单明了。

5.4.2　使用本地化外部接口来提高代码的适应能力

使用本地化外部接口来提高代码的适应能力，是“不要和陌生人说话原则”的一种应用情形。图 5-5 所示为采用本地化外部接口前后的代码依赖关系示意图。

左边是直接调用外部接口的情形，这时一旦新版本外部接口发生变化，我们的代码也需要跟着进行维护性升级，因为外部接口是直接在我们的代码中调用的。

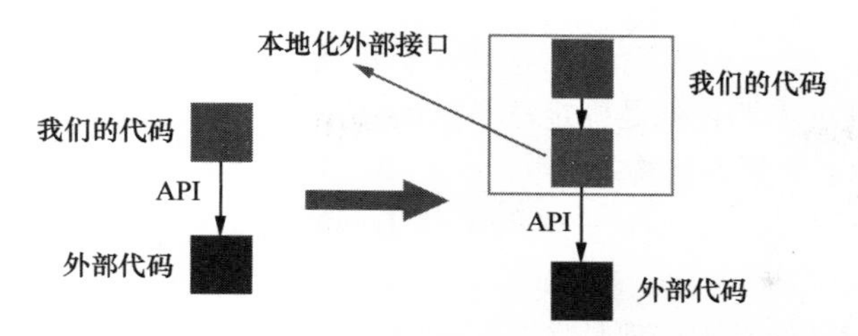

图 5-5 采用本地化外部接口前后的代码依赖关系示意图

右边是本地化外部接口的情形，外部接口在我们的代码中按照我们需要的方式封装了一层，我们的代码不是直接调用外部接口，而是通过本地化外部接口间接调用外部接口。这时外部接口发生变化，我们的代码不需要跟着进行维护性升级，仅需要对本地化外部接口的封装层做维护性升级，这样代码的可维护性、可修改性大大提升。

5.4.3 保持设计结构和代码结构的一致性

1. 用设计结构框定代码结构

设计通常为程序提供一个框架，我们这里称为设计结构。程序员需要用自己的专业知识和创造力来编写代码实现设计。程序员在编写代码实现设计的过程中要努力理解设计所使用的设计结构，以便编写的代码在设计理念上、逻辑结构上和代码实现形式上都遵循设计提供的框架。也就是用设计结构框定代码结构，在遵从设计结构的基础上发挥程序员的创造性。我们要有意识地用设计上的逻辑结构给代码提供一个编写框架，避免代码无序生长，从而破坏设计上的逻辑结构。

2. 先写伪代码的代码结构更好一些

在从设计到编码的过程中加入伪代码阶段，要好于直接将设计“翻译”成实现代码。因为伪代码不需要考虑异常处理等一些编程细节，能最大限度地保留设计上的框架结构，使设计上的逻辑结构在伪代码上体现出来。从伪代码到实现代码的过程就是反复重构的过程，这样能避免顺序转换所造成的结构特征损失。因此，先写伪代码的代码结构会更好一些。

本章练习

一、判断题

1.（ ）模块化的思想和关注点分离是两个不同的概念，模块化使用耦合和内聚的程度来度量；而关注点分离是分解大的系统或模块的方法。

2.（ ）功能内聚是理想的内聚程度，是指一个模块只负责单一的功能，它是划分模块的重要原则。

二、选择题

1. 为了提高模块的独立性，模块内部最好是（ ）。

A. 逻辑内聚　　B. 时间内聚

C．功能内聚　　D．通信内聚

2．软件详细设计的主要任务是确定每个模块的（　　）。

A．算法和使用的数据结构　　B．外部接口

C．功能　　D．编程

三、简述题

1．模块化软件设计的基本原理是什么？

2．什么是耦合？什么是内聚？

3．传统单体集中式架构与微服务架构的区别与联系有哪些？

4．什么是本地化外部接口？

第6章 可复用软件设计

6.1 消费者复用和生产者复用

软件复用可分为消费者复用和生产者复用。

消费者复用是指软件开发者在项目中复用已有的一些软件模块代码，以加快项目工作进度。软件开发者在复用已有的软件模块代码时一般会重点考虑以下 4 个关键因素。

- 该软件模块是否能满足项目所要求的功能。
- 采用该软件模块代码是否比从头构建一个需要更少的工作量（包括构建软件模块和集成软件模块等相关的工作）。
- 该软件模块是否有完善的说明文档。
- 该软件模块是否有完整的测试及修订记录。

以上 4 个关键因素需要按照顺序依次评估。我们清楚了消费者复用时考虑的因素，那么生产者在进行可复用软件设计时需要重点考虑的因素也就清楚了，但是除此之外还有一些事项在进行可复用软件设计时应牢记在心，简要列举如下。

- 通用的模块才有更多复用的机会。
- 给软件模块设计通用的接口，并对接口进行清晰、完善的定义和描述。
- 记录下发现的缺陷及修订缺陷的情况。
- 使用清晰、一致的命名规则。
- 对用到的数据结构和算法要给出清晰的文档描述。
- 与外部的参数传递及错误处理部分要单独存放，易于修改。

可复用软件设计的关键是接口设计，接下来我们重点来看接口的基本概念和写法。

6.2 接口的基本概念

我们回到 menu 菜单项目。尽管已经做了初步的模块化软件设计，但是分离出来的数据结构及其操作还有很多菜单业务的痕迹。我们要求这一个软件模块只做一件事，就是功能内聚，也就是要让它做好链表数据结构及其链表的操作，不应该涉及菜单业务功能上的东西。

同样我们希望这一个软件模块与其他软件模块之间松散耦合，就需要定义简洁、清晰、明确的接口。

这时进一步优化这段初步模块化的代码就需要设计合适的接口。定义接口看起来是件很专业的事情，其实在我们生活中无处不在，比如两个人对话时使用普通话或英语这样的“接口规范”。

接口就是互相联系的双方共同遵守的一种协议规范。在我们软件系统内部，一般的接口是指通过定义一组 API 函数来约定软件模块之间的沟通方式。换句话说，接口具体定义软件模块对系统的其他部分提供怎样的服务，以及系统的其他部分如何访问所提供的服务。

在面向过程的编程中，接口一般定义数据结构及其操作这些数据结构的函数；而在面向对象的编程中，接口是对象对外开放的一组属性和方法的集合。函数或方法具体包括名称、参数和返回值等。

接口规格是软件系统的开发者正确使用某个软件模块需要知道的所有信息，那么这个软件模块的接口规格定义必须清晰明确地说明正确使用本软件模块的信息。一般来说，接口规格包含 5 个基本要素，如下。

- 接口的目的。
- 接口使用前所需要满足的条件，一般称为前置条件或假定条件。
- 使用接口的双方需遵守的数据规格。
- 接口使用之后的效果，一般称为后置条件。
- 接口所隐含的质量属性。

这么说可能比较抽象，我们举两个例子来看看这 5 个基本要素到底是什么。

6.2.1 软件模块接口举例

软件模块接口在面向过程的编程中一般是定义一些数据结构和函数接口，在面向对象的编程中一般在类或接口类中定义一些公有属性和方法。两类编程在接口形式上有很大不同，但是不管是函数接口还是对象对外开放的（public）方法，本质上都是函数定义。

我们将重点介绍两种方式的函数接口，这里我们先以 Call-in 方式的函数接口为例来理解函数接口规格。

以下函数接口代码是从链表中取出链表的头节点的函数声明，以此为例，我们先来理解接口规格包含的 5 个基本要素。

```
/*
 * get LinkTableHead
 */
tLinkTableNode * GetLinkTableHead(tLinkTable *pLinkTable);
```

- 该接口的目标是从链表中取出链表的头节点，函数名 GetLinkTableHead 清晰明确地表明了接口的目标。

- 该接口的前置条件是链表必须存在，使用该接口才有意义，也就是链表 pLinkTable != NULL。
- 使用该接口的双方需遵守的数据规格是通过数据结构 tLinkTableNode 和 tLinkTable 定义的。
- 使用该接口之后的效果是找到了链表的头节点。这里是以 tLinkTableNode 类型的指针为返回值来作为后置条件，C 语言中也可以使用指针类型的参数作为后置条件。
- 该接口没有特别要求接口的质量属性，如果搜索一个节点，可能需要在可以接受的延时时间范围内完成搜索。

下面是一个完整的链表软件模块的接口示例 linktable.h 的代码，以供参考。

```
#ifndef _LINK_TABLE_H_
#define _LINK_TABLE_H_

#include <pthreaD.h>

#define SUCCESS 0
#define FAILURE (-1)

/*
 * LinkTableNode Type
 */
typedef struct LinkTableNode
{
    struct LinkTableNode * pNext;
}tLinkTableNode;

/*
 * LinkTable Type
 */
typedef struct LinkTable
{
    tLinkTableNode *pHead;
    tLinkTableNode *pTail;
    int           SumOfNode;
    pthread_mutex_t mutex;
}tLinkTable;

/*
 * Create a LinkTable
 */
tLinkTable * CreateLinkTable();

/*
```

```
 * Delete a LinkTable
 */
int DeleteLinkTable(tLinkTable *pLinkTable);


/*
 * Add a LinkTableNode to LinkTable
 */
int AddLinkTableNode(tLinkTable *pLinkTable,tLinkTableNode * pNode);

/*
 * Delete a LinkTableNode from LinkTable
 */
int DelLinkTableNode(tLinkTable *pLinkTable,tLinkTableNode * pNode);

/*
 * get LinkTableHead
 */
tLinkTableNode * GetLinkTableHead(tLinkTable *pLinkTable);

/*
 * get next LinkTableNode
 */
tLinkTableNode * GetNextLinkTableNode(tLinkTable *pLinkTable,tLinkTableNode * pNode);

#endif /* _LINK_TABLE_H_ */
```

6.2.2 微服务接口举例

微服务常使用 RESTful API 来定义接口。RESTful API 是目前最流行的互联网软件接口定义方式之一。它结构清晰、符合标准、易于理解、扩展方便，得到了越来越多网站的应用。

REST 即 REpresentational State Transfer 的缩写，可以翻译为“表现层状态转化”。有表现层就有背后的信息实体，信息实体就是 URL 代表的资源，也可以是一种服务，状态转化就是通过 HTTP 里定义的 4 个表示操作方式的动词 GET、POST、PUT、DELETE 处理资源，它们分别对应的 4 种基本操作如下。

- GET 用来获取资源。
- POST 用来新建资源（也可以用于更新资源）。
- PUT 用来更新资源。
- DELETE 用来删除资源。

我们以手写识别微服务 https://api.DOMAIN_NAME/service/ocr-handwriting 为例来理解接口规格包含的 5 个基本要素。

以下为调用微服务 ocr-handwriting 的 HTTP 请求信息的简易示意代码。

```
POST /service/ocr-handwriting?code=auth_code HTTP/1.1
Content-Type: image/png
[content of handwriting.png]
```

微服务 ocr-handwriting 成功执行后，HTTP 响应返回的 JSON 数据示意代码如下。

```
{
        "code":"0",
        "desc":"success",
        "data":{
            "block":[
                {
                    "line":[
                        {
                            "confidence":1,
                            "word":[
                                {
                                    "content":"工程化编程实战"
                                }
                            ],
                            "location":{
                                "right_bottom":{
                                    "y":52,
                                    "x":180
                                },
                                "top_left":{
                                    "y":10,
                                    "x":113
                                }
                            }
                        }
                    ],
                    "type":"text"
                }
            ]
        }
    }
```

- 该微服务接口的目的是手写识别服务，我们可通过微服务命名 ocr-handwriting 来表明接口的目的。
- 该微服务接口的前置条件包括取得调用该微服务接口的授权 auth_code，以及已经有一张手写图片 handwriting.png。
- 调用该微服务接口的双方遵守的协议规范除 HTTP 外还包括 PNG 图片格式和识别结果 JSON 数据格式定义。
- 调用该微服务接口的效果，即后置条件为以 JSON 数据的方式得到了识别的结果。

- 从以上示意代码中可知，该微服务接口的质量属性没有具体指定，但因为底层使用了TCP，因此该接口隐含的质量属性，即响应时间，应限定在 TCP 连接超时时间范围内。

6.2.3 接口与耦合度之间的关系

对于软件模块之间的耦合度，前文中提到，耦合度是指软件模块之间的依赖程度，一般可以分为紧密耦合、松散耦合和无耦合。一般在软件设计中我们追求松散耦合。

如果更细致地对耦合度进一步划分，按耦合度依次递增可以分为无耦合、数据耦合、标记耦合、控制耦合、公共耦合和内容耦合。这些耦合度划分的依据主要就是接口的定义方式。我们接下来重点分析数据耦合、标记耦合和公共耦合。

1. 数据耦合

在软件模块之间仅通过显式的调用传递基本数据类型为数据耦合。

2. 标记耦合

在软件模块之间仅通过显式的调用传递复杂的数据结构（结构化数据）为标记耦合，这时数据的结构成为调用双方软件模块隐含的数据规格约定，因此标记耦合的耦合度要比数据耦合的耦合度高。但相比公共耦合没有经过显式的调用传递数据的方式，耦合度要低。

3. 公共耦合

当软件模块之间共享数据区或变量名时，软件模块之间为公共耦合，显然两个软件模块之间的接口定义不是通过显式的调用方式，而是隐式地共享了数据区或变量名。

6.2.4 同步接口和异步接口

使用同步接口意味着调用接口的一方需要阻塞等待接口任务目标达成，然后返回才能继续执行，也就是调用接口的双方是串行执行的，如图 6-1 所示。

使用异步接口是指调用接口的一方只是发出调用接口的命令，并不需要阻塞等待接口任务目标达成后才返回，而是直接返回继续执行其他任务，在之后接到任务目标达成的结果或者主动查询任务目标达成的结果。

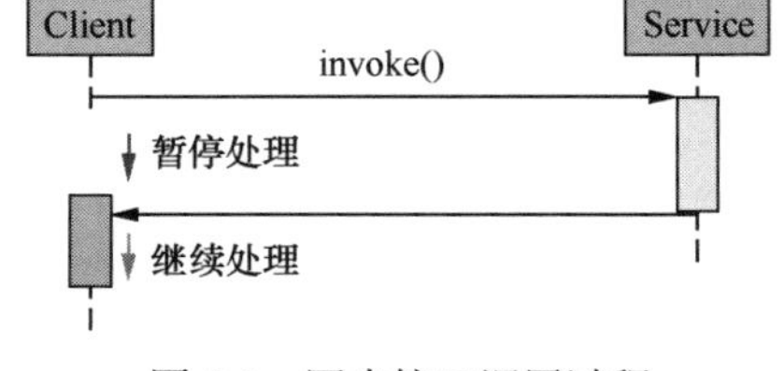

图 6-1 同步接口调用过程

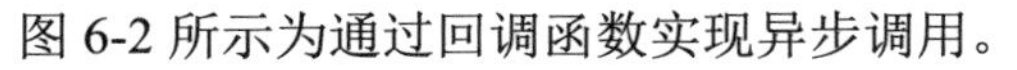

图 6-2 所示为通过回调函数实现异步调用。

图 6-3 所示为通过主动查询任务目标达成的结果来完成异步调用。

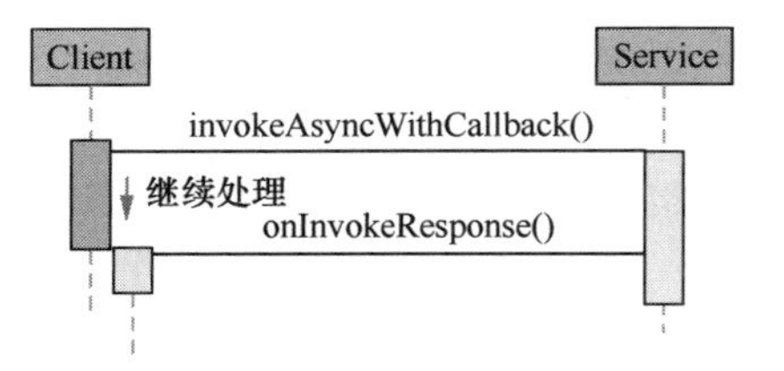

图 6-2 通过回调函数实现异步调用

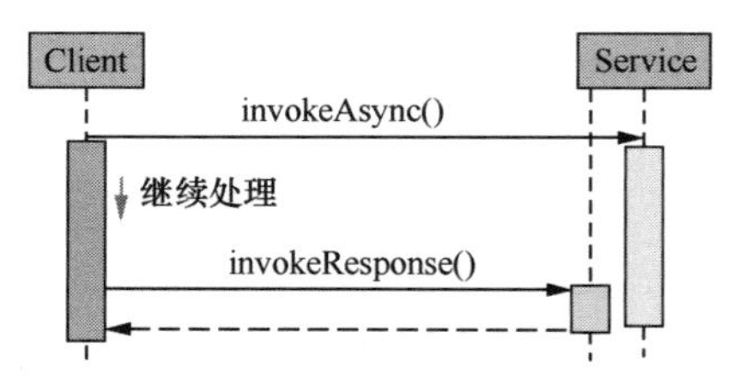

图 6-3 通过主动查询任务目标达成的结果来完成异步调用

异步接口的情况比较复杂，往往会借助多线程编程或异步 I/O（Input/Output，输入/输出），甚至结合线程池、消息队列、信号传递等，这需要明确定义较为复杂的异步接口机制。

接下来，我们的 menu 菜单项目中的 LinkTable 模块会具体用到回调函数。

6.3 可复用软件模块的接口设计示例

6.3.1 通用 LinkTable 模块的接口设计

通用 LinkTable 模块的接口参见前文中软件模块链表的接口示例 linktable.h，对应的实现代码 linktable.c 举例如下。

```
#include<stdio.h>
#include<stdlib.h>

#include"linktable.h"

/*
 * Create a LinkTable
 */
tLinkTable * CreateLinkTable()
{
    tLinkTable * pLinkTable = (tLinkTable *)malloc(sizeof(tLinkTable));
    if(pLinkTable == NULL)
    {
        return NULL;
    }
    pLinkTable->pHead = NULL;
    pLinkTable->pTail = NULL;
    pLinkTable->SumOfNode = 0;
    pthread_mutex_init(&(pLinkTable->mutex), NULL);
    return pLinkTable;
}

/*
 * Delete a LinkTable
 */
int DeleteLinkTable(tLinkTable *pLinkTable)
{
    if(pLinkTable == NULL)
    {
        return FAILURE;
    }
    while(pLinkTable->pHead != NULL)
```

```
    {
        tLinkTableNode * p = pLinkTable->pHead;
        pthread_mutex_lock(&(pLinkTable->mutex));
        pLinkTable->pHead = pLinkTable->pHead->pNext;
        pLinkTable->SumOfNode -= 1 ;
        pthread_mutex_unlock(&(pLinkTable->mutex));
        free(p);
    }
    pLinkTable->pHead = NULL;
    pLinkTable->pTail = NULL;
    pLinkTable->SumOfNode = 0;
    pthread_mutex_destroy(&(pLinkTable->mutex));
    free(pLinkTable);
    return SUCCESS;
}

/*
 * Add a LinkTableNode to LinkTable
 */
int AddLinkTableNode(tLinkTable *pLinkTable,tLinkTableNode * pNode)
{
    if(pLinkTable == NULL || pNode == NULL)
    {
        return FAILURE;
    }
    pNode->pNext = NULL;
    pthread_mutex_lock(&(pLinkTable->mutex));
    if(pLinkTable->pHead == NULL)
    {
        pLinkTable->pHead = pNode;
    }
    if(pLinkTable->pTail == NULL)
    {
        pLinkTable->pTail = pNode;
    }
    else
    {
        pLinkTable->pTail->pNext = pNode;
        pLinkTable->pTail = pNode;
    }
    pLinkTable->SumOfNode += 1 ;
    pthread_mutex_unlock(&(pLinkTable->mutex));
    return SUCCESS;
}

/*
 * Delete a LinkTableNode from LinkTable
```

```
 */
int DelLinkTableNode(tLinkTable *pLinkTable,tLinkTableNode * pNode)
{
    if(pLinkTable == NULL || pNode == NULL)
    {
        return FAILURE;
    }
    pthread_mutex_lock(&(pLinkTable->mutex));
    if(pLinkTable->pHead == pNode)
    {
        pLinkTable->pHead = pLinkTable->pHead->pNext;
        pLinkTable->SumOfNode -= 1 ;
        if(pLinkTable->SumOfNode == 0)
        {
            pLinkTable->pTail = NULL;
        }
        pthread_mutex_unlock(&(pLinkTable->mutex));
        return SUCCESS;
    }
    tLinkTableNode * pTempNode = pLinkTable->pHead;
    while(pTempNode != NULL)
    {
        if(pTempNode->pNext == pNode)
        {
            pTempNode->pNext = pTempNode->pNext->pNext;
            pLinkTable->SumOfNode -= 1 ;
            if(pLinkTable->SumOfNode == 0)
            {
                pLinkTable->pTail = NULL;
            }
            pthread_mutex_unlock(&(pLinkTable->mutex));
            return SUCCESS;
        }
        pTempNode = pTempNode->pNext;
    }
    pthread_mutex_unlock(&(pLinkTable->mutex));
    return FAILURE;
}

/*
 * get LinkTableHead
 */
tLinkTableNode * GetLinkTableHead(tLinkTable *pLinkTable)
{
    if(pLinkTable == NULL)
    {
        return NULL;
```

```
    }
    return pLinkTable->pHead;
}

/*
 * get next LinkTableNode
 */
tLinkTableNode * GetNextLinkTableNode(tLinkTable *pLinkTable,tLinkTableNode * pNode)
{
    if(pLinkTable == NULL || pNode == NULL)
    {
        return NULL;
    }
    tLinkTableNode * pTempNode = pLinkTable->pHead;
    while(pTempNode != NULL)
    {
        if(pTempNode == pNode)
        {
            return pTempNode->pNext;
        }
        pTempNode = pTempNode->pNext;
    }
    return NULL;
}
```

有关 LinkTable 模块的写法可以参考视频①。

将通用的 LinkTable 模块集成到我们的 menu 菜单项目中后，menu.c 源代码如下。

```
#include <stdio.h>
#include <stdlib.h>
#include "linktable.h"

int Help();
int Quit();

#define CMD_MAX_LEN 128
#define DESC_LEN    1024
#define CMD_NUM     10

/* data struct and its operations */

typedef struct DataNode
{
    tLinkTableNode * pNext;
    char*   cmd;
```

① 关注微信公众号“读行学”在“图书”菜单进入本书页面附录 1，即可获得 LinkTable 模块的写法视频演示。

```
    char*   desc;
    int     (*handler)();
} tDataNode;

/* find a cmd in the linklist and return the datanode pointer */
tDataNode* FindCmd(tLinkTable * head, char * cmd)
{
    tDataNode * pNode = (tDataNode*)GetLinkTableHead(head);
    while(pNode != NULL)
    {
        if(strcmp(pNode->cmd, cmd) == 0)
        {
            return  pNode;
        }
        pNode = (tDataNode*)GetNextLinkTableNode(head,(tLinkTableNode *)pNode);
    }
    return NULL;
}

/* show all cmd in listlist */
int ShowAllCmd(tLinkTable * head)
{
    tDataNode * pNode = (tDataNode*)GetLinkTableHead(head);
    while(pNode != NULL)
    {
        printf("%s - %s\n", pNode->cmd, pNode->desc);
        pNode = (tDataNode*)GetNextLinkTableNode(head,(tLinkTableNode *)pNode);
    }
    return 0;
}

int InitMenuData(tLinkTable ** ppLinktable)
{
    *ppLinktable = CreateLinkTable();
    tDataNode* pNode = (tDataNode*)malloc(sizeof(tDataNode));
    pNode->cmd = "help";
    pNode->desc = "Menu List:";
    pNode->handler = Help;
    AddLinkTableNode(*ppLinktable,(tLinkTableNode *)pNode);
    pNode = (tDataNode*)malloc(sizeof(tDataNode));
    pNode->cmd = "version";
    pNode->desc = "Menu Program V1.0";
    pNode->handler = NULL;
    AddLinkTableNode(*ppLinktable,(tLinkTableNode *)pNode);
    pNode = (tDataNode*)malloc(sizeof(tDataNode));
    pNode->cmd = "quit";
    pNode->desc = "Quit from Menu Program V1.0";
```

```
    pNode->handler = Quit;
    AddLinkTableNode(*ppLinktable,(tLinkTableNode *)pNode);

    return 0;
}

/* menu program */

tLinkTable * head = NULL;

int main()
{
    InitMenuData(&head);
   /* cmd line begins */
    while(1)
    {
        char cmd[CMD_MAX_LEN];
        printf("Input a cmd number > ");
        scanf("%s", cmd);
        tDataNode *p = FindCmd(head, cmd);
        if( p == NULL)
        {
            printf("This is a wrong cmd!\n ");
            continue;
        }
        printf("%s - %s\n", p->cmd, p->desc);
        if(p->handler != NULL)
        {
            p->handler();
        }
    }
}

int Help()
{
    ShowAllCmd(head);
    return 0;
}

int Quit()
{
    exit(0);
}
```

在使用通用的 LinkTable 模块之后，menu 菜单项目程序业务代码变得复杂了一些，因为我们的接口定义得还不够好，动态分配内存初始化命令列表显得烦琐一些，后面我们会进一步改进接口设计。改进接口设计代码的写法可参考视频[①]。

6.3.2　给 LinkTable 增加 Callback 方式的接口

回调函数是通过函数指针调用的函数。把函数的指针（地址）作为参数传递给另一个函数，当这个指针调用其所指向的函数时，就称这是回调函数。回调函数不是实现该函数的软件模块直接调用，而是在特定的事件或条件发生时由另外的软件模块通过函数指针的方式调用，用于对该事件或条件进行响应，是一种下层软件模块调用上层软件模块的特殊方式。回调函数应用场景的简要示意图如图 6-4 所示。

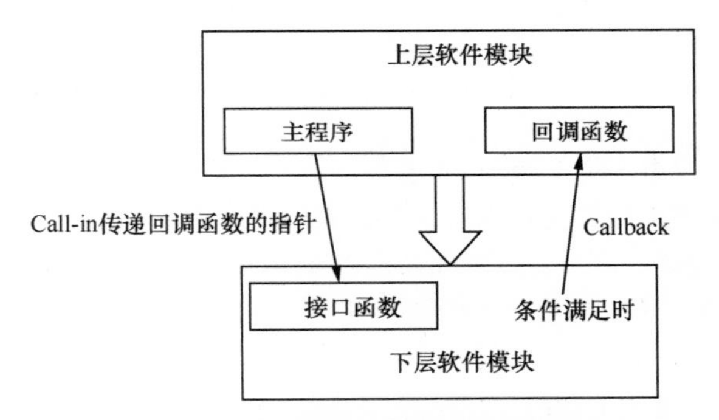

图 6-4　回调函数应用场景的简要示意图

给 LinkTable 增加 Callback 方式的接口，需要两个函数，一个是 Call-in 方式的函数，如 SearchLinkTableNode 函数，其中有一个函数作为参数，这个作为参数的函数就是回调函数，如下面接口定义代码中的 Condition 函数。

```
/*
 * Search a LinkTableNode from LinkTable
 * int Condition(tLinkTableNode * pNode);
 */
tLinkTableNode * SearchLinkTableNode(tLinkTable *pLinkTable, int Condition(tLink
TableNode * pNode));
```

该接口对应的实现代码如下。

```
/*
 * Search a LinkTableNode from LinkTable
 * int Condition(tLinkTableNode * pNode);
 */
tLinkTableNode * SearchLinkTableNode(tLinkTable *pLinkTable, int Condition(tLink
TableNode * pNode))
```

① 关注微信公众号“读行学”在“图书”菜单进入本书页面附录 1，即可获得改进接口设计代码的写法参考视频。

```
{
    if(pLinkTable == NULL || Condition == NULL)
    {
        return NULL;
    }
    tLinkTableNode * pNode = pLinkTable->pHead;
    while(pNode != NULL)
    {
        if(Condition(pNode) == SUCCESS)
        {
            return pNode;
        }
        pNode = pNode->pNext;
    }
    return NULL;
}
```

显然该实现代码中没有实现 Condition 函数，而 Condition 是用户代码传进来的一个函数指针，只是我们在回调函数接口定义时规定了传进来的函数指针的规格。

Callback 方式非常像谍战剧里派遣卧底，这里 SearchLinkTableNode 函数派遣了一个“卧底”Condition 函数，并指定了卧底负责收集的情报范围 tLinkTableNode * pNode，一旦发现目标情报卧底就被激活 return pNode。

在 menu 菜单项目中采用 Callback 方式的函数接口来查询链表的应用示例代码如下。

```
...
char cmd[CMD_MAX_LEN]

/* data struct and its operations */

typedef struct DataNode
{
    tLinkTableNode * pNext;
    char*   cmd;
    char*   desc;
    int     (*handler)();
} tDataNode;

int SearchCondition(tLinkTableNode * pLinkTableNode)
{
    tDataNode * pNode = (tDataNode *)pLinkTableNode;
    if(strcmp(pNode->cmd, cmd) == 0)
    {
        return  SUCCESS;
    }
    return FAILURE;
}
```

```
/* find a cmd in the linklist and return the datanode pointer */
tDataNode* FindCmd(tLinkTable * head, char * cmd)
{
    return  (tDataNode*)SearchLinkTableNode(head,SearchCondition);
}
```

由以上代码可知，在 FindCmd 函数中调用了 Callback 方式的函数接口 SearchLinkTableNode，通过参数 head 指定搜索的链表，以及通过回调函数 SearchCondition 设定搜索条件。

注意：在回调函数 SearchCondition 中使用了一个全局变量 cmd 用来指定搜索条件，回调函数 SearchCondition 依赖全局变量不是一种很好的写法，一来不够通用，二来增加了其相应的软件模块与软件其他部分的耦合度，具体来说就是公共耦合的耦合度。

这一部分 Callback 方式的函数接口代码可以参考视频[①]。

6.3.3 进一步改进 LinkTable 的 Callback 方式的接口

公共耦合是一种紧密耦合，不是理想的松散耦合。因此需要进一步改进 LinkTable 的 Callback 方式的接口，Call-in 方式的函数接口 SearchLinkTableNode 增加了一个参数 args，回调函数 Condition 也增加了一个参数 args，如下代码所示。

```
/*
 * Search a LinkTableNode from LinkTable
 * int Condition(tLinkTableNode * pNode,void * args);
 */
tLinkTableNode * SearchLinkTableNode(tLinkTable *pLinkTable, int Condition(tLink
TableNode * pNode, void * args), void * args);
```

函数接口 SearchLinkTableNode 只是增加了一个参数 args，对应的实现代码与原来的相比改动也很少，也只是增加了 args 参数。那到底这样改进有什么效果呢？

我们还是通过“卧底”的比喻来解释，前面使用的方式中程序定义了卧底 SearchCondition，这个卧底函数需要向中枢机构查询目标信息，也就是使用全局变量 cmd。与现实世界的情况类似，这样会大大增加卧底暴露的风险，为了降低风险增加了参数 args，这样在派遣卧底的同时指定目标情报的内容，卧底在行动过程中就不需要和中枢机构建立联系，只有在搜集到目标情报时才向中枢机构报告完成了任务。

```
/*
 * Search a LinkTableNode from LinkTable
 * int Condition(tLinkTableNode * pNode,void * args);
 */
```

① 关注微信公众号“读行学”在“图书”菜单进入本书页面附录 1，即可获得 Callback 方式的函数接口代码参考视频。

```
tLinkTableNode * SearchLinkTableNode(tLinkTable *pLinkTable, int Condition(tLink
TableNode * pNode, void * args), void * args)
{
    if(pLinkTable == NULL || Condition == NULL)
    {
        return NULL;
    }
    tLinkTableNode * pNode = pLinkTable->pHead;
    while(pNode != NULL)
    {
        if(Condition(pNode, args) == SUCCESS)
        {
            return pNode;
        }
        pNode = pNode->pNext;
    }
    return NULL;
}
```

在 menu 菜单项目中使用改进后的 Callback 方式的接口，原来需要定义的全局变量 cmd 不见了，变成了参数 args 传递给回调函数。这一点非常重要，从使用全局变量改为参数化上下文，耦合度降低，变为松散耦合了。

```
...
typedef struct DataNode
{
    tLinkTableNode * pNext;
    char*   cmd;
    char*   desc;
    int     (*handler)();
} tDataNode;


int SearchCondition(tLinkTableNode * pLinkTableNode, void * args)
{
    char * cmd = (char*) args;
    tDataNode * pNode = (tDataNode *)pLinkTableNode;
    if(strcmp(pNode->cmd, cmd) == 0)
    {
        return  SUCCESS;
    }
    return FAILURE;
}


/* find a cmd in the linklist and return the datanode pointer */
```

```
tDataNode* FindCmd(tLinkTable * head, char * cmd)
{
    return  (tDataNode*)SearchLinkTableNode(head, SearchCondition, (void*)cmd);
}
..
```

这样通过参数化上下文的方法，利用回调函数参数使 LinkTable 的查询接口更加通用，有效地提高了接口的通用性。

我们还通过将 linktable.h 中不是在接口调用时必须使用的内容转移到 linktable.c 中，这样可以有效地隐藏软件模块内部的实现细节，为外部调用接口的开发者提供更加简洁的接口信息，同时减少外部调用接口的开发者有意或无意地破坏软件模块的内部数据。

对于很多高级语言来说，通过接口进行信息隐藏已经成为面向对象编程时的标准做法。使用 public 和 private 来声明属性和方法，从而设定该属性或方法对于外部调用接口的开发者是否可见。

6.4　通用接口定义的基本方法

前面我们通过参数化上下文来优化 Callback 方式的接口，使接口更加通用。接下来通过举例简要总结一下通用接口定义的基本方法。

如下代码尽管封装了一个函数 sum 来处理 a、b、c 求和这个任务，但接口设计得不够通用，该如何定义通用的接口呢？我们用这个例子来解释通用接口定义的基本方法。

```
int a = 1;
int b = 2;
int c = 3;

int sum()
{
    return a + b + c;
}
```

6.4.1　参数化上下文

通过参数来传递上下文的信息，而不是隐含依赖上下文环境，比如函数中使用了全局变量或静态变量。因此我们可以重新定义 sum 函数的接口，代码如下。

```
int sum(int a, int b, int c);
```

6.4.2　移除前置条件

参数化上下文之后，我们发现这个接口还是有很大的局限性，就是在调用这个接口时有个前提，即你有3个参数，不是2个参数，也不是5个参数。“必须有3个参数”就是前置条件。将这个前置条件移除，也就是我们可以求任意个数的和。

```
int sum (int numbers[], int len) ;
```

这个接口显然更通用了，既参数化了上下文又移除了原来的只能有3个参数求和的约束，但是这样又增加了一个约束条件，就是len的数值不能超过numbers数组定义的长度，否则会产生越界问题。后置条件也较为复杂，可能是只对numbers数组的前len个数求和，所以后置条件不仅是返回值，还隐含了这个返回值是numbers数组中前len个数的和。

6.4.3 简化后置条件

如果编程语言支持直接获得数组的个数，或者通过分析数组数据“智能”地得出数组的个数，我们可以进一步移除前置条件len与numbers数组长度之间的约束关系，这样后置条件变为numbers数组所有元素的和，更加简单清晰。

```
int sum (int numbers[]) ;
```

注意：使用标准C语言并不能“智能”地得到数组的元素个数，以上接口代码为示意性质的伪代码。

本章练习

一、判断题

1．(　　)接口可以描述模块间的耦合关系，清晰明确的接口定义，一般说明是松散耦合关系。一般接口函数数量多少在一定程度上反映了整个系统的复杂程度。

2．(　　)接口规格是软件系统的开发者正确使用一个软件模块需要知道的所有信息，那么这个软件模块的接口规格定义必须清晰明确地说明正确使用本软件模块的信息。一般来说，接口规格包含5个基本要素，如下。

- 接口的目的。
- 接口使用前所需要满足的条件，一般称为前置条件或假定条件。
- 使用接口的双方需遵守的协议规范。
- 接口使用之后的效果，一般称为后置条件。
- 接口所隐含的质量属性。

以函数方式的接口为例，参数个数、参数类型、返回值类型等是指使用接口的双方遵守的协议规范，而接口使用之后的效果，一般称为后置条件，可以是返回值，也可以是指针方式的参数等。

二、选择题

1．软件设计中的（　　）设计指定各个组件之间的通信方式以及各组件之间如何相互作用。

A．数据　　B．接口

C．结构　　D．组件

2．内聚表示一个模块（　　）的程度，耦合表示一个模块（　　）的程度。

A．可以被更加细化　　B．仅关注在一件事情上

C．能够适时地完成其功能　　D．连接其他模块和外部世界

3．模块 A 直接访问模块 B 的内部数据，则模块 A 和模块 B 的耦合类型为（　　）。

A．数据耦合　　B．标记耦合

C．公共耦合　　D．内容耦合

4．软件设计中划分模块的一个准则是（　　）。

A．低内聚低耦合　　B．低内聚高耦合

C．高内聚低耦合　　D．高内聚高耦合

5．为了提高模块的独立性，模块内部最好是（　　）。

A．逻辑内聚　　B．时间内聚

C．功能内聚　　D．通信内聚

三、简述题

1．请举例简述接口的 5 个要素。

2．参照以下 LinkTable 模块的接口，请为以下接口编写内部实现代码和测试驱动代码，并简述该接口设计的优缺点。

```
#define _LINK_TABLE_H_
#define _LINK_TABLE_H_

#define SUCCESS 0
#define FAILURE (-1)

/*
 * LinkTableNode Head Type, example as below:
 * typedef struct UserNode
 * {
 *     tLinkTableNode head;
 *     tUserData data;
 * }tUserNode;
 */
typedef struct LinkTableNode tLinkTableNode;

/*
 * LinkTable Type
 */
typedef struct LinkTable tLinkTable;
```

```
/*
 * Create a LinkTable
 */
tLinkTable * CreateLinkTable();
/*
 * Delete a LinkTable
 */
int DeleteLinkTable(tLinkTable *pLinkTable);
/*
 * Add a LinkTableNode to LinkTable
 */
int AddLinkTableNode(tLinkTable *pLinkTable,tLinkTableNode * pNode);
/*
 * Delete a LinkTableNode from LinkTable
 */
int DelLinkTableNode(tLinkTable *pLinkTable,tLinkTableNode * pNode);
/*
 * Search a LinkTableNode from LinkTable
 * int Condition(tLinkTableNode * pNode,void * args);
 */
tLinkTableNode * SearchLinkTableNode(tLinkTable *pLinkTable, int Condition(tLink
TableNode * pNode, void * args), void * args);

#endif /* _LINK_TABLE_H_ */
```

3. 简述接口与耦合度之间关系。

4. 简述通用接口定义的一般方法。

第7章 可重入函数与线程安全

7.1 线程的基本概念

线程是操作系统进行运算调度的最小单位。线程包含在进程之中，是进程中的实际运作单位。一个线程指的是进程中一个单一顺序的控制流，一个进程中可以并行多个线程，每个线程执行不同的任务。一般默认一个进程中只包含一个线程。

操作系统中的线程概念也被延伸到CPU等硬件上。多线程CPU就是在一个CPU上支持同时运行多个指令流，而多核CPU就是在一块芯片上集成了多个CPU核，比如4核8线程CPU就集成了4个CPU核，每个CPU核支持2个线程。

有了多核多线程CPU，操作系统就可以让不同进程运行在不同的CPU核的不同线程上，从而大大降低进程调度、进程切换的资源消耗。传统的操作系统工作在单核单线程CPU上是通过分时共享CPU来模拟出多个指令执行流，从而实现多进程和多线程的。

7.2 函数调用堆栈

为了进一步深入理解线程的工作机制，特别是理解我们写的代码是如何转化为单一顺序的控制流，也就是指令执行流，还需要了解一个非常重要的机制，那就是函数调用堆栈。

函数调用堆栈是程序运行时必须使用的记录函数调用路径及局部变量存储的空间。堆栈具体的作用有：记录函数调用框架、传递函数参数（x86-64改为寄存器传参）、保存返回值的地址、提供函数内部局部变量的存储空间等。

这里我们以x86体系结构和C语言程序为例简要介绍函数调用堆栈的工作机制。

1. 堆栈相关的寄存器

- ESP：堆栈指针（stack pointer），始终指向函数调用堆栈的栈顶。
- EBP：基址指针（base pointer），在C语言程序中用作记录当前函数调用基址。

注意：对于x86体系结构来讲，堆栈空间是从高地址向低地址增加的。

---

2. 堆栈的操作

- push：栈顶地址减少 4 个字节（32 位），并将操作数放入栈顶存储单元。
- pop：栈顶地址增加 4 个字节（32 位），并将栈顶存储单元的内容放入操作数。

EBP 寄存器在 C 语言中用作记录当前函数调用的基址，如果当前函数调用得比较深，则每一个函数的 EBP 是不一样的。函数调用堆栈就是由多个逻辑上的堆栈叠起来的框架，利用这样的框架实现函数的调用和返回。

3. 其他关键寄存器

CS:EIP 总是指向下一条的指令地址，这里用到了 CS 寄存器，也就是代码段寄存器和 EIP 总是指向下一条的指令地址。代码执行过程 CS:EIP 变化的几种典型情况如下。

- 顺序执行：总是指向地址连续的下一条指令。
- 跳转/分支：执行这样的指令时，CS:EIP 的值会根据程序需要被修改。
- call：将当前 CS:EIP 的值压入栈顶，CS:EIP 指向被调用函数的入口地址。
- ret：从栈顶弹出原来保存在这里的 CS:EIP 的值，放入 CS:EIP。

堆栈是 C 语言程序运行时必需的一个记录函数调用路径和参数存储的空间，堆栈的操作实际上已经在 CPU 内部给我们集成好了功能，是 CPU 指令集的一部分。比如 32 位的 x86 指令集中就有 pushl 和 popl 指令，用来做压栈和出栈操作，enter 和 leave 指令更进一步地对函数调用堆栈框架的建立和拆除进行封装，为我们提供了简洁的指令来进行函数调用堆栈框架的操作。堆栈里面特别关键的就是函数调用堆栈框架，函数调用过程示意图如图 7-1 所示。

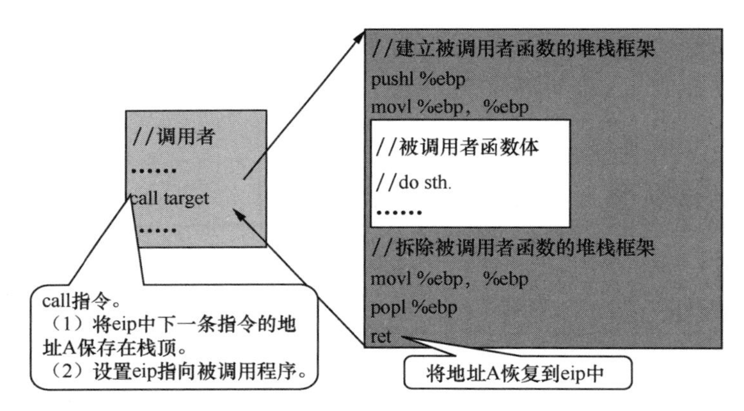

图 7-1 函数调用过程示意图

4. 用堆栈来传递函数的参数

对 32 位的 x86 体系结构来讲，通过堆栈来传递参数的方法是从右到左依次压栈，x86-64 改为寄存器传参，这里不仔细研究它们之间的差异。我们以 32 位的 x86 体系结构为例。

5. 函数是如何传递返回值的？

这里涉及保存返回值和返回地址的方式，保存返回值就是程序用通用寄存器来保存返回值。如果有多个返回值，通用寄存器还可以返回内存地址，内存地址可以指向很多的返回数据。

函数还可以通过参数来传递返回值，如果参数是一个指针且该指针指向的内存空间是可写的，那么函数体的代码可以把需要返回的数据写入该内存空间。这样调用函数的代码在函数执行结束后，就可以通过该指针参数来访问函数返回的数据。

6. 堆栈还提供局部变量的存储空间

函数体内的局部变量是通过堆栈来存储的，目前的编译器一般在函数开始执行时预留出足够的栈空间来保存函数体内所有的局部变量。但早期的编译器并没有智能地预留空间，而是要求程序员必须将局部变量的声明全部写在函数体的头部。

借助函数调用堆栈可以将我们写的函数调用代码整理成一个顺序执行的指令流，也就是一个线程，每一个线程都有独自拥有的函数调用堆栈空间，其中函数参数和局部变量都存储在函数调用堆栈空间中，因此函数参数和局部变量也是线程独自拥有的。除了函数调用堆栈空间，同一个进程的多个线程是共享其他进程资源的，比如全局变量是多个线程共享的。

7.3 可重入函数

了解了线程的概念和线程执行过程中所需的函数调用堆栈机制之后，我们就可以理解可重入函数了。

可重入函数可以由多于一个线程并行调用，而不必担心数据错误。相反，不可重入函数不能由超过一个线程所共享，除非能确保函数的临界区是互斥访问的（或者使用信号量，或者在代码的关键部分禁用中断）。

可重入函数可以在任意时刻被中断，稍后继续运行，不会丢失数据。可重入函数要么只使用局部变量，要么在使用全局变量时保护好自己的数据不被破坏。

一个函数是可重入的应该满足以下条件。

- 不为连续的调用持有静态数据。
- 不返回指向静态数据的指针。
- 所有数据都由函数的调用者提供。
- 使用局部变量，或者通过制作全局数据的局部变量副本来保护全局数据。
- 使用静态数据或全局变量时做周密的并行时序分析，通过临界区互斥避免临界区冲突。
- 绝不调用任何不可重入函数。

我们举例来简单说明一下可重入函数和不可重入函数。以下的 function 函数是不可重入函数。

```
int g = 0;

int function()
{
    g++; /* switch to another thread */
    printf("%d", g);
}
```

当两个线程同时调用 function 函数时，如果在 g++之后发生线程切换，有可能会造成后面 printf("%d", g)输出 g 的值出现错误。

以下的 function2 函数是可重入函数。当两个线程同时调用 function2 函数时，两个线程都不需要访问全局变量，参数和局部变量都存储在函数调用堆栈中，两个线程互不影响，不会出现错误。

```
int function2(int a)
{
    a++;
    printf("%d", a);
}
```

7.4 什么是线程安全

如果你的代码所在的进程中有多个线程在同时运行，而这些线程可能会同时运行这段代码。如果每次的运行结果和单线程运行的结果是一样的，而且其他的变量的值也和预期的是一样的，它就是线程安全的。

线程安全问题大多是由全局变量及静态变量引起的。若每个线程中对全局变量和静态变量只有读操作，而无写操作，一般来说，这个全局变量是线程安全的；若有多个线程同时执行读操作和写操作，一般都需要考虑临界区互斥，否则可能会有线程安全问题。

函数的可重入性与线程安全之间的关系如下。

可重入的函数可能是线程安全的也可能不是线程安全的；可重入的函数在多个线程中并发使用时是线程安全的，但不同的可重入函数（共享全局变量及静态变量）在多个线程中并发使用时会有线程安全问题。

不可重入的函数一定不是线程安全的。

简单来说，函数的可重入性是线程安全的必要条件，而非充要条件。

以下代码通过给全局变量 g 添加互斥锁 gplusplus 使 plus 函数由不可重入函数变为可重入函数。

```
int g = 0;

int plus()
{
    ...
    pthread_mutex_lock(&gplusplus);
    g++; /* switch to another thread */
    printf("%d", g);
    pthread_mutex_unlock(&gplusplus);
    ...
}
```

plus 函数是可重入的，但并不一定是线程安全的。以下代码中 minus 函数通过互斥锁 gminusminus 成为可重入函数，但是 minus 函数和 plus 函数这两个函数在两个线程中并行执行时，有可能会因为执行时序上的交错造成临界区冲突。因此以下代码的每一个函数都是可重入的，但是这个代码模块不是线程安全的。

```
int g = 0;

int plus()
{
    ...
    pthread_mutex_lock(&gplusplus);
    g++; /* switch to another thread */
    printf("%d", g);
    pthread_mutex_unlock(&gplusplus);
    ...
}

int minus()
{
    ...
    pthread_mutex_lock(&gminusminus);
    g--; /* switch to another thread */
    printf("%d", g);
    pthread_mutex_unlock(&gminusminus);
...
}
```

如果我们对 minus 函数和 plus 函数都会访问的临界区使用同一把互斥锁 glock，那么以下整个代码模块就变成线程安全的了。

```
int g = 0;

int plus()
{
    ...
    pthread_mutex_lock(&glock);
    g++; /* switch to another thread */
    printf("%d", g);
    pthread_mutex_unlock(&glock);
    ...
}

int minus()
{
    pthread_mutex_lock(&glock);
    g--; /* switch to another thread */
```

```
    printf("%d", g);
    pthread_mutex_unlock(&glock);
}
```

7.5 LinkTable 软件模块的线程安全分析

怎样进行一个软件模块的线程安全分析呢？步骤如下。

（1）要逐一分析所有的函数是不是都是可重入函数。这包括判断函数有没有访问临界资源（全局变量、静态存储区等），如果有访问临界资源需要仔细分析临界区互斥的处理机制能不能有效避免临界资源冲突问题。对于不可重入函数要具体分析其对线程安全带来的影响，有没有潜在的破坏性。

（2）然后进一步研究不同的可重入函数有没有可能同时进入临界区。这要根据临界区所处的业务场景选择使用写互斥或者读写互斥。

接下来以 LinkTable 链表软件模块为例简要进行线程安全分析。

LinkTable 链表的数据结构中包含 pthread_mutex_t mutex 用于临界区的互斥，在创建 LinkTable 链表时使用了 pthread_mutex_init 初始化 mutex，清空链表之后在彻底删除链表之前使用 pthread_mutex_destroy 销毁了 mutex。

```
/*
 * LinkTable Type
 */
struct LinkTable
{
    tLinkTableNode *pHead;
    tLinkTableNode *pTail;
    int            SumOfNode;
    pthread_mutex_t mutex;
};

/*
 * Create a LinkTable
 */
tLinkTable * CreateLinkTable()
{
    tLinkTable * pLinkTable = (tLinkTable *)malloc(sizeof(tLinkTable));
    if(pLinkTable == NULL)
    {
        return NULL;
    }
    pLinkTable->pHead = NULL;
    pLinkTable->pTail = NULL;
```

```
    pLinkTable->SumOfNode = 0;
    pthread_mutex_init(&(pLinkTable->mutex), NULL);
    return pLinkTable;
}

/*
 * Delete a LinkTable
 */
int DeleteLinkTable(tLinkTable *pLinkTable)
{
    if(pLinkTable == NULL)
    {
        return FAILURE;
    }
    while(pLinkTable->pHead != NULL)
    {
        tLinkTableNode * p = pLinkTable->pHead;
        pthread_mutex_lock(&(pLinkTable->mutex));
        pLinkTable->pHead = pLinkTable->pHead->pNext;
        pLinkTable->SumOfNode -= 1 ;
        pthread_mutex_unlock(&(pLinkTable->mutex));
        free(p);
    }
    pLinkTable->pHead = NULL;
    pLinkTable->pTail = NULL;
    pLinkTable->SumOfNode = 0;
    pthread_mutex_destroy(&(pLinkTable->mutex));
    free(pLinkTable);
    return SUCCESS;
}
```

接下来看看在链表中插入节点和删除节点的代码。显然代码通过 pthread_mutex_lock 和 pthread_mutex_unlock 对临界资源的写操作进行了适当的互斥处理。

```
/*
 * Add a LinkTableNode to LinkTable
 */
int AddLinkTableNode(tLinkTable *pLinkTable,tLinkTableNode * pNode)
{
    if(pLinkTable == NULL || pNode == NULL)
    {
        return FAILURE;
    }
    pNode->pNext = NULL;
    pthread_mutex_lock(&(pLinkTable->mutex));
    if(pLinkTable->pHead == NULL)
    {
```

```
        pLinkTable->pHead = pNode;
    }
    if(pLinkTable->pTail == NULL)
    {
        pLinkTable->pTail = pNode;
    }
    else
    {
        pLinkTable->pTail->pNext = pNode;
        pLinkTable->pTail = pNode;
    }
    pLinkTable->SumOfNode += 1 ;
    pthread_mutex_unlock(&(pLinkTable->mutex));
    return SUCCESS;
}

/*
 * Delete a LinkTableNode from LinkTable
 */
int DelLinkTableNode(tLinkTable *pLinkTable,tLinkTableNode * pNode)
{
    if(pLinkTable == NULL || pNode == NULL)
    {
        return FAILURE;
    }
    pthread_mutex_lock(&(pLinkTable->mutex));
    if(pLinkTable->pHead == pNode)
    {
        pLinkTable->pHead = pLinkTable->pHead->pNext;
        pLinkTable->SumOfNode -= 1 ;
        if(pLinkTable->SumOfNode == 0)
        {
            pLinkTable->pTail = NULL;
        }
        pthread_mutex_unlock(&(pLinkTable->mutex));
        return SUCCESS;
    }
    tLinkTableNode * pTempNode = pLinkTable->pHead;
    while(pTempNode != NULL)
    {
        if(pTempNode->pNext == pNode)
        {
            pTempNode->pNext = pTempNode->pNext->pNext;
            pLinkTable->SumOfNode -= 1 ;
            if(pLinkTable->SumOfNode == 0)
            {
                pLinkTable->pTail = NULL;
```

```
            }
            pthread_mutex_unlock(&(pLinkTable->mutex));
            return SUCCESS;
        }
        pTempNode = pTempNode->pNext;
    }
    pthread_mutex_unlock(&(pLinkTable->mutex));
    return FAILURE;
}
```

对链表的查询操作代码如下。

```
/*
 * Search a LinkTableNode from LinkTable
 * int Condition(tLinkTableNode * pNode, void * args);
 */
tLinkTableNode * SearchLinkTableNode(tLinkTable *pLinkTable, int Condition(tLink
TableNode * pNode, void * args), void * args)
{
    if(pLinkTable == NULL || Condition == NULL)
    {
        return NULL;
    }
    tLinkTableNode * pNode = pLinkTable->pHead;
    while(pNode != NULL)
    {
        if(Condition(pNode,args) == SUCCESS)
        {
            return pNode;
        }
        pNode = pNode->pNext;
    }
    return NULL;
}

/*
 * get LinkTableHead
 */
tLinkTableNode * GetLinkTableHead(tLinkTable *pLinkTable)
{
    if(pLinkTable == NULL)
    {
        return NULL;
    }
    return pLinkTable->pHead;
}
```

```
/*
 * get next LinkTableNode
 */
tLinkTableNode * GetNextLinkTableNode(tLinkTable *pLinkTable,tLinkTableNode * pNode)
{
    if(pLinkTable == NULL || pNode == NULL)
    {
        return NULL;
    }
    tLinkTableNode * pTempNode = pLinkTable->pHead;
    while(pTempNode != NULL)
    {
        if(pTempNode == pNode)
        {
            return pTempNode->pNext;
        }
        pTempNode = pTempNode->pNext;
    }
    return NULL;
}
```

由以上代码可知，显然对链表的查询没有进行临界区互斥方面的处理。从整个软件模块看也就是写操作都是互斥的，而读操作和写操作可以并行。我们来分析一下为什么可以读写并行。

- 插入链表节点是从尾部插入，而查询链表节点是从头依次查询，不会出现链表在插入节点的过程中出现断链的情况。
- 删除节点的过程是把待删除的节点的下一个节点指针赋给上一个节点的 pNext，在一个指令周期内完成，不会造成链表在删除节点的过程中断链。

因此读写并行是线程安全的。这部分的线程安全分析见参考视频[①]。

本章练习

简述题

1. 简述什么是可重入函数。
2. 可重入函数一定是线程安全的吗？为什么？

① 关注微信公众号“读行学”在“图书”菜单进入本书页面附录 1，即可获得线程安全分析参考视频。

第8章 子系统的工程化

8.1 menu 子系统的可复用接口设计

menu 作为一个子系统会用在不同项目中，如何给 menu 子系统设计可复用的接口呢？学习了 LinkTable 链表的通用接口定义的方法之后，我们往往会参照执行，这是经常犯的典型错误——“手里有把锤子，看什么都是钉子”。menu 子系统不像 LinkTable 链表，LinkTable 链表是一个非常基础的软件模块，复用的机会非常多，应用的场景也非常多，而 menu 子系统的复用机会和应用场景都比较有限，我们没有必要花非常多的心思把接口定义得太通用，通用往往意味着接口的使用不够直接明了，也会增加代码调用的复杂度。所以对于 menu 子系统的接口设计，我们的原则是“够用就好——不要太具体，也不要太通用”。

以下代码有我们在 menu.h 中定义的两个接口，一个通过给出命令的名称、描述和命令的实现函数定义一个命令，另一个用来启动 menu 引擎。

```
/* add cmd to menu */
int MenuConfig(char * cmd, char * desc, int (*handler)());

/* Menu Engine Execute */
int ExecuteMenu();
```

在 menu.c 中，接口的具体实现大致如下。

```
#include <stdio.h>
#include <stdlib.h>
#include "linktable.h"
#include "menu.h"

tLinkTable * head = NULL;
int Help();

#define CMD_MAX_LEN 128
#define DESC_LEN    1024
#define CMD_NUM     10
```

```
/* data struct and its operations */

typedef struct DataNode
{
    tLinkTableNode * pNext;
    char*   cmd;
    char*   desc;
    int     (*handler)();
} tDataNode;

int SearchCondition(tLinkTableNode * pLinkTableNode,void * arg)
{
    char * cmd = (char*)arg;
    tDataNode * pNode = (tDataNode *)pLinkTableNode;
    if(!strcmp(pNode->cmd, cmd))
    {
        return  SUCCESS;
    }
    return FAILURE;
}
/* find a cmd in the linklist and return the datanode pointer */
tDataNode* FindCmd(tLinkTable * head, char * cmd)
{
    tDataNode * pNode = (tDataNode*)GetLinkTableHead(head);
    while(pNode != NULL)
    {
        if(!strcmp(pNode->cmd, cmd))
        {
            return  pNode;
        }
        pNode = (tDataNode*)GetNextLinkTableNode(head,(tLinkTableNode *)pNode);
    }
    return NULL;
}

/* show all cmd in listlist */
int ShowAllCmd(tLinkTable * head)
{
    tDataNode * pNode = (tDataNode*)GetLinkTableHead(head);
    while(pNode != NULL)
    {
        printf("%s - %s\n", pNode->cmd, pNode->desc);
        pNode = (tDataNode*)GetNextLinkTableNode(head,(tLinkTableNode *)pNode);
    }
    return 0;
}
```

```
int Help()
{
    ShowAllCmd(head);
    return 0;
}

/* add cmd to menu */
int MenuConfig(char * cmd, char * desc, int (*handler)())
{
    tDataNode* pNode = NULL;
    if ( head == NULL)
    {
        head = CreateLinkTable();
        pNode = (tDataNode*)malloc(sizeof(tDataNode));
        pNode->cmd = "help";
        pNode->desc = "Menu List:";
        pNode->handler = Help;
        AddLinkTableNode(head,(tLinkTableNode *)pNode);
    }
    pNode = (tDataNode*)malloc(sizeof(tDataNode));
    pNode->cmd = cmd;
    pNode->desc = desc;
    pNode->handler = handler;
    AddLinkTableNode(head,(tLinkTableNode *)pNode);
    return 0;
}

/* Menu Engine Execute */
int ExecuteMenu()
{
   /* cmd line begins */
    while(1)
    {
        char cmd[CMD_MAX_LEN];
        printf("Input a cmd number > ");
        scanf("%s", cmd);
        tDataNode *p = (tDataNode*)SearchLinkTableNode(head,SearchCondition,(void*)cmd);
        if( p == NULL)
        {
            printf("This is a wrong cmd!\n ");
            continue;
        }
        printf("%s - %s\n", p->cmd, p->desc);
        if(p->handler != NULL)
        {
            p->handler();
```

```
            }
        }
    }
```

这部分代码的编写过程参见视频[①]。

8.2 Makefile 工程文件举例

作为一个可复用的子系统，其他程序员在复用这个子系统时应该不需要了解这个子系统内部代码的组织方式，只需要了解调用接口和生成的目标文件，就可以方便地将该子系统集成到自己的软件中。

因此，menu 子系统还需要有自带的构建系统。我们这里简单介绍 Makefile 工程文件。

Makefile 工程文件在类 UNIX 操作系统下非常常用，是用于工程项目组织的一种文件。很多 IDE 集成开发环境一般会自动生成一个类似的工程文件。Makefile 工程文件使用起来非常灵活，可以像写 Shell 脚本一样手动编写，也可以使用 autoconf 和 automake 自动生成。我们这里简要介绍 Makefile 工程文件的基本写法。

Makefile 工程文件一般从第一个目标开始执行，第一个目标通常命名为 all，以下是一个最简单的 Makefile 工程文件的代码。在项目目录下执行 make 命令会自动从 Makefile 工程文件的目标 all 开始执行，即执行 gcc 这一条命令。

```
all:
  gcc menu.c linktable.c -o menu
```

Makefile 工程文件也是源代码的一部分，也需要维护，所以要提高 Makefile 工程文件的代码的可维护性。规范的写法大致像下面的代码这样。

```
#
# Makefile for Menu Program
#

CC_PTHREAD_FLAGS        = -lpthread
CC_FLAGS                = -c
CC_OUTPUT_FLAGS         = -o
CC                      = gcc
AR                      = ar
RM                      = rm
RM_FLAGS                = -f

TARGET  =   libmenu.a
OBJS    =   linktable.o  menu.o
```

① 关注微信公众号“读行学”在“图书”菜单进入本书页面附录 1，即可获得 menu 子系统的可复用接口设计视频。

```
all:  $(OBJS)
    $(AR) $(TARGET) $(OBJS)

test:  $(OBJS) test.o
    $(CC) $(CC_OUTPUT_FLAGS) test $(OBJS) test.o

.c.o:
    $(CC) $(CC_FLAGS) $<

clean:
    $(RM) $(RM_FLAGS)  $(OBJS) $(TARGET) *.
```

其中有一个特殊的目标.c.o，它表示所有的 .o 文件都是依赖于相应的.c 文件的。

另外 Makefile 有 3 个非常有用的变量。分别是$@、^{和}<，各自代表的意义分别如下。

- $@表示目标文件。
- $^表示所有的依赖文件。
- $<表示第一个依赖文件。

将目标.c.o 和$<结合起来是一种很精简的写法，表示要生成一个.o 目标文件就自动使用依赖的第一个.c 文件来编译生成。

整个 Makefile 工程文件在执行 make 命令或者 make all 命令时首先找到第一个目标 all，通过深度优先遍历的方式先去执行目标 all 所依赖的其他目标，以上代码中 all 目标依赖$(OBJS)，其中包括 linktable.o、menu.o 两个目标；这两个目标都可以通过.c.o 来执行，执行完这两个目标得到对应的.o 文件后，就可以执行 all 目标下面的脚本命令得到$(TARGET)，即 libmenu.a。

执行 make test 命令首先找 test 目标，按照深度优先遍历的方式最终生成目标可执行文件 test。

执行 make clean 命令，因为 clean 目标不依赖任何其他目标，直接执行 clean 目标下面的脚本命令。

如何配置 VS Code 使用 Makefile 工程文件来构建项目？你只要参照第 1.6 节，修改配置文件.vscode/tasks.json，使用 make 命令替代 gcc 命令作为 command，并配置适当的 args 参数即可。

8.3 带参数的复杂命令函数接口的写法

如果 menu 支持带参数的复杂命令，就需要了解命令参数的一般写法。一般完整的 main 函数原型有以下两种写法，其中将参数 argc 和 argv 结合起来是比较通用的带参数命令的写法。

```
int main( int argc, char *argv[] );
int main( int argc, char **argv );
```

参照 main 函数参数的写法，我们可以将 menu 子系统的接口升级如下。

```
/* add cmd to menu */
int MenuConfig(char * cmd, char * desc, int (*handler)(int argc, char*argv[]));

/* Menu Engine Execute */
int ExecuteMenu();
```

这时 menu 子系统典型的使用示例大致如下。

```
#include <stdio.h>
#include <stdlib.h>
#include "menu.h"

int Quit(int argc, char *argv[])
{
    /* add XXX clean ops */
    exit(0);
}

int main(int argc,char* argv[])
{
    MenuConfig("version","XXX V1.0(Menu program v1.0 inside)",NULL);
    MenuConfig("quit","Quit from XXX",Quit);

    ExecuteMenu();
}
```

将命令行字符串转换成参数 int argc 和 char * argv[]时一般会使用 strtok 函数，这里简要介绍一下。strtok 函数原型如下。

```
char *strtok(char *str, const char *delim)
```

参数 str 是要被分解成一组小字符串的字符串。参数 delim 是参数 str 中包含的分隔符。

strtok 函数返回被分解的字符串 str 的第一个子字符串，如果没有可检索的字符串，则返回一个空指针。

注意：首次调用 strtok 函数时，str 必须指向要分解的字符串，随后调用时要把参数 str 设成 NULL。strtok 函数在 str 中查找包含的 delim 并用 NULL('\0')来替换，直到找遍整个字符串。返回指向下一个标记字符串。当没有标记字符串时返回空指针。

复杂的命令行参数可能需要使用 getopt 函数，getopt 函数的用法参考相关文档。

8.4　看待软件质量的几个不同角度

软件工程研究的主要目标就是寻找开发高质量软件的策略。那么什么样的软件是高质量软件？我们一般从以下 3 个不同角度来看待软件质量。

- 产品的角度，也就是软件产品内在质量特点。
- 用户的角度，也就是软件产品从外部来看是不是对用户有帮助，是不是可提供良好的用户体验。
- 商业的角度，也就是商业环境下软件产品的商业价值，比如投资回报或开发软件产品的其他驱动因素。

从这 3 个角度看，它们有着内在的联系，比如具有商业价值的软件产品是以用户体验良好为前提的，具有良好用户体验的软件产品也往往有一些好的产品内在质量特点。显然产品质量是基础，我们就先从开发者的角度看一看产品内在质量特点有哪些值得我们关注。

开发者看到的软件产品内在质量特点主要体现在以下几个方面。

- 代码规范和代码风格。
- 软件代码的设计结构。
- 软件模块的封装接口定义。
- 软件缺陷及异常处理方法。

8.5 编程的基本方法和原则

硅谷创业之父保罗·格雷厄姆（Paul Graham）写过一本畅销书《黑客与画家：硅谷创业之父 Paul Graham 文集》（*Hackers and Painters: Big Ideas from the Computer Age*），其中就有一篇论述了编程方法论。

保罗·格雷厄姆将黑客编程与画家绘画做了精妙的类比，编程和绘画的基本方法非常相似。绘画常常以基本轮廓开始，如果到此结束那它就是一幅速写绘画作品；如果通过不断完善来补充和修改越来越多的细节，则作品日渐精美。什么时候一幅画算是画完了呢？画家停止绘画的那一刻作品也就完成了。换句话说，在整个绘画过程中的任意时刻，这幅画都是一个完整的作品。

显然绘画的过程是一个不断迭代和重构的过程，编程也是如此。因此编程的过程可以概括为不断地迭代和重构代码的过程。

一个软件项目的最早的代码结构原型具有代码演化方向上的规定性，这从莱纳斯·托瓦兹两个成功的项目中可以得到例证。Linux 内核源于莱纳斯·托瓦兹读大学时学习操作系统的一个实验性小项目；而他编写 Git 分布式版本控制系统第一个版本的代码则仅仅花了 2 周的时间。

那是不是说如果最初的代码结构原型不好项目就难以成功呢？也不尽然。项目的成功取决于两个重要的因素：一是项目的需求驱动；二是代码结构。这两个因素相辅相成。一个项目核心的代码结构大致确定了，它背后的需求往往也被凝练到了代码结构中去了。一个项目要想从失败走向成功，唯有触动灵魂的需求变更或重塑代码结构才有可能。

另外，我们谈谈几个重要的设计指导原则。

- 模块化设计是将复杂问题简单化的基本方法，可以作为编程的一个核心的基本原则。

- 面向接口编程以及接口设计作为模块化软件设计的重要支撑，可以作为编程过程中最关键的工作之一。
- 信息隐藏可以有效减少信息处理量，是模块化软件设计和接口的内在要求。
- 增量开发是不断地迭代和重构代码的过程中的主要目标。
- 合理的抽象是信息隐藏的关键方法，也是模块化软件设计和接口设计的关键。
- 通用性设计体现在代码复用上，可以降低开发成本，提高代码的可重构灵活性，它又主要体现在接口设计的通用性上。

本章练习

一、简述题

1．在基础软件模块设计时我们追求通用性，而在子系统设计时只要做到“够用就好——不要太具体，也不要太通用”，为什么？

2．请根据你的编程经验总结编程的基本原则和方法。

二、实验

1．编写 Makefile 工程文件用来构建你的代码。

2．编写能够处理复杂命令行参数的代码。

第三篇

需求分析和软件设计

本部分主要介绍一种从需求分析到软件设计的基本建模方法。按照敏捷统一过程的基本流程，包括获取需求、用例建模、业务领域建模、对象交互建模，以及形成设计方案的基本方法。其中结合 UML，以可操作的步骤为主，介绍一步一步地推进从需求分析到软件设计的工程过程。

第9章 获取需求的主要方法

9.1 什么是需求

需求是期望行为的表述。这么说比较抽象，我们具体分析一下。

- 期望是谁的期望？主要是用户的期望，当然也包括待开发软件其他利益相关者的期望。
- 行为是谁的行为？自然是软件的行为，具体来说就是待开发软件中的对象和实体的行为。
- 表述是谁来表述？是软件开发者来表述，具体来说就是需求分析师来表述和定义需求。

根据以上分析，我们可以进一步得出：需求是对用户期望的软件行为的表述。

获取需求就是需求分析师通过关注用户的期望和需要，获得用户期望的软件行为，然后对其进行表述的工作。

需求分析是在获取需求的基础上进一步对软件涉及的对象或实体的状态、特征和行为进行准确描述或建模的工作。

9.2 为什么需求非常重要

综合有关研究，可以总结出导致软件项目失败的关键因素大致如下。

- 需求不完整。也就是只获取了部分需求，没有全面地获取需求和分析需求。
- 缺乏用户参与。缺乏用户参与的软件项目往往会背离用户的期望。
- 不现实的预期。“理想很丰满，现实很骨感”。不现实的预期导致软件项目无法落地。
- 缺乏执行力。将需求转化为规格、设计和代码的过程需要具备强大执行力的软件开发团队。
- 需求和规格不断变更。不断变化的需求和规格导致开发人员无所适从，使软件项目日益混乱。
- 缺乏合理的项目规划。凡事预则立不预则废，软件项目尤为如此。
- 软件不再被需要了。时过境迁，经过漫长的软件开发过程之后，原来的需求已经不存在了。

从以上导致软件项目失败的关键因素中可以发现，与需求相关的因素有：需求不完整、缺乏用户参与、不现实的预期、需求和规格不断变更、软件不再被需要了等。显然项目失败的原因中多数都与需求相关。

需求上的错误不能尽早发现，对于整个项目来说代价是高昂的，然而准确获取需求并不容易。

9.3 有哪些类型的需求

为了准确获取需求，我们将需求大致分为功能性需求、非功能性需求、设计约束条件、过程约束条件 4 类。

- 功能性需求（functional requirement）主要描述软件所具备的功能上的行为能力。
- 非功能性需求（nonfunctional requirement）主要描述软件具备的性能质量方面的特征。
- 设计约束条件（design constraint）是提前给定的设计决策，比如技术平台的选择限制、接口方式或协议标准的选择限制等。
- 过程约束条件（process constraint）是预计在软件开发过程中所受到的技术条件或资源条件的限制，比如仅能在特定时段提供有限的算力、整个开发过程中所能配备的技术人员数量等。

9.4 有哪些和需求相关的人员

与需求相关的人员根据项目的不同可能来自方方面面，但大致上不外乎这么几大类，即客户、顾客、用户、行业专家、市场研究人员、法务人员、软件工程师或相关技术专家等。

直接与需求有关的人员主要是客户（client）、顾客（customer）和用户（user），这三者在日常用语中表达的含义比较接近，但是在软件工程领域还有一些细微的区别。

- 客户一词一般用于项目式的合作中，是指为开发特定软件付钱的人，更多的是指机构或者机构的代理人。
- 顾客一词一般用于产品采购合作中，是指购买已有的成熟软件产品的人。
- 用户是指实际使用软件系统的人，不像客户或顾客的概念内含着某中商业合作的关系。

开发特定领域的软件，需要对行业领域有深入的理解和丰富的经验，这时行业专家（domain expert）对于获取需求和分析需求就尤为关键。

开发终端消费产品，需要调查研究确定未来发展趋势和潜在顾客群体，这时市场研究人员（market researcher）对于产品定位和顾客需求就更有发言权。

一般软件产品都有可能涉及政府监管、安全问题或法务相关的需求，因此律师或审计（lawyer or auditor）一类的法务人员也可提出一些软件开发需求。

软件工程师或相关技术专家（software engineers or other technology expert）由于直接从事软件的需求分析、系统设计和开发，因此他们也会提出一些软件的非功能性需求、设计约束条件和过程约束条件等相关需求。

9.5 获取需求的主要方法

熟悉了需求的4种主要类型，即功能性需求、非功能性需求、设计约束条件、过程约束条件；同时清楚了与需求相关的主要人员，即客户、顾客、用户、行业专家、市场研究人员、法务人员、软件工程师或相关技术专家等。这样既有了获取需求的目标，也有了获取需求的渠道，就具备了获取需求的基本条件，只要采用获取需求的合适方法就能比较全面地获取需求。

获取需求的主要方法有以下几种，可以根据项目的实际需求选择使用。

- 访谈法。访谈项目的利益攸关者（stakeholders），比如分组讨论、头脑风景等。
- 阅读审查现有的文件。
- 观察当前系统或者当前的工作方法。
- 向用户学习他们在工作中处理一些工作细节的方法。
- 使用特定领域的一些策略来获取需求。

为了全面获取需求，不留盲区，因此也不限于以上方法。要充分发挥需求分析人员的主观能动性，深入细致地获取和理解需求，这是需求分析人员责无旁贷的工作职责。

9.6 高质量的需求是什么样子

9.6.1 便于验证的需求是高质量的

如果有客观的标准可用来判断软件系统是否满足某一需求，则该需求是高质量的。那么什么样的需求便于设定用于验证的客观标准呢？

根据经验，我们认为可量化的客观描述的需求是比较容易设定验证标准的，而主观描述的需求是很难设定验证标准的。一般来说，有3种方法可以让需求便于验证。

- 将副词和形容词用数量化的描述替代。
- 将代词和名词用准确定义的实体名称替代。
- 确保每个名词（大多是实体名称）在需求文档都有唯一的、准确的定义。

显然便于验证的需求是由实体和数量化描述共同构建起来的相对客观的模型。

9.6.2 解决了内在冲突的需求是高质量的

从不同的利益攸关者处获取的需求往往会存在内在的冲突，只有解决了这些内在冲突的需求才是高质量的。如何解决需求中内在的冲突呢？一般我们采用给需求划分优先级的方法。

根据优先级的不同一般将需求划分为三大类。

- 本质性的需求：必须满足的需求，也就是必不可少的需求。
- 理想状态的需求：这些需求令人向往，但不是必不可少的需求。
- 可有可无的需求：有可能需要，但是可以忽略的需求。

一旦将需求划分了优先级，那么对需求内在的冲突就有了协调处理的基本原则。但在某些情况下，“小孩子才做选择，成年人全部都要”，这时候就要考验需求分析师的智慧——将相互冲突的需求巧妙地统一起来或者分隔开来。不管怎样，高质量的需求应该是已经解决了内在冲突的需求。

9.6.3 高质量需求的典型特征

高质量的需求首先是正确的需求，也就是需求分析师没有误解各类利益攸关者提出的需求。一般经过反复沟通确认，甚至采用交互界面原型来确认需求，都是为了消除需求在信息传递过程中所产生的差错，这些差错包括增加信息和遗漏信息。

高质量的需求是具有内在一致性的需求，也就是需求内在的冲突已经通过适当的方式进行协调解决。常见的解决冲突的方法是给需求划分优先级。除了已经通过优先级的方法来特殊处理的需求，一致性的需求具有内在的模型统一性，不再具有内在的相互冲突的描述。

高质量的需求是准确、无歧义的需求，也就是对需求描述进行了严谨的处理，消除掉模棱两可的描述，或者站在不同的立场有不同解读的可能性。

高质量的需求是完整的，也就是全面获取需求，确保没有遗漏需求。

高质量的需求是可行的需求，也就是对需求进行可行性分析，包括技术上的可行性和业务上的可行性，剔除对软件系统的不现实期望。

高质量的需求是不存在与主要目标不相关的需求的，也就是待开发的软件具有明确的系统边界，与主要目标不相关的需求会造成对需求建模的干扰，从而影响需求的质量。

高质量的需求是可跟踪的需求，所谓可跟踪是指需求具有明确的来源，以及确定的测试验证标准，从而在设计、开发和测试阶段都能跟踪到需求在其中的作用及影响。

9.7 绘图工具 VS Code 和 draw.io

9.7.1 在线绘图工具 draw.io

先来说 draw.io。draw.io 是一个在线绘图工具，因其界面简洁直观，功能丰富强大而受到不少用户喜爱。在浏览器中输入 draw.io 即可访问使用，如图 9-1 所示。

不得不说，draw.io 提供了各类丰富的图形模板，如图 9-2 所示，是真的方便、好用，没用过的小伙伴快去试试吧！

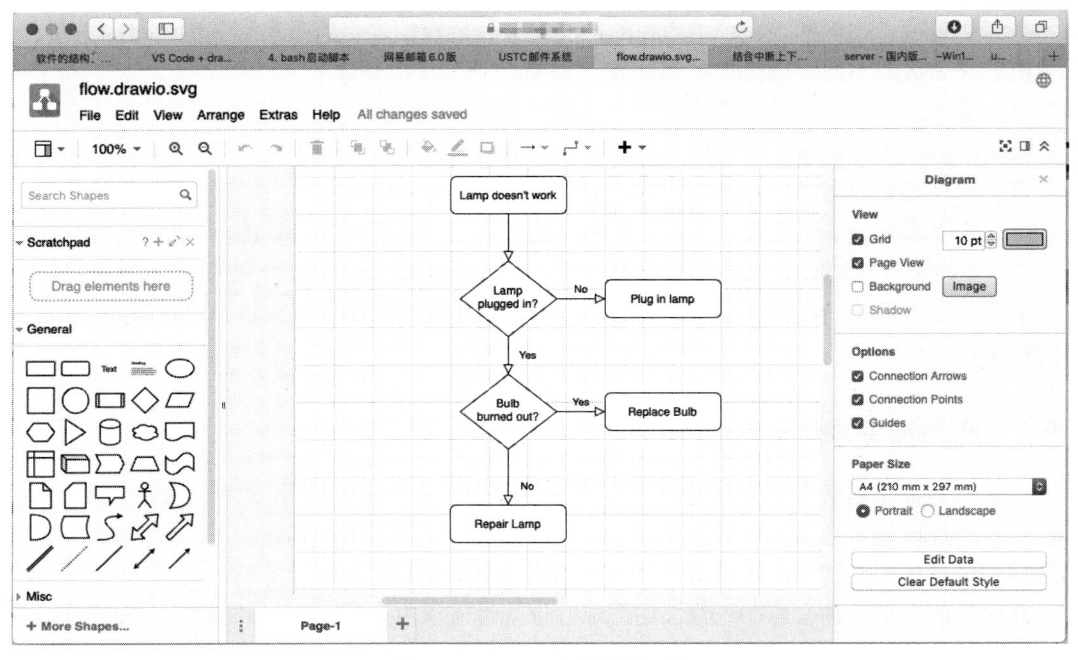

图 9-1 draw.io 在线绘图工具

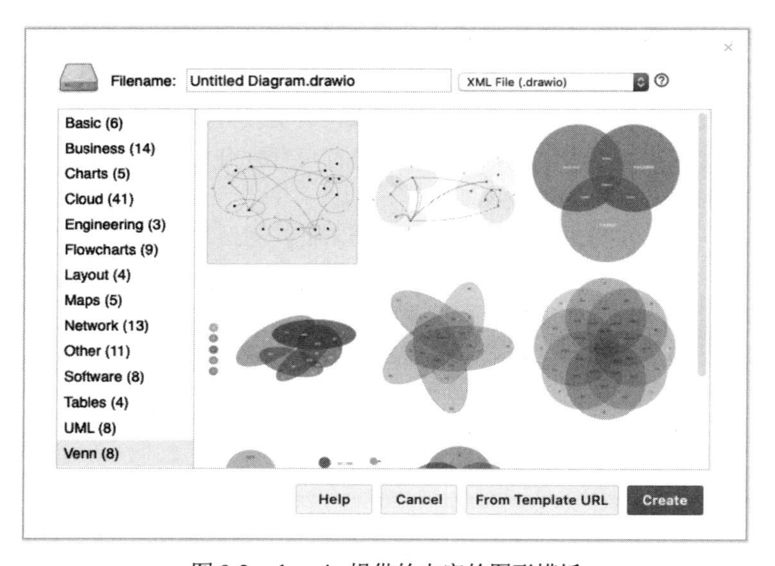

图 9-2 draw.io 提供的丰富的图形模板

9.7.2 安装 draw.io 插件

在 VS Code 中使用快捷键 Ctrl+Shift+X 进入插件市场，搜索 draw 可以搜到不少插件，这里选用下载量比较大、“小星星”比较多的 Draw.io Integration 来安装，如图 9-3 所示。

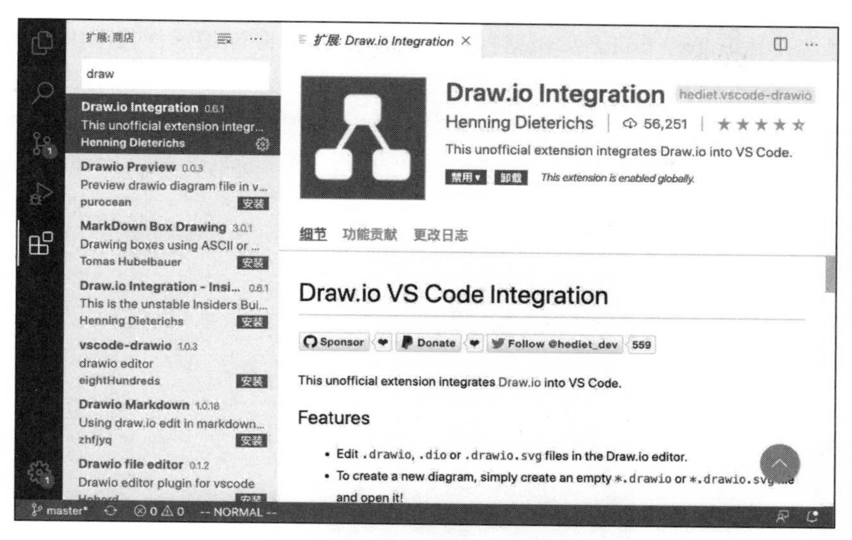

图 9-3 安装 Draw.io Integration 插件

9.7.3 快速入门 VS Code+draw.io 画图

看到网上有小伙伴说安装了 draw.io 插件不会用，其实它的用法非常简单，只要新建文件的扩展名为.drawio.svg、.drawio 或.dio，之后打开它就是“所见即所得”的画图工具了。就像 VS Code 嵌入了一个 Visio 或 Rational Rose 一样，写代码和画图可在同一个编辑器里完成。用 VS Code+draw.io 画图如图 9-4 所示。

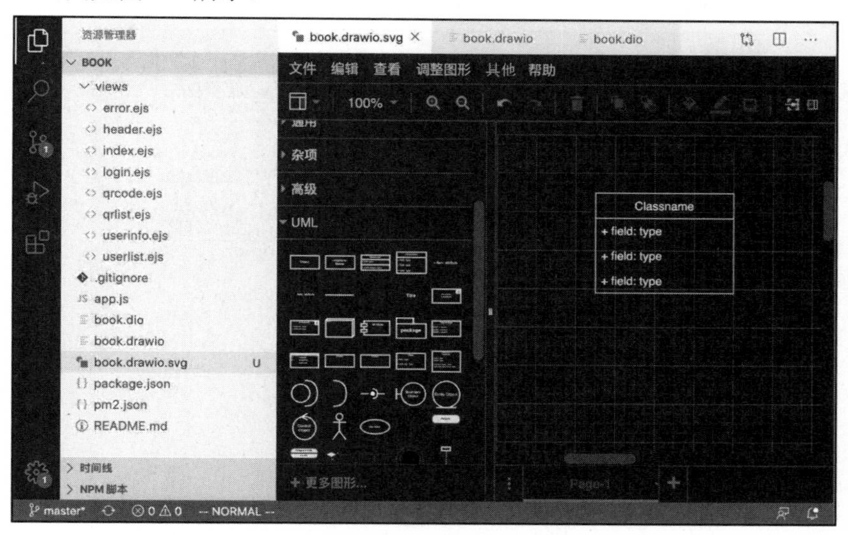

图 9-4 用 VS Code+draw.io 画图

还可以通过编辑 XML 文件修改图形，“一切皆代码”，这样画的图也可以通过 Git 进行版本控制。只要通过快捷键 Ctrl+Shift+P 调出 VS Code 命令行工具搜索 Reopen，找到 File: Reopen

With...就可以选择是以 Text Editor 编辑器打开，还是以 Draw.io 编辑器打开了。同时打开两个编辑器分别画图和修改 XML 文件如图 9-5 所示。

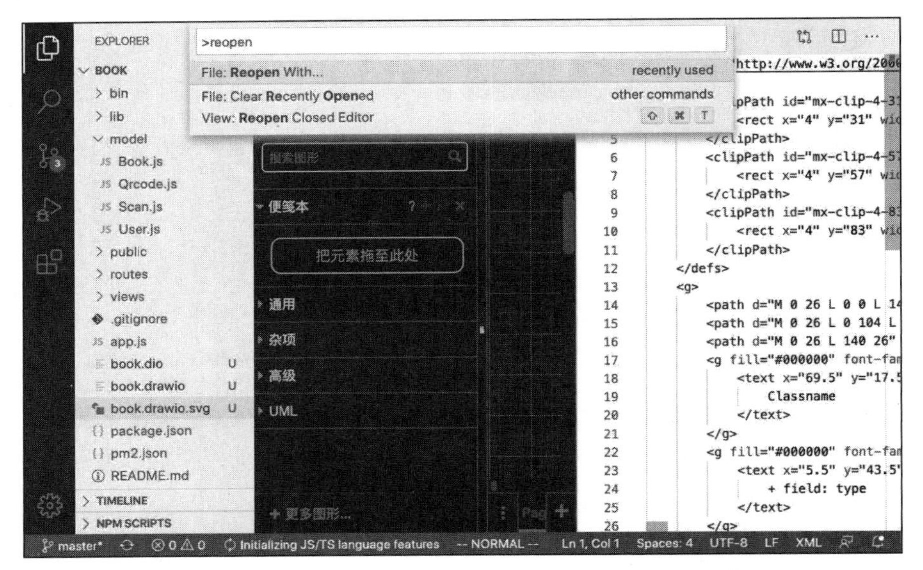

图 9-5　同时打开两个编辑器分别画图和修改 XML 文件

接下来我们以在项目 README.md 文件中加入图形为例来看看，完整地使用 VS Code+draw.io 的方法。

首先在项目目录下新建文件 images/quickstart.drawio.svg，如图 9-6 所示。

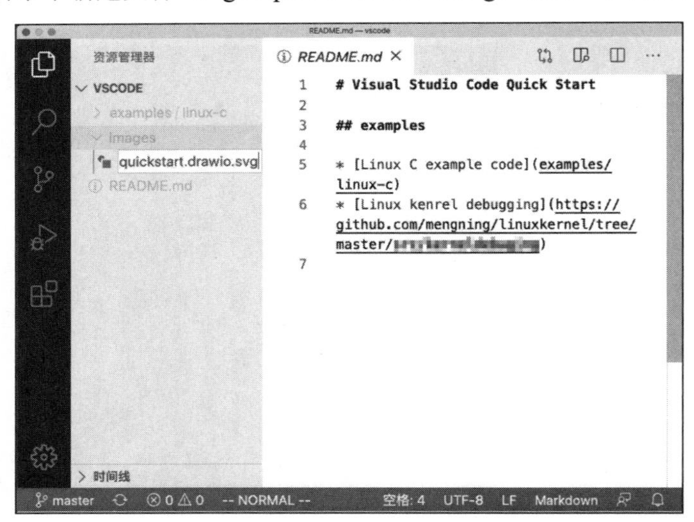

图 9-6　新建文件 images/quickstart.drawio.svg

然后打开 images/quickstart.drawio.svg 文件开始画图，几分钟就可以画一个简单的流程图，如图 9-7 所示。

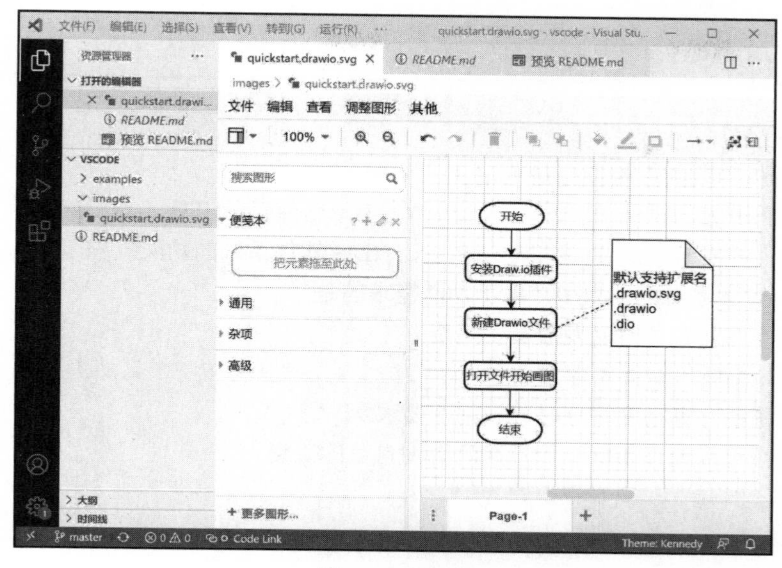

图 9-7 流程图

流程图画好之后，可以将其添加到 README.md 文件中。在 README.md 文件中按照 markdown 格式添加图片，代码如下。

```
![VS Code + draw.io](images/quickstart.drawio.svg)
```

通过快捷键 Ctrl+Shift+P 调出 VS Code 命令行工具搜索 Reopen，找到 File: Reopen With...就可以选择 Markdown 预览编辑器重新打开 README.md 文件，也可以使用快捷键 Ctrl+Shift+V，可以看到效果如图 9-8 所示。

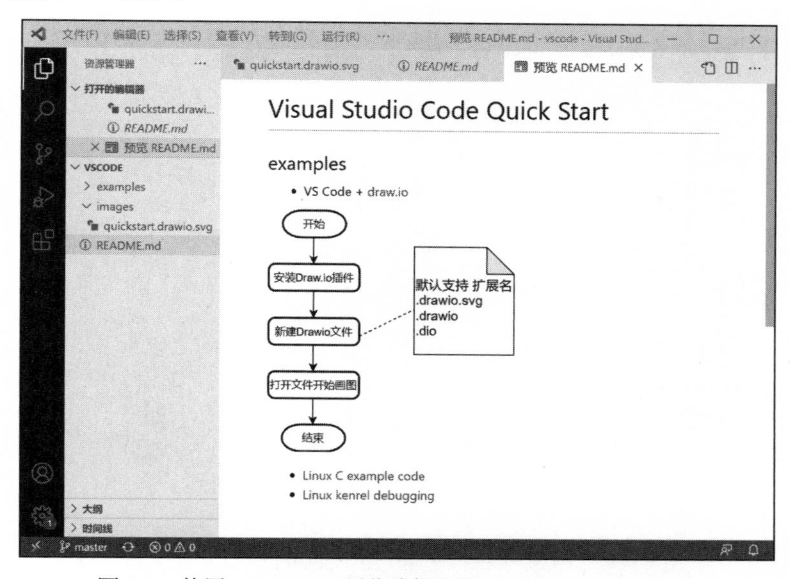

图 9-8 使用 Markdown 预览编辑器打开 README.md 文件

本章练习

一、选择题

1．需求分析阶段的主要任务是确定（　　）。

A．软件开发方法　　B．软件开发工具

C．软件开发费　　D．软件系统的功能

2．某企业财务系统的需求中，属于功能需求的是（　　）。

A．每个月特定的时间发放员工工资

B．系统的响应时间不超过3秒

C．系统的计算精度符合财务规则的要求

D．系统可以允许100个用户同时查询自己的工资

二、填空题

需求的类型有（　　　　）、（　　　　）、（　　　　）和（　　　　）。

三、简述题

1．简述获取需求的主要方法。

2．简述高质量需求的典型特征。

四、实验

使用VS Code+draw.io画图。

第 10 章

对需求进行分析和建模

本章讨论用例建模、业务领域建模、关联类及关系数据模型，以及关系数据的 MongoDB 数据建模，这些是软件的业务概念原型的核心内容。

10.1 原型化方法和建模的方法

原型化方法（prototyping）和建模的方法（modeling）是整理需求的两类基本方法。

使用原型化方法可以很好地整理出用户交互接口方式，比如界面布局和交互操作过程。

使用建模的方法可以快速梳理出需求的内在结构，以及有关事件发生顺序或活动同步约束的问题，能够在逻辑上形成模型来整顿繁杂的需求细节。

原型化方法易于理解和应用，而建模的方法较为抽象、难以掌握，因此我们接下来由外向内、由浅入深分别以用例建模、业务领域建模和关联类及其关系数据模型等来具体了解对需求进行建模的方法。

10.2 用例建模①

用例建模是从宏观上看待需求，将业务系统看成一个“黑盒”，因而建模的重点是外部角色与业务系统之间的协作过程。

10.2.1 什么是用例

在用例（use case）的核心概念中，它是一个业务过程（business process）——经过逻辑整理抽象出来的一个业务过程，这是用例的实质。要特别注意，用例是从使用者的角度来描述的，每一个用例对使用者来说都是有意义的，这也是我们首先强调它是一个业务过程的原因。

什么是业务过程？在待开发软件所处的业务领域内完成特定业务任务（business task）的一

① 本节所述的用例建模及后续章节中的业务领域建模、对象交互建模等基本建模方法参考了龚振和老师的授课内容。

系列活动就是业务过程。

接下来我们具体看看用例的几个基本要素。

- 一个用例应该由业务领域内的某个参与者（actor）所触发。
- 用例必须能为特定的参与者完成一个特定的业务任务。
- 一个用例必须终止于某个特定参与者，也就是特定参与者明确地或者隐式地得到了业务任务完成的结果。

这里的参与者是业务领域内的参与者或者业务实体。参与者不是待开发软件系统的一部分，但参与者需要和待开发软件系统交互。参与者常常是人，比如用户（user），但也可以是外部的硬件或软件，甚至是待开发软件系统内部的组件，比如内部计时器可以触发某个业务过程。

简单总结一下，即某个参与者触发某个用例为相应的参与者完成一个业务任务。

从上面用例和参与者概念的分析中，我们发现从待开发软件外部到待开发软件内部，然后又到待开发软件外部，这样从最高层级抽象地为我们提供一个信息流特征的视角，可用来从整体上把握待开发软件的内外关系。

10.2.2 用例的三个抽象层级

在准确理解用例概念的基础上，我们可以进一步将用例划分为 3 个抽象层级。

- 抽象用例（abstract use case）。只要用一个干什么、做什么或完成什么业务任务的动名词短语来描述，就可以非常简明地指明一个用例。
- 高层用例（high level use case）。需要给用例的范围划定边界，也就是用例在什么状态开始，以及在什么状态结束。
- 扩展用例（expanded use case）。需要将参与者和待开发软件系统为了完成用例所规定的业务任务的交互过程一步一步详细地描述出来，一般我们使用两列的表格将参与者和待开发软件系统之间从用例开始到用例结束的所有交互步骤都列举出来。

举个例子，电信系统中最常见的用例就是“打电话”，我们用这 3 个抽象层级来分析一下“打电话”这个用例。

这里面涉及拨打电话的用户这一参与者和拨打电话所涉及的为了完成接通电话的任务所需的一系列电信业务活动，还隐含一个被呼叫的用户这一参与者。

我们用用例的 3 个抽象层级来逐一分析如下。

- “打电话”这一动名词短语就是一个抽象用例。
- “打电话”这一用例的开始状态就是用户拿起电话机听筒准备拨号，终止状态就是用户听到了接通电话的铃声反馈。
- 进一步扩展“打电话”这一用例，大致可以得出如图 10-2 所示的扩展用例的两列表格。

为了便于将分析和设计中的词句与代码中的命名保持一致，在如图 10-1 所示及之后的分析和设计示例中我们采用英文来描述。我们在实际项目中不一定全部使用英文，但是对于关键的词句务必给出对应的英文词句，以便与最终代码中的命名保持一致。

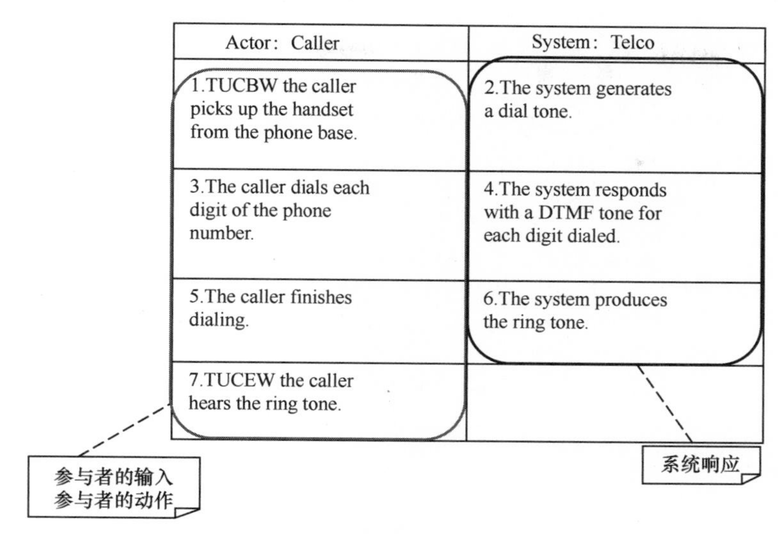

图 10-1 扩展用例的两列表格

图 10-1 所示的 TUCBW 是“This Use Case Begins With”的缩写，表示用例开始的状态；TUCEW 是“This Use Case Ends With”的缩写，表示用例结束的状态。

为了便于读者准确理解如图 10-1 所示的内容，我们将其中的步骤大致翻译如下。

（1）TUCBW 用例开始的状态为参与者 Caller 拿起电话听筒准备拨号。

（2）系统 Telco 产生拨号音。

（3）参与者 Caller 拨电话号码的每一个数字。

（4）每拨一个数字系统 Telco 响应一个声音，即双音多频（Dual Tone Multi Frequency，DTMF）。这里解释一下，双音多频由高频群和低频群组成，高低频群各包含 4 个频率。一个高频信号和一个低频信号叠加组成一个组合信号，代表一个数字。

（5）系统 Telco 完成拨号。

（6）正常情况下系统 Telco 会产生一个接通电话的提示音。

（7）TUCEW 用例结束的状态为参与者 Caller 听到了电话接通的提示音。

10.2.3 用例建模的基本步骤

用例建模过程的基本步骤如图 10-2 所示，为了便于理解我们大致整理为以下 4 步。

（1）从需求描述中找出用例，往往是动名词短语（动宾短语）表示的抽象用例。

（2）描述用例开始和结束的状态，用 TUCBW 和 TUCEW 指明用例开始和结束的高层用例。

（3）对用例按照子系统或不同的类型进行分类，描述用例与用例、用例与参与者之间的上下文关系，并画出用例图。

（4）进一步逐一分析用例与参与者的详细交互过程，完成一个两列的表格将参与者和待开发软件系统之间从用例开始到用例结束的所有交互步骤都列举出来，形成扩展用例。

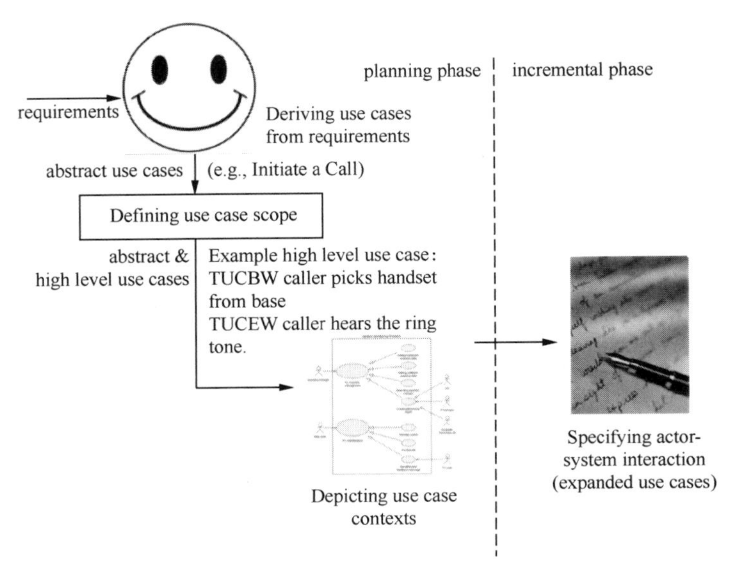

图 10-2　用例建模过程的基本步骤流程示意图

其中（1）到（3）是计划阶段（planning phase），（4）是增量实现阶段（incremental phase）。

10.2.4　准确提取用例的基本方法

准确提取用例是需求分析中的难点，尤其是对于初学者。我们这里重点介绍准确提取用例的基本方法。

（1）从需求中寻找业务领域相关的动名词和动名词短语，比如做什么事、什么事情必须被完成，或者执行某任务等。

（2）验证这些业务领域相关的动名词和动名词短语到底是不是用例。验证业务领域相关的动名词或动名词短语是不是用例的标准应满足 4 个必要条件。

- 它是不是一个业务过程？
- 它是不是由某个参与者触发开始？
- 它是不是显式地或隐式地终止于某个参与者？
- 它是不是为某个参与者完成了有意义的业务任务？

如果以上 4 个必要条件都满足，那么该业务领域相关的动名词或动名词短语就是一个用例。

（3）在需求中识别出参与者、系统或子系统。

- 参与者会触发某个用例开始，用例也会显式地或隐式地终止于某个参与者。
- 用例属于系统或子系统。

举个例子，以我们常见的图书馆系统的两个需求为例，如图 10-3 所示。

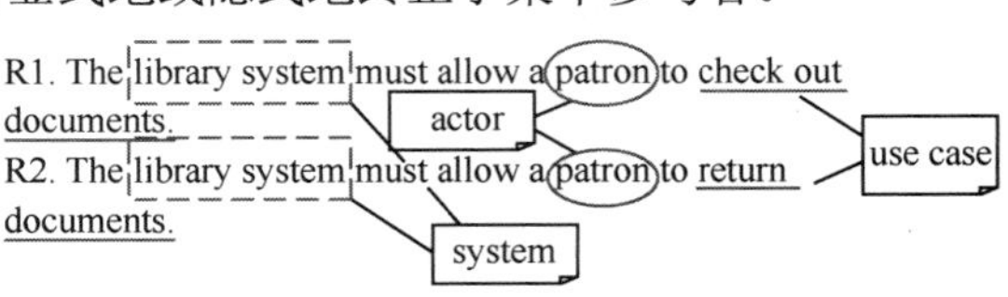

图 10-3　图书馆系统的两个需求示例

需求 R1 大意为图书馆系统必须允许读者借阅图书。

需求 R2 大意为图书馆系统必须允许读者还书。

我们根据前文介绍的准确提取用例的基本方法，可以得到如下内容。

system: library system（图书馆系统）。

actor: patron（顾客，这里译为读者）。

use case 如下。

- UC1: check out documents（借书）。
- UC2: return documents（还书）。

其中用例 UC1 和 UC2 是必须满足 4 个必要条件的。它是不是一个业务过程？它是不是由某个参与者触发开始？它是不是显式地或隐式地终止于某个参与者？它是不是为某个参与者完成了有意义的业务工作？对于用例 UC1 和 UC2，答案都是肯定的。

10.2.5 用例图的基本画法

在以上用例分析的基础上我们可以进一步画出用例图，图书馆系统用例图如图 10-4 所示。

首先如图 10-4 所示的系统边界（system boundary）将系统和外部参与者明确隔离开来，系统名称 library system 和椭圆形标记的系统用例指明了系统的开发目标，而外部的参与者则是系统服务的对象或是为系统提供服务的外部参与者。

图 10-4 所示的图书馆系统用例图是用例建模的一种粗略的结果，作为示例可以帮助读者学习基本的用例建模方法，但是实际的项目需求可能更为复杂，需要更细粒度地描述用例，因此还常常需要用到一些用例与参与者及用例与用例之间的关系的表示方法，比如关联关系、包含关系和扩展关系等，如图 10-5 所示。

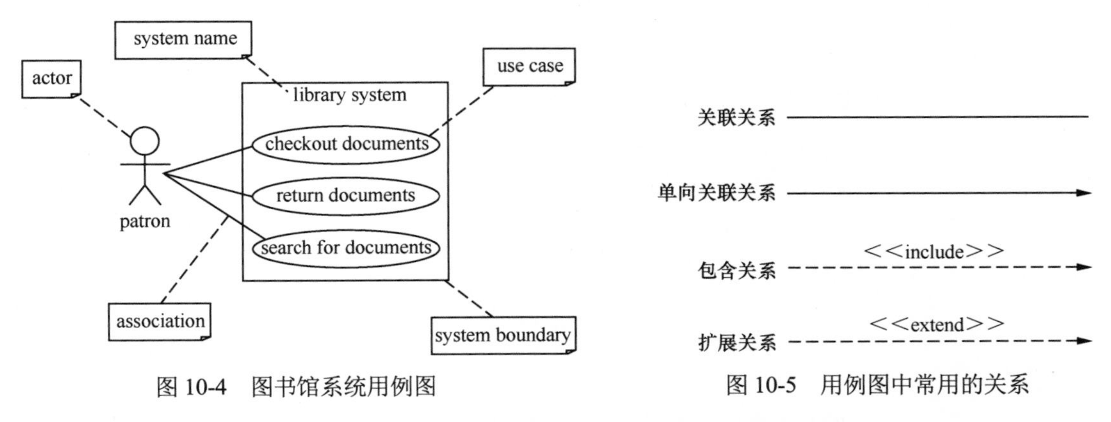

图 10-4 图书馆系统用例图

图 10-5 用例图中常用的关系

关联关系是用直线表示的，一般不强调关联的方向。关联关系是一种静态关系，是由常识、规则和法律等因素前置约定的。比如公司和员工之间一对多的关联关系就是常识约定的，对号入座这种一对一的关联关系就是规则约定的，每个人都有一个唯一的身份证号码这种一对一的关联关系就是法律规定的。

一对一的关联关系可以在直线的两端都标上 1 表示一对一；一对多的关联关系可以在直线

的两端分别标上 1 和*（*代表任意数）表示一对多；多对多的关联关系可以在直线的两端都标上*表示多对多。

如果特别强调关联的方向，则是单向关联关系，是用直线加箭头表示的。比如在用例图中参与者和用例就是一种单向关联关系，参与者总是“知道”用例，而用例“不知道”参与者，所以箭头可以从参与者指向用例，不过在 UML 建模工具中，关联方向是不被强调的，因此如图 10-4 所示的参与者和用例之间也可以不特别指明关联方向。

包含关系是用带箭头的虚线加<<include>>来表示的。包含关系特别适用于用例模型，是指在执行基本用例的过程中插入包含用例。基本用例依赖于执行包含用例的结果，包含用例是被封装的、在不同基本用例中可复用的行为。包含用例显式地表示出了可复用的业务过程，该业务过程在基本用例中是必需的，如果缺少了包含用例则基本用例是不完整的。

扩展关系是用带箭头的虚线加<<extend>>来表示的。扩展关系特别适用于用例模型，表示向基本用例中的某个扩展点插入扩展用例。扩展用例表示基本用例的某个分支，由特定的扩展点触发而被执行。扩展用例显式地表示了复杂业务过程中的不同分支，这些分支是可选的，而不是必需的。

10.3　业务领域建模

10.3.1　面向对象分析涉及的基本概念

1．对象和属性

需求中业务领域内的名词或名词短语可能是一个类（class）或者属性（attribute）。如何区分类和属性对于初学者来说往往是个挑战。

对象（object）作为某个类的实例，在业务领域内是能够独立存在的，而属性往往不能独立存在。比如座位数是一个名词短语，它是一个类还是一个属性？座位数不能独立存在，因为它必须依附于教室、飞机、汽车等可以独立存在的实体才有意义，比如教室的座位数、飞机的座位数、汽车的座位数等，所以座位数是一个属性。

显然对象和属性之间有依附关系，属性用来描述对象或存储对象的状态信息。由于对象能够独立存在，那么对象的创建必须显式地或隐式地调用构造过程。类和对象的 UML 表示方法如图 10-6 所示。

类名
属性
方法

对象名：类名
属性
方法

图 10-6　类和对象的 UML 表示方法

2．继承关系

继承关系（inheritance relationship）表达两个概念之间具有概括化/具体化（generalization/ specialization）的关系，一个概念比另一个概念更加概括/具体。比如车辆是小汽车的概括，小汽车是一种具体的车辆类型。所以继承关系也被称为“是一种”（IS-A）关系。

一般用三角形箭头连线表示两个类之间的继承关系，也称泛化关系，如图 10-7 所示。

3. 聚合关系

聚合关系（aggregation relationship）表示一个对象是另一个对象的一部分的情况，比如发动机引擎是小汽车的一部分，也被称为“部分与整体”（part-of）的关系。聚合关系使用平行四边形箭头表示，如图 10-8 所示。

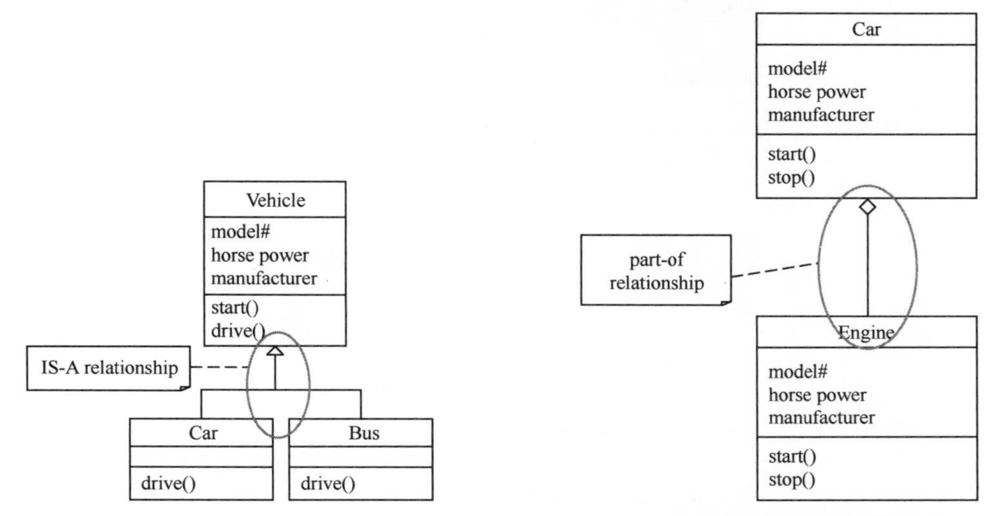

图 10-7 继承关系的 UML 表示方法　　图 10-8 聚合关系的 UML 表示方法

4. 关联关系

关联关系（association relationship）表示继承和聚合以外的一般关系，是业务领域内特定的两个概念之间的关系，既不是继承关系也不是聚合关系。关联关系是用直线表示的，如图 10-9 所示，其中描述了教授参与退休计划。

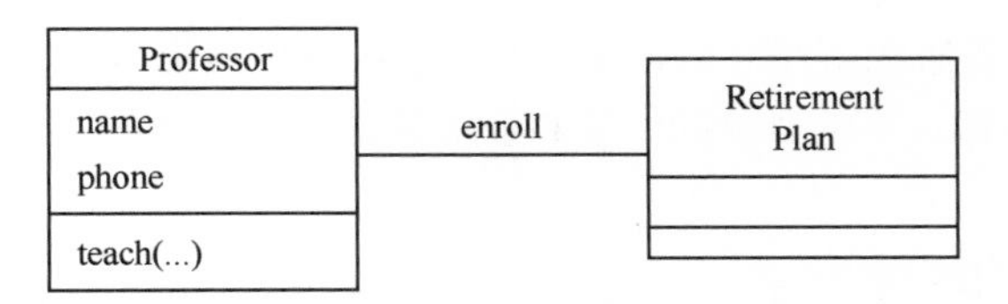

图 10-9 关联关系的 UML 表示方法

10.3.2 业务领域建模的基本步骤

业务领域建模是开发团队用于获取业务领域知识的过程。因为软件工程师往往需要工作在不同的业务领域或者不同项目中，他们需要业务领域知识来开发软件系统。软件工程师往往具有不同的专业背景，这可能会影响他们对业务领域的认知。因此业务领域建模有助于开发团队获取业务领域知识形成一致的业务认知。

开发团队获取业务领域知识的过程示意图如图 10-10 所示，包括收集业务领域相关信息、执行团队头脑风暴、对业务领域相关的知识概念进行分类，最后用 UML 类图将业务领域知识图形化表示。

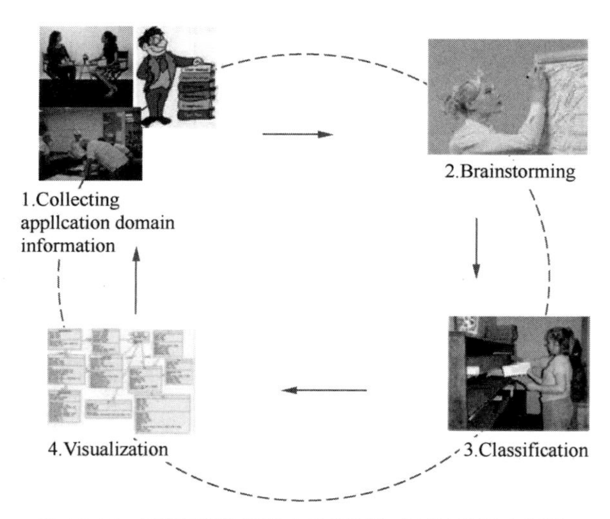

图 10-10 开发团队获取业务领域知识的过程示意图

图 10-10 所示 4 个步骤的简要翻译及解释如下。

（1）收集应用业务领域的信息。聚焦在功能需求层面，也考虑其他类型的需求和资料。

（2）头脑风暴。列出重要的应用业务领域概念，给出这些概念的属性，以及这些概念之间的关系。

（3）给这些应用业务领域概念分类。分别列出哪些是类、哪些是属性和属性值，以及列出类之间的继承关系、聚合关系和关联关系。

（4）将结果用 UML 类图画出来。

（1）更多地在获取需求的阶段完成，这里不赘述；（4）UML 类图的画法前面已经给出。接下来，我们重点将具体探讨头脑风暴的做法和业务领域概念分类的方法。

10.3.3 头脑风暴的具体做法

团队成员聚在一起执行头脑风暴，从收集的应用业务领域的信息中按规则识别业务领域相关的概念并分别列出来。具体需要识别的规则如下。

- 名词和名词短语（noun/noun phrase）。
- “Y 的 X”（X of Y）表达方法，比如汽车的颜色。
- 及物动词（transitive verb）。
- 形容词（adjective）。
- 数量词（numeric）。

- 所有关系的表达方法（possession expression），比如具有、拥有等。
- 构成关系的表达方法（constituent/"part of" expression）。
- 包含关系的表达方法（containment/containing expression）。
- “X 是一种/类 Y”（X is a Y）表达方法，比如汽车是一种车辆。

举个例子来说明一下具体规则的识别方法，有这么一条功能需求，如下。

基于 Web 的应用程序必须使用各种搜索条件为海外交换研究项目提供搜索功能。

对以上需求执行头脑风暴，按照识别规则可以识别如下。

- “搜索”是一个及物动词。
- “海外交换研究项目”是一个业务领域内的名词短语。
- “搜索条件”也是一个名词短语。“搜索条件”在内涵上一定是海外交换研究项目中的检索条件，因此它是与业务领域相关的。

这些都和我们的应用业务领域相关，还有一些符合识别规则但是和应用业务领域不相关的，我们也列举如下。

- “基于 Web 的”是一个形容词，但不是业务领域内的描述。
- “应用程序”是一个名词，但不是业务领域内的概念。
- “功能”也是一个名词，但也不是业务领域内的概念。

以上需求描述中业务领域是什么？是海外交换研究项目的管理，可以基于 Web 技术，也可以基于其他技术；可以用应用程序来管理，也可以用纸质文档来管理；不同的软件有不同的功能，所以“功能”一词不是“海外交换研究项目的管理”这一业务领域内所包含的概念。因为它们符合识别规则但是和应用业务领域不相关，所以我们排除它们。

10.3.4 业务领域概念分类的方法

经过头脑风暴按照识别规则将业务领域内的信息提取出来之后，我们需要进一步对这些信息进行面向对象分析，明确类、属性，以及类之间的关系。业务领域概念分类的方法如下。

- 名词和名词短语可能是类或者属性。
- “Y 的 X”（X of Y）表达方法，可能表示 X 是 Y 的属性，也可能表示两个对象的关联关系，比如中国科学技术大学的孟宁老师就是关联关系。
- 及物动词往往意味着关联关系。
- 形容词一般是属性值。
- 数量词往往意味着属性或者属性值。
- 所有关系的表达方法表达的可能是聚合关系，也可能是属性。
- 构成关系的表达方法一般表达的是聚合关系。
- 包含关系的表达方法一般表示关联关系或者聚合关系。
- “X 是一种/类 Y”表达方法一般表达的是继承关系。

在进行业务领域概念分类的过程一定要牢记：对象能独立存在，而属性不能独立存在。

我们接着第 10.3.3 小节的需求描述的例子继续讲解。需要说明的是例子中需求描述隐含着一个名词，就是搜索海外交换研究项目的“用户”。这样前面的例子中与业务领域相关的就有 1 个名词和 2 个名词短语，由于名词和名词短语可能是类也可能是属性，所以我们要判断它们是不是可以独立存在，具体如下。

- “海外交换研究项目”能够独立存在，所以是一个类。
- “搜索条件”也能够独立存在，也是一个类。
- “用户”更是一个独立存在，也是一个类。

再来看“搜索”是一个及物动词，及物动词往往意味着关联关系，是谁和谁的关联关系呢？是用户搜索海外交换研究项目，那就是“用户”和“海外交换研究项目”这两个类之间有关联关系，因为用户搜索海外交换研究项目之后很可能会加入某一个海外交换研究项目。

第 10.3.3 小节的需求描述的例子没有涉及属性，我们再举一个例子。

汽车包含品牌、型号、排量和座位数等信息，顾客可以租用一辆或多辆汽车。

根据执行头脑风暴的识别规则我们可以识别出以下领域相关的信息，进一步对这些信息进行面向对象分析，明确类、属性，以及类之间的关系。

- 汽车是一个名词，可以独立存在，因此汽车是一个类。
- 品牌是一个名词，不可以独立存在，因此是一个属性，是汽车的属性。
- 型号是一个名词，不可以独立存在，因此是一个属性，是汽车的属性。
- 排量是一个名词，不可以独立存在，因此是一个属性，是汽车的属性。
- 座位数是一个名词，不可以独立存在，因此是一个属性，是汽车的属性。
- 顾客是一个名词，可以独立存在，因此是一个类。
- 租用是及物动词，表示顾客类和汽车类之间的关联关系。

经过头脑风暴和业务领域概念分类之后，明确了类、属性和关系，这时就很容易用 UML 类图的方式来图形化地描述业务模型。

10.4 关联类及其关系数据模型

10.4.1 关联类的基本概念及其 UML 类图

关联关系是业务数据建模的关键，我们来专门研究一下关联关系，并引入一个关联类（association class）的概念。关联类为两个类的关联关系定义了一些属性和方法。

我们用一个例子来具体解释一下，针对以下一条需求，我们对其进行业务领域建模并画出 UML 类图，然后进一步引入关联类进行业务数据建模。

Students enroll in courses, and receive grades.
学生选修课程，并获得成绩。

关联类的 UML 类图画法如图 10-11 所示，在关联关系的直线中间引出一条垂直的虚线连接关联类（斜虚线表示解释说明的注释）。

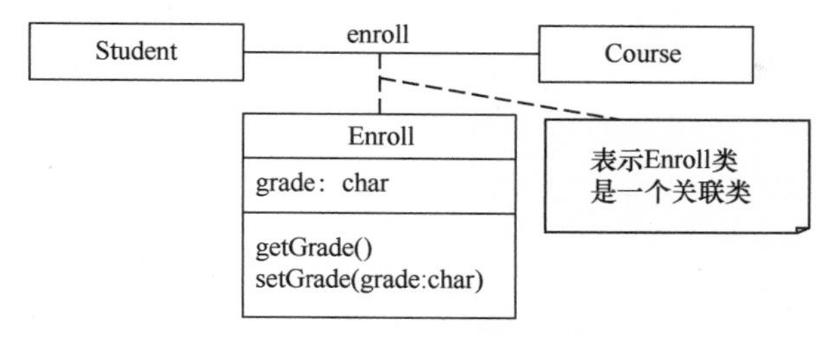

图 10-11 关联类的 UML 类图画法

为了进一步说明关联类，我们为这个需求举几个具体的对象实例，如下。

Alex got an “A” and Eric got a “B” for OOSE.
在 OOSE 课程中，Alex 得了 A，Eric 得了 B。
Alex also got an “A” for AI.
在 AI 课程中 Alex 也得了 A。

图 10-12 所示为学生 Alex 和 Eric 分别与 OOSE 课程和 AI 课程的对象实例，对象图中部分省去了属性和方法。

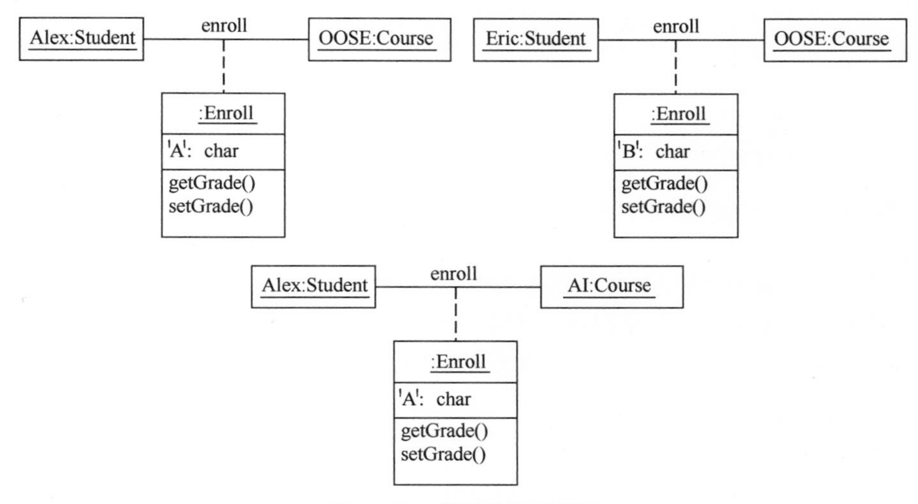

图 10-12 关联类的对象图

10.4.2 关联类的面向对象设计与实现

为了进一步说明关联类的实际意义，我们将如图 10-13 所示内容与其对应的面向对象的代码实现对照起来。

以下代码对应图 10-13 所示内容，将 Student 类和 Course 类的具体内容省略，对关联类 Enroll 及其构造函数 Enroll::Enroll 给出具体代码实现。

```
class Student { ... }
class Course { ... }
class Enroll {
private:
    char grade;
    Student* student;
    Course* course;
public:
    Enroll (Student* s, Course* c);
    char getGrade();
    void setGrade(char grade);
}
Enroll::Enroll(Student* s, Course* c) {
    student=s; course=c;
}
```

为了进一步说明如图 10-13 所示的对象实例执行过程，我们以 Alex 选修 OOSE 课程获得成绩“A”为例，关联类的对象实例如图 10-14 所示。

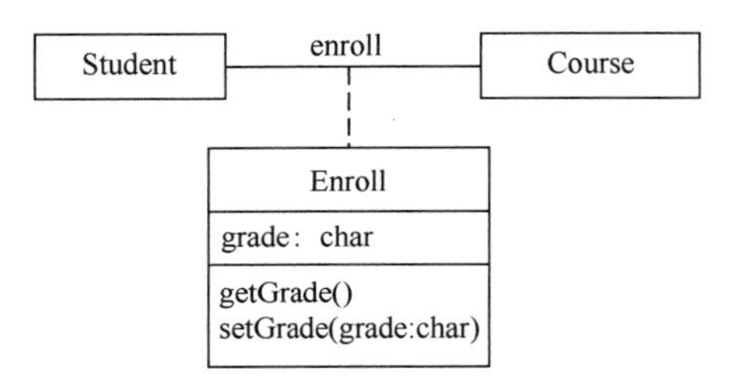

图 10-13 关联类的 UML 类图

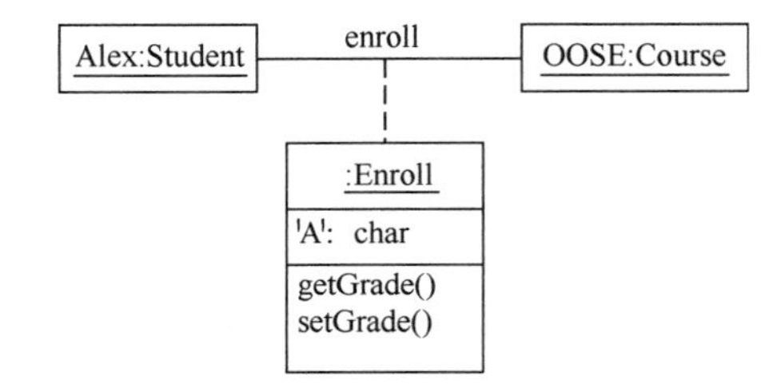

图 10-14 关联类的对象实例

以下代码可以在如图 10-13 所示内容的基础上，实例化 Student 类为 alex 对象，实例化 Course 类为 oose 对象，并且以 alex 对象和 oose 对象为基础实例化关联类 Enroll 为 e 对象，最后调用 e 对象的 setGrade 为 alex 设定 oose 课程的成绩为“A”。

```
Student *alex=new Student( ... );
Course *oose=new Course ( ... );
...
Enroll *e=new Enroll(alex, oose);
e->setGrade('A');
```

10.4.3 关联类的关系数据模型

我们以如图 10-12 所示 3 个对象图的数据为例，来看看如图 10-13 所示关联类的关系数据模型是怎样的。

图 10-13 所示的 Student 类、Course 类和关联类 Enroll 类 3 个类分别对应 Student 表、Course 表和 Enroll 表，如表 10-1、表 10-2 和表 10-3 所示。3 个表的数据根据如图 10-12 所示 3 个对象图中的数据而来。

表 10-1 Student 表

student_id	name	其他属性 1	其他属性 2
0001	Alex	……	……
0002	Eric	……	……
……	……	……	……

表 10-2 Course 表

course_id	name	其他属性 1	其他属性 2
0001	OOSE	……	……
0002	AI	……	……
……	……	……	……

表 10-3 Enroll 表

student_id	course_id	grade	其他属性
0001	0001	A	……
0001	0002	A	……
0002	0001	B	……
……	……	……	……

与如图 10-14 所示用面向对象方法描述的关联类相对应，表 10-1、表 10-2 和表 10-3 所示为用关系数据库的方式描述关联类的关系数据模型。

10.5 关系数据的 MongoDB 数据建模①

10.5.1 基于文档的数据库 MongoDB

随着移动互联网应用的快速发展，传统的关系数据库已经无法满足移动互联网应用的某些性能需求，因此我们有必要在关系数据模型的需求建模的基础上，延伸到非关系数据库(NoSQL)。接下来我们以 MongoDB 为例探讨如何基于非关系数据库实现关系数据模型，同时满足移动互联网应用的某些性能需求。

① 本节内容参考了 MongoDB 官方博客 William Zola 的“6 Rules of Thumb for MongoDB Schema Design”一文。

作为探讨如何基于非关系数据库实现关系数据模型的前提，我们简要了解一下MongoDB。MongoDB是一个通用的、基于文档的、分布式的数据库，为云计算时代的现代应用程序开发者而生，几乎没有数据库比MongoDB在应用开发效率上更加高效。

MongoDB是一种文档数据库，也就是说MongoDB用类似JSON格式的文档来存储数据。目前普遍认为JSON格式是理解和存储数据最自然的格式，JSON格式比传统的关系数据模型的格式有更强大的数据表达能力。

MongoDB中存储的JSON格式文档示例如下所示。每一个JSON文档对应一个ID，即如“_id”的值，除“_id”外的数据可以按照“key：value”的方式任意定义数据的结构。

```
{
    "_id": "5cf0029caff5056591b0ce7d",
    "firstname": "宁",
    "lastname": "孟",
    "address": {
        "street": "工业园区仁爱路188号",
        "city": "苏州市",
        "state": "江苏省",
        "zip": "215123"
    },
    "hobbies": ["写代码", "读书"]
}
```

在一个MongoDB中，可以创建多个集合（collection），集合的概念类似于关系数据库中的表（table），只是比表更加灵活。如下所示是在users集合中检索value为215123的数据，可见其检索方式比传统的SQL更加强大灵活。

```
> db.users.find({ "address.zip" : "215123" })
{ "_id": "5cf0029caff5056591b0ce7d", "firstname": "宁", "lastname": "孟", "address":{}}
......
```

实际上MongoDB涵盖了关系数据库的所有功能，而且具有更多的功能。比如MongoDB支持完全的ACID，即原子性（atomicity）、一致性（consistency）、隔离性（isolation）、持久性（durability）。一个支持事务（transaction）的数据库，必须要具有这4种特性，否则在事务过程（transaction processing）当中无法保证数据的正确性，交易过程极可能达不到交易方的要求。MongoDB很好地做到了一致性和分布式分区容忍性，是兼容关系数据模式的非关系数据库的典型代表。

10.5.2 一对多关系建模的三种基础方案

1. 一对很少

针对个人需要保存多个地址进行建模的场景下使用内嵌文档是很合适的，可以在person文档中嵌入addresses数组文档，如下所示为一对很少（one-to-few）的MongoDB数据建模示例。

```
{
    "_id": "5cf0029caff5056591b0ce7d",
    "firstname": "宁",
    "lastname": "孟",
    "addresses": [
        {
        "street": "工业园区仁爱路 188 号",
        "city": "苏州市",
        "state": "江苏省",
        "zip": "215123"
        },{
        "street": "工业园区林泉街 888 号",
        "city": "苏州市",
        "state": "江苏省",
        "zip": "215123"
        }
         ]
    "hobbies": ["写代码", "读书"]
}
```

2. 一对许多

以产品零部件订货系统为例。每个商品有数百个可替换的零部件，但是通常不会超过数千个。这个用例很适合使用间接引用，即将零部件的 ObjectID 作为数组存放在商品文档中，这里 ObjectID 使用更加易读的 2 个字节（4 个 16 进制的字符），通常是由 12 个字节（24 个 16 进制的字符）组成的。如下所示产品文档模板，其中用到一对许多的 MongoDB 数据建模。

```
{
    "_id": "5bf0029caff5056591b0ce75",
    name : '产品名称',
    manufacturer : '制造商名称',
    catalog_number: 1234,
    parts : [      // 零部件的 ObjectID 数组
        ObjectID('AAAA'),
        ObjectID('F17C'),
        ObjectID('D2AA'),
        // 更多
        ]
}
```

一对许多的 MongoDB 数据建模方法涉及两个集合，以产品零部件订货系统为例，有 products 产品的文档集合和 parts 零部件的文档集合。这就涉及两个集合的关联查询（join），如下所示，我们先通过产品类别号（catalog_number）查询产品文档，再通过产品文档中的零部件 ObjectID 数组查询该产品的所有零部件。

```
// 通过产品类别号（catalog_number）查询产品文档
> product = db.products.findOne({catalog_number: 1234});
```

```
// 通过产品文档中的零部件 ObjectID 数组查询该产品的所有零部件
> product_parts = db.parts.find({_id: { $in : product.parts } } ).toArray() ;
```

其中$in 操作符与 SQL 标准语法的用途一样，即要查询的数据在一个特定的取值范围内，这里指查询 product.parts 数组范围内的 ObjectID。

3. 一对非常多

我们用一个收集各种主机日志的例子来讨论一对非常多的问题。由于每个 MongoDB 的文档有 16MB 的大小限制，所以在一对非常多的情况下即使只存储 ObjectID 也是不够的。我们可以使用很经典的处理方法“父级引用”，即用一个文档存储主机，在每个日志文档中保存这个主机的 ObjectID。如下所示为一对非常多（one-to-squillions）的 MongoDB 数据建模示例。

```
> db.hosts.findOne()
{
    _id : ObjectID('AAAB'),
    name : 'www.example.com',
    ipaddr : '192.168.1.66'
}

>db.logmsg.findOne()
{
    time : ISODate("2021-09-28T09:42:41.382Z"),
    message : 'cpu is on fire!',
    host: ObjectID('AAAB')        // 主机文档的 ObjectID
}
```

这种情况下要查询某个主机的日志信息，使用如下所示的关联查询方法。首先以 IP 地址作为主机的唯一标识查询主机文档，然后通过主机文档的 ObjectID 查询日志集合，并按时间排序找出最近的 5000 条日志信息。

```
// 以 IP 地址作为主机的唯一标识查询对应的主机文档
> host = db.hosts.findOne({ipaddr : '192.168.1.66'});
// 通过主机文档的 ObjectID 查询日志集合，并按时间排序找出最近的 5000 条日志信息。
> logmsg = db.logmsg.find({host: host._id}).sort({time :
-1}).limit(5000).toArray()
```

以上是一对多关系建模的 3 种基础方案：内嵌、子引用和父引用。在选择方案时需要考虑的两个关键因素如下。

- 首先一对多中的“多”是否需要一个单独访问的存储实体。
- 其次一对多中的“多”的规模是一对很少、一对许多，还是一对非常多。

综合这两个关键因素，即可考虑选择内嵌、子引用和父引用这 3 种基础建模方案中的哪一种，具体评估选择的方法如下。

- 在一对很少且不需要单独访问内嵌内容的情况下，可以使用内嵌多的一端。
- 在一对许多且“许多”的一端内容因为各种理由需要单独存在的情况下，可以通过 ObjectID 数组的方式引用“许多”的一端的。

- 在一对非常多的情况下，请将“一”的那端 ObjectID 嵌入“非常多”的一端的文档中。

10.5.3 几种反范式设计方法

1. 双向关联的方法

以任务跟踪系统为例。有 person 和 tasks 两个集合，一对多的关系是从 person 端到 tasks 端。在需要获取 person 所有的 tasks 这个场景下，需要在 person 这个对象中保存所有 tasks 的 ObjectID 数组。

在某些场景中这个应用需要显示任务的列表（例如显示一个多人协作项目中所有的任务），为了能够快速地获取某个用户负责的项目，可以在 tasks 对象中嵌入 person 的 ObjectID。

这样 person 和 tasks 之间就形成了双向关联，如下所示为双向关联的示例文档。

```
db.person.findOne()
{
    _id: ObjectID("AAF1"),
    name: "孟宁",
    tasks [     // 负责的项目任务列表
        ObjectID("ADF9"),
        ObjectID("AE02"),
        ObjectID("AE73")
        // 更多
    ]
}

db.tasks.findOne()
{
    _id: ObjectID("ADF9"),
    description: "编写 Linux 操作系统分析教材",
    due_date:  ISODate("2021-12-30"),
    owner: ObjectID("AAF1")     // 项目任务负责人的文档 ObjectID
}
```

这个方案通过添加附加的引用关系形成双向关联，即在 tasks 文档对象中添加额外的“owner”引用可以很快地找到某个 tasks 的负责人。但是在这种情况下如果想将一个 tasks 分配给其他 person 就需要更新引用中的 person 和 tasks 这两个对象，熟悉关系数据库的读者会发现这样就没法保证更新操作的原子性。当然，这对任务跟踪系统来说问题不大，并且能够显著地减少关联查询时间，但是使用双向关联的方法必须考虑项目的用例是否能够容忍短暂地破坏数据的一致性。

2. 一对多的反范式设计

一对多的反范式设计以前述产品和零部件系统为例，可以在产品文档的零部件 parts 数组中冗余存储零部件的名称，产品文档模板更新如下所示。

```
{
    "_id": "5bf0029caff5056591b0ce75",
    name : '产品名称',
    manufacturer : '制造商名称',
    catalog_number: 1234,
    parts : [     // 零部件的ObjectID数组
        { id : ObjectID('AAAA'), name : '零部件名称' },
        { id : ObjectID('F17C'), name : '零部件名称' },
        { id : ObjectID('D2AA'), name : '零部件名称' },
        // 更多
    ]
}
```

在产品文档的零部件parts数组中冗余存储零部件的名称，这种反范式化的做法，意味着你不需要执行一个应用层级别的关联查询，就能够显示一个产品页面中的所有零部件名字，当然如果同时还需要其他零部件信息，那这个应用级别的关联查询就避免不了。

反范式化在节省查询代价的同时会带来更新的代价，也就是如果将零部件的名字冗余到产品的文档对象中，那么想更改某个零部件的名称，就必须同时更新所有包含这个零部件的产品对象。

在一个读频率比写频率高得多的系统里，反范式是有意义的。如果你经常需要高效地读取冗余的数据，但是几乎不去更新它们，那么付出更新上的代价还是值得的。更新的频率越高，这种设计方案带来的好处越少。

我们举一个例子来解释，比如零部件的名字变化的频率很低，但是零部件的库存数量变化得很频繁，那么你可以冗余零部件的名字到产品文档中，但是别冗余零部件的库存数量到产品文档中。

注意：一旦你冗余了一个字段，那么对于这个字段的更新将不再具有原子性。和上面双向关联的例子一样，如果你在零部件对象中更新了零部件的名字，那么更新产品对象中保存的名字字段前将会存在短时间的不一致。

我们举一个反例来解释，如果你冗余产品的名字到零部件表中，那么一旦更新产品的名字就必须更新所有和这个产品有关的零部件，这比起只更新一个产品对象来说代价明显更大。这种情况下，更应该慎重地考虑读写频率，而且零部件往往会用于多个不同的产品中。如下零部件文档模板所示，将产品名称反范式化到零部件文档中的做法显然是不合适的。

```
{
    _id : ObjectID('AAAA'),
    partno : '零部件编号',
    name : '零部件名称',
    product_name : '产品名称',
    product_catalog_number: 1234,
```

```
        qty: 94,
        cost: 0.94,
        price: 3.99
    }
```

3. 一对非常多的反范式设计

一对非常多的反范式设计还是以日志系统为例，这样一个一对非常多的场景中，可以使用父引用方式，同时将主机文档的部分数据冗余到日志文档中。如下为将 ipaddr 冗余到日志文档中的 logmsg 文档示例。

```
 > db.logmsg.findOne()
{
    time : ISODate("2021-09-28T09:42:41.382Z"),
    message : 'cpu is on fire!',
    ipaddr : '192.168.1.66',
    host: ObjectID('AAAB')       // 主机文档的 ObjectID
}
```

这样，如果想获取最近某个 IP 地址的日志信息就变得很简单，只需要以下一条语句而不是之前的两条就能完成。

```
logmsg = dB.logmsg.find({ipaddr : '192.168.1.66'}).sort({time :
-1}).limit(5000).toArray()
```

如果一端只有少量的信息存储，你甚至可以将其全部冗余存储到多端上，合并两个对象，主机文档全部冗余到日志文档中的 logmsg 文档示例如下所示。

```
    > db.logmsg.findOne()
{
        time : ISODate("2021-09-28T09:42:41.382Z"),
        message : 'cpu is on fire!',
        hostname : 'www.example.com',
        ipaddr : '192.168.1.66'
}
```

当然反过来也可以将多端冗余存储到一端。比如你想在主机文档中保存最近的 1000 条日志，可以使用 MongoDB 2.4 中加入的$eache/$slice 功能来保证 list 有序而且只保存 1000 条数据。日志对象保存在 logmsg 集合中，同时冗余 1000 个日志对象到 hosts 对象中。这样即使 hosts 对象中的数据超过 1000 条也不会导致日志对象丢失。

反范式设计需要慎重地考虑读和写的频率。比如冗余存储日志信息到主机文档对象中，只有在日志对象几乎不会发生更新的情况下才是个好的设计决策。

使用双向关联来优化你的数据库设计时，前提是你能接受无法原子更新的代价，即你的用例能够容忍短暂地破坏数据的一致性。

在双向关联的基础上，反范式设计可以在双向关联关系中进一步冗余存储数据到一端或者多端。在决定是否采用反范式设计时需要考虑下面的两个因素。

- 将无法对冗余的数据进行原子更新。
- 只有读数据和写数据的频率比读数据的频率高的情况下才应该考虑反范式设计。

10.5.4 MongoDB 数据建模总结

将关系数据用 MongoDB 进行数据建模时，我们将从以下几个方面逐一考虑设计决策。

- 优先考虑内嵌，除非有什么迫不得已的原因。
- 需要单独访问一个对象，那这个对象就不适合被内嵌到其他文档对象中。
- 数组不应该无限制增长。如果多端有数百个文档对象就不要去内嵌它们，可以采用引用 ObjectID 的方案；如果有数千个文档对象，就不要内嵌 ObjectID 的数组。应该采取哪些方案取决于数组的大小。
- 在进行反范式设计时请先确认读写比。一个几乎不更改，且读的频率比较高的字段才适合冗余到其他文档对象中。

在 MongoDB 中如何对关系数据建模，取决于应用程序如何去访问数据，即数据模型要去适应应用场景中数据的读写频率。这与传统的关系数据库建模的思路有很大不同。

关系数据建模追求 ACID，即原子性、一致性、隔离性、持久性，背后有存储资源昂贵的假设，因而在数据建模时有追求减小冗余、提高存储效率的潜在动机。

非关系数据库在数据建模时，往往重点在于平衡 CAP 3 个要素，即一致性（consistency）、可用性（availability）、分区容错性（partition tolerance）。其背后有云计算条件下存储资源廉价，以及移动互联网条件下应对高并发访问的需求，因而数据建模时可以考虑有限地牺牲数据一致性，并通过分布式存储条件下的冗余存储和分区容错性，来达成高可用性的关键设计目标。这是我们在需求分析阶段引入关系数据的 MongoDB 数据建模的原因。

10.6 软件业务概念的原型

现代传媒及心理学认为，概念是人对能代表某种事物或发展过程的特点及意义所形成的思维结论。概念的设想是创造性思维的一种体现，概念原型是一种虚拟的、理想化的软件产品形式。

需求分析和建模是由分析业务需求到生成业务概念原型的一系列有序的、可组织的、有目标的活动组成的过程。业务概念原型是在对业务需求理解和抽象建模的基础上，形成的一个完整的、统一的有机整体，只是这个有机整体是概念上的，只存在于我们想象之中，是预期的业务产品形态。

这么讲还是比较抽象，以前面所做的用例建模、业务领域建模以及业务数据模型的分析和设计为基础，我们接下来做一个类比。

“程序 = 算法 + 数据结构”，这个说法深入人心。当我们确定了数据结构，并给出了对数据进行处理的逻辑算法，这时候我们可能并没有开始写代码，但是程序已经在概念上存在了，那么这个概念上的程序我们就称之为“概念原型程序”。同理，我们可以说，“业务概念原型 = 用例 + 数据模型”。图 10-15 所示为业务概念原型与程序的类比示意图。

图 10-15 业务概念原型与程序的类比示意图

将业务概念原型总结为用例和数据模型的有机结合，有利于我们更清晰地看到需求分析和建模的目标，并进一步明确需求分析的产出结果需要有内在的逻辑性、完整性和一致性。

本章练习

一、填空题与选择题

1. 需求分析的两类基本方法是（　　　　）和（　　　　）。
2. 需求分析最终结果是产生（　　）。
   A. 项目开发计划　　B. 需求规格
   C. 设计　　D. 可行性分析报告
3. 在软件需求分析阶段建立原型的主要目的是（　　）。
   A. 确定系统的功能和性能要求　　B. 确定系统的性能要求
   C. 确定系统是否满足用户要求　　D. 确定系统是否为开发人员需要
4. 面向对象分析过程中，从给定需求描述中选择（　　）来识别对象。
   A. 动词短语　　B. 名词短语
   C. 形容词　　D. 副词
5. 小汽车类与红旗轿车类的关系是（　　）。
   A. 泛化关系　　B. 聚合关系
   C. 关联关系　　D. 实现关系
6. 车与车轮之间的关系是（　　）。
   A. 组合关系　　B. 聚合关系
   C. 继承关系　　D. 关联关系
7. 当类中的属性或方法被设计为 private 时，（　　）可以对其进行访问。
   A. 应用程序中所有方法　　B. 只有此类中定义的方法
   C. 只有此类中定义的 public 方法　　D. 同一个包中的类中定义的方法
8. 采用继承机制创建子类时，子类中（　　）。
   A. 只能有父类中的属性　　B. 只能有父类中的行为

C. 只能新增行为　　D. 可以有新的属性和行为

9. 面向对象分析设计方法的基本思想之一是（　　）。

A. 基于过程或函数来构造一个模块

B. 基于事件及对事件的响应来构造一个模块

C. 基于问题领域的成分来构造一个模块

D. 基于数据结构来构造一个模块

10. 界面原型化方法是用户和软件开发人员之间进行的一种交互过程，适用于（　　）系统。

A. 需求不确定的　　B. 需求确定的

C. 管理信息　　D. 决策支持

二、简述题

1. 用例可以划分为3个抽象层级，简述用例的3个抽象层级并举例说明其各自的内涵。

2. 验证业务领域相关的动名词或动名词短语是不是用例的标准应满足4个必要条件，请简述这4个必要条件。若以此为标准，对于图书馆系统来说，“用户登录图书馆系统”这一需求描述中是否包含用例，为什么？

3. 简述业务领域建模从需求中找出类/对象、属性和关系的基本方法。

4. 根据以下需求描述回答问题。

用户能够浏览商品并可以选取商品加入购物车，对于购物车中的商品用户可以下单结算。用户可以根据时间顺序查看订单信息。

（1）请从以上需求描述中提取抽象用例，并通过UML类图的形式描述。

（2）对以上需求描述中的业务进行建模，重点分析其中需要存储的对象及属性数据，以及对象之间的关系，请通过UML类图的形式描述。

三、实验

选择一个应用程序，将其关系数据模型使用MongoDB设计实现，并通过增、删、改、查数据库模拟用例的实现方法。

第 11 章
从需求分析向软件设计的过渡

11.1 敏捷统一过程

11.1.1 瀑布模型

在继续进行从需求分析到软件设计的后续部分之前，我们有必要从整体上探讨一下我们所遵循的软件过程，即敏捷统一过程（Agile Unified Process，AUP）。为了理解敏捷统一过程，我们先从如图 11-1 所示的瀑布模型（waterfall model）说起。

瀑布模型是最基本的软件过程模型，它把整个软件过程按时间顺序划分成了需求（requirements）、设计（design）、编码（code）、测试（test）和部署（deploy）5 个阶段。

瀑布模型的根本特点是按时间顺序划分阶段，至于是像我们这样划分成 5 个阶段，还是划分成 3 个阶段或 8 个阶段，并不是关键。这一点需要读者注意，以免在阅读其他资料时产生疑惑。

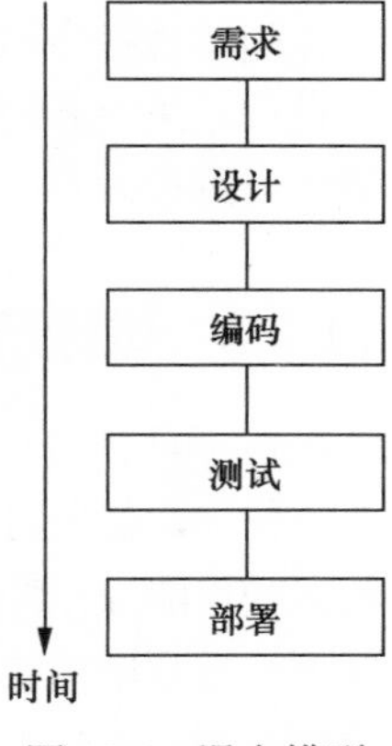

图 11-1　瀑布模型

11.1.2 统一过程

统一过程（Unified Process，UP）的核心要义是用例驱动（use case driven）、以架构为中心（architecture centric）、增量且迭代（incremental and iterative）的过程。统一过程的 3 个核心要义分别解释如下。

- 用例驱动就是我们前文中以用例建模得到的用例作为驱动软件开发的目标。
- 以架构为中心是后续软件设计的结果，就是保持软件架构相对稳定，减小软件架构层面的重构造成的混乱。
- 增量且迭代，即增量开发（incremental development）和迭代开发（iterative development），其示意图如图 11-2 所示。

结合瀑布模型我们可以将统一过程模型简单理解为如图 11-3 所示的过程。

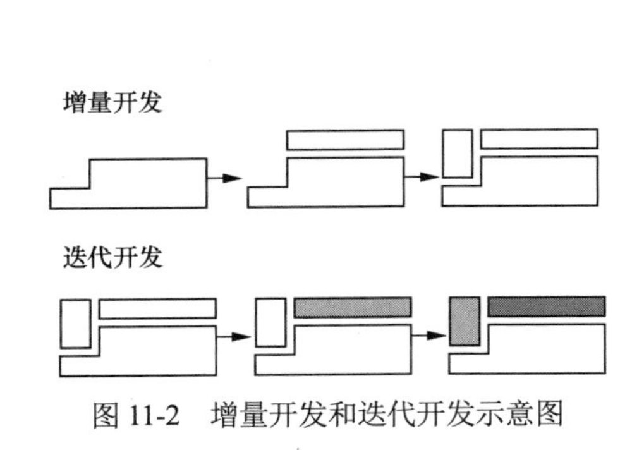

图 11-2　增量开发和迭代开发示意图

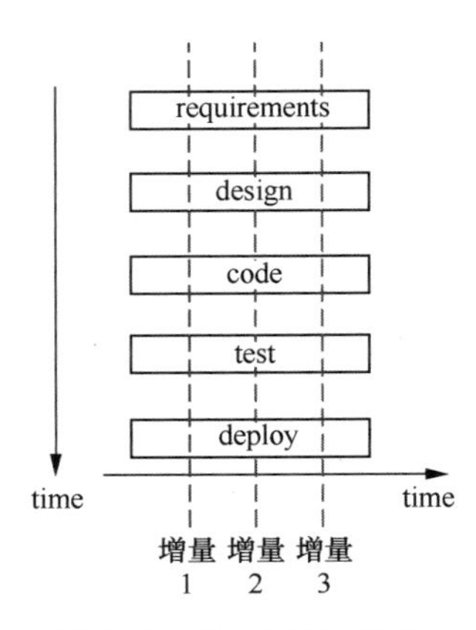

图 11-3　统一过程示意图

可以将统一过程理解为在瀑布模型的基础上，增加针对多个增量（increment）的多次迭代过程。此外，统一过程比瀑布模型在需求分析和架构设计上有进一步的扩展，强调以用例作为驱动软件开发的动力，强调以软件架构为中心进行开发。

随着敏捷方法的兴起，统一过程还进一步结合了敏捷方法的一些有益做法，形成了敏捷统一过程，进一步将软件过程中每一次迭代过程划分为计划阶段和增量阶段。接下来重点分析敏捷统一过程。

11.1.3　敏捷统一过程的计划阶段

在项目正式开工之前，敏捷统一过程要求进行精心周密的构思完成计划阶段。计划阶段要做的工作为，首先明确项目的动机、业务上的实际需求，以及对项目动机和业务需求可供替代选择的多种可能性；然后充分调研获取需求并明确定义需求，进行项目的可行性分析，如果项目可行，接下来进行用例建模并给出用例图，同时明确需求和用例之间的跟踪关系；最后形成项目的概念模型并划分成几个开发阶段，以及项目可能的日程安排、需要的资源和大致的预算范围。

我们可以将以上工作按敏捷统一过程的要求简化为 4 个关键步骤。

（1）确定需求。

（2）通过用例的方式来满足这些需求。

（3）分配这些用例到各增量阶段。

（4）具体完成各增量阶段所计划的任务。

显然，（1）到（3）主要是计划阶段的工作，（4）是接下来要进一步详述的增量阶段的工作。

11.1.4　敏捷统一过程的增量阶段

在每一次增量阶段的迭代过程中，都要进行从需求分析到软件设计及实现的过程，具体来说，敏捷统一过程将增量阶段分为 5 个步骤。

（1）用例建模（use case modeling）。

（2）业务领域建模（domain modeling）。

（3）对象交互建模（object interaction modeling）。

（4）形成设计类图（design class diagram）。

（5）软件的编码实现和软件应用部署。

整个敏捷统一过程中每一次迭代过程的增量阶段的工作流程，我们可以总结成如图 11-4 所示的示意图。

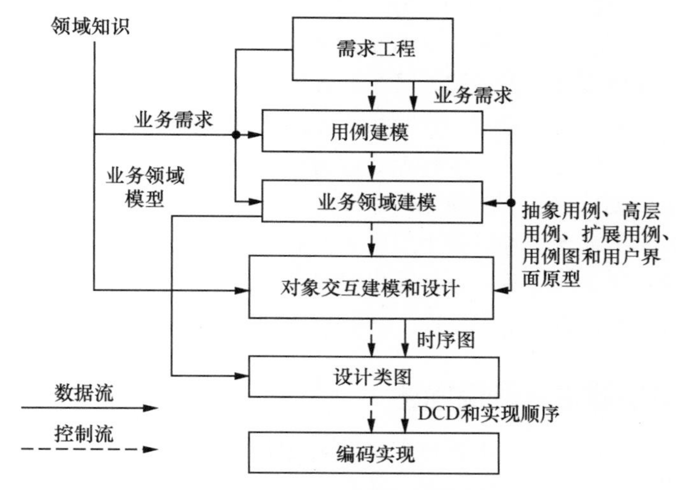

图 11-4　敏捷统一过程流程示意图

每一次迭代过程都需要根据当前增量有针对性地进一步进行需求分析和建模，因此如图 11-4 所示的示意图，也涵盖了前述的需求工程（requirements engineering）、用例建模和业务领域建模等，而从需求分析到软件设计的过程中，还需要经过对象交互建模形成时序图（sequence diagram），然后进一步形成设计类图，最终成为一个软件设计方案。

11.2　对象交互建模

11.2.1　对象交互建模的基本步骤

在抽象用例（abstract use case）和高层用例（high level use case）的基础上，为了完成扩展用例（expanded use case）业务过程中的关键步骤（nontrivial step），我们对其进行对象交互建模，进一步具体说明对象之间是如何交互的。

对象交互建模和扩展用例具有直接的衔接关系。扩展用例是描述参与者和用例之间一步一步的互动过程，而对象交互建模进一步深入到用例内部的关键步骤，通过描述用例内不同对象之间一步一步的互动过程来清晰地描述业务过程中的关键步骤是如何具体实现的。

扩展用例需要借助于两列的表格来描述，如图 10-1 所示。对象交互建模需要借助于剧情描述（scenario）和剧情描述表（scenario table）。

剧情描述是一种不是特别严格的、非形式化的文字描述方式，用来一步一步地描述对象交互的过程；剧情描述表是通过 5 列的表格以更严格一些的形式进一步将对象交互过程组织起来，这样有利于将对象交互的过程转换成时序图。

具体来说对象交互建模就是在扩展用例的基础上完成以下步骤。

（1）在扩展用例两列表格中右侧一列找出关键步骤。关键步骤是那些需要在背后进行业务过程处理的步骤，而不是仅在表现层（presentation layer）与参与者进行用户接口层面交互的琐碎步骤。

（2）对于每一个关键步骤，以关键步骤在扩展用例两列表格中的左侧作为开始，完成剧情描述，描述一步一步的对象交互过程，直到执行完该关键步骤。

（3）如果需要，将剧情描述进一步转换成剧情描述表。

（4）将剧情描述或剧情描述表转换成时序图。

对象交互建模的 4 个基本步骤以某个用例的扩展用例为输入，中间借助业务领域知识及业务领域建模中的相关对象、属性等，最终产出时序图。

接下来我们围绕图书馆系统中“借书”用例来具体看看从需求分析到软件设计的整个过程。

11.2.2 找出关键步骤进行剧情描述

先来看看如何从两列的扩展用例表格中找出关键步骤。图 11-5 所示为从扩展用例表格的右侧一列中找出关键步骤。

UCI:Checkout Document

Actor:Patron	System:LIS
	0）System displays the main GUI.
1）TUCBW patron clicks the “Checkout Document” button on the main GUI.	2）The system displays the Checkout GUI.
3）The patron enters the call numbers of documents to be checked out and clicks the “Submit” button.	4）The system displays a checkout message showing the details.
5）TUCEW the patron sees the checkout message.	

nontrivial step

图 11-5 从扩展用例表的右侧一列中找出关键步骤（nontrivial step）

每一句剧情描述的语句都是“主-谓-宾”结构，外加谓语动词可能需要的其他对象。主语是主体（subject），谓语动词是主体的行为（action of the subject），宾语是主体行为的作用对象（object acted upon），外加主体行为可能还需要的其他对象或数据（other object/data）。

图 11-5 所示的扩展用例中，4）是关键步骤，进一步的剧情描述示例如图 11-6 所示。

4) Checkout GUI checks out the documents with the checkout controller using the document call numbers.
4.1) Checkout controller creates a blank msg.
4.2) For each document call number,
4.2.1) The checkout controller gets the document from the database manager(DBMgr)using the document call number.
4.2.2) DBMgr returns the document d to the checkout controller.
4.2.3) If the document exists(i.e.,d!=null)
4.2.3.1) the checkout controller checks if the document is available(for check out).
4.2.3.2) If the document is available for check out,
4.2.3.2.1) the checkout controller creates a Loan object using patron p and document d,
4.2.3.2.2) the checkout controller sets document d to not available,
4.2.3.2.3) the checkout controller saves the Loan object with DBMgr,
4.2.3.2.4) the checkout controller saves document d with the DBMgr,
4.2.3.2.5) the checkout controller writes“checkout successful” to msg.
4.2.3.3) else,
4.2.3.3.1) the checkout controller writes“document not available”to msg.
4.2.4) else
4.2.4.1) the checkout controller writes“document not found”to msg.
4.3) The checkout controller returns msg to the Checkout GUI.
4.4) The system(Checkout GUI)displays msg to patron.

图 11-6 剧情描述示例

我们将如图 11-6 所示的剧情描述示例简要翻译如下。

4）借阅界面（checkout GUI）通过一组书的编号（document call numbers）向借阅控制器（checkout controller）借书。

4.1）借阅控制器创建一个空消息 msg。

4.2）对每一个书的编号。

4.2.1）借阅控制器通过一个书的编号向数据库管理系统（DBMgr）查寻书的详细信息（document）。

4.2.2）返回查询结果，就是书的详细信息，即 d 对象，给借阅控制器。

4.2.3）如果查到了书的详细信息，即 d 对象存在（d != null）

4.2.3.1）借阅控制器检查该书是否在馆可借（for check out）。

4.2.3.2）如果该书在馆可借：

4.2.3.2.1）借阅控制器通过读者对象 p 和书的对象 d 创建一个借阅记录对象 Loan。

4.2.3.2.2）借阅控制器设置书的对象 d 为不可借状态。

4.2.3.2.3）借阅控制器将借阅记录对象 Loan 保存到数据库管理系统。

4.2.3.2.4）借阅控制器将书的对象 d 保存到数据库管理系统。

4.2.3.2.5）借阅控制器将借阅成功的消息（checkout successful）写入消息 msg。

4.2.3.3）否则

4.2.3.3.1）借阅控制器将该书不可借状态的消息（document not available）写入消息 msg。

4.2.4）否则

4.2.4.1）借阅控制器将该书不存在的消息（document not found）写入消息 msg。

4.3）借阅控制器返回消息 msg 给借阅界面。

4.4）借阅界面显示消息 msg 给读者。

11.2.3 将剧情描述转换成剧情描述表

将剧情描述转换成 5 列表格方式的剧情描述表有助于将剧情描述转换成时序图。因此我们接下来看看如何将如图 11-6 所示的剧情描述转换成如图 11-7 所示的剧情描述表示例。

	Subject	Action of Subject	Other Data/Objects	Object Acted Upon
4)	Checkout GUI	checks out	call numbers	checkout controller
4.1)	checkout controller	creates		msg
4.2)	For each document call number			
4.2.1)	checkout controller	gets document	call number	DBMgr
4.2.2)	DBMgr	returns	document d	checkout controller
4.2.3)	If document exists(d!=null)			
4.2.3.1)	checkout controller	checks is available		document
4.2.3.2)	If document is available			
4.2.3.2.1)	checkout controller	creates	patron, document	Loan object
4.2.3.2.2)	checkout controller	set available to	false	document
4.2.3.2.3)	checkout controller	saves	loan	DBMgr
4.2.3.2.4)	checkout controller	saves	document	DBMgr
4.2.3.2.5)	checkout controller	appends	"checkout successful"	msg
4.2.3.3)	else			
4.2.3.3.1)	checkout controller	appends	"document not available"	msg
4.2.4)	else			
4.2.4.1)	checkout controller	appends	"document not found"	msg
4.3)	checkout controller	returns	msg	Checkont GUI
4.4)	Checkout GUI	displays	msg	Patron

图 11-7 剧情描述表示例

5 列表格方式的剧情描述表由编号、主语、谓语动词、谓语动词所需的其他对象，以及谓语动词作用的对象宾语组成。图 11-7 所示 5 列表格方式的剧情描述表即由如图 11-5 所示扩展用例中 4）的剧情描述转换而来。

图 11-7 所示的剧情描述表显然比如图 11-6 所示的剧情描述更加规范，便于转换成时序图。通过如图 11-6 和图 11-7 所示示例，我们简要总结组织编排剧情的几个要点。

- KISS 原则，保持剧情足够简洁，将细节问题留给编码阶段。
- 优先描述正常剧情，假定所有事情都按预期进行，将异常处理留给编码阶段。
- 如果需要，描述正常剧情的多个不同可选流程，以增强编码阶段的灵活性。
- 有时需要为正常剧情构建一个原型来验证设计的流程是否可行。

11.2.4 将剧情描述表转换成时序图

有了剧情描述表就比较方便将其转换成时序图，时序图用于描述按时间顺序排列的对象之间的交互模式，主要包括参与者实例、对象实例及生命线，以及相互发送的消息。

我们可以将剧情描述表划分成 4 种不同的情形来分别转换成时序图。

（1）情形一：主体（subject）是一个参与者（actor），其时序图如图 11-8 所示。

图 11-8 所示说明了主体是一个参与者的时序图画法，即参与者触发一个作用对象（object acted upon）的行为（action）。带箭头的虚线表示参与者触发动作及传递的数据（other ojects/data），纵向的细长矩形框表示行为的执行过程（action performing），纵向的虚线表示对象实例的生命线。

:object acted upon
actor
action+other objects/data
object acted upon

图 11-8　主体是一个参与者的时序图

举个例子，将“读者在读卡器上刷卡”的 5 列剧情描述表转换成时序图的方法如图 11-9 所示。

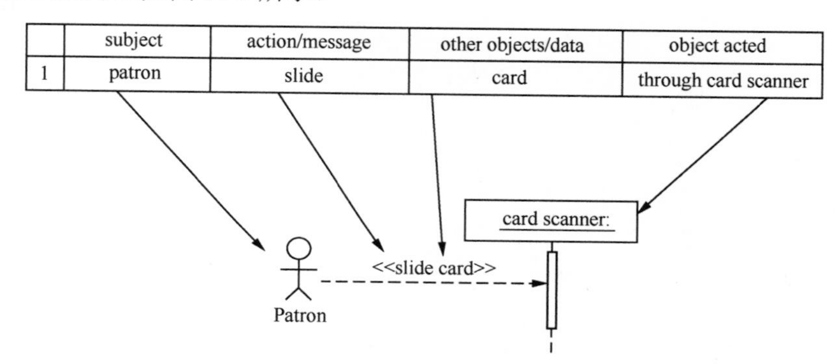

	subject	action/message	other objects/data	object acted
1	patron	slide	card	through card scanner

图 11-9　将 5 列剧情描述表转换成时序图的方法 1

（2）情形二：主体是一个对象（object），其时序图如图 11-10 所示。

图 11-10 所示的主体是一个对象的时序图中，带箭头的实线表示对象实例触发动作及传递的数据，对象实例触发动作往往意味着实际的函数调用。图 11-10 所示的纵向的细长矩形框表示行为的执行过程。

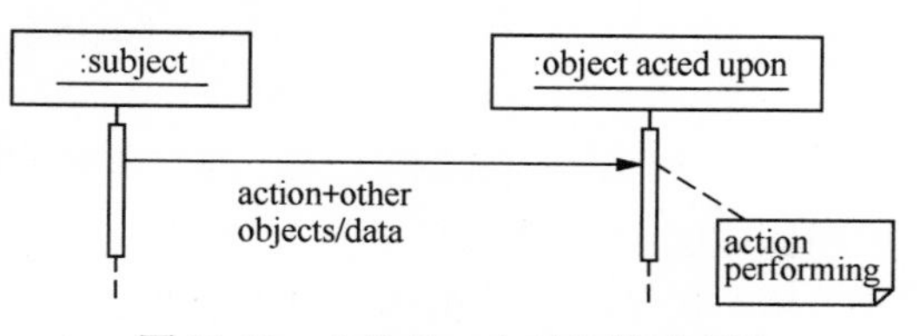

图 11-10　主体是一个对象的时序图

举个例子，图 11-11 所示的剧情描述表中编号为 3 的一行，为“刷卡器发送顾客识别码 pid 给设备控制器”。将这一剧情描述表转换成时序图的方法如图 11-11 所示。

	subject	action/message	other objects/data	object acted
1	patron	slide	card	through card scanner
2	card scanner	read	patron id（pid）	from card
3	card scanner	send	pid	to device control

cards canner:
device control:
send pid

图 11-11　将 5 列剧情描述表转换成时序图的方法 2

（3）情形三：主体需要接收返回值的情形，其时序图如图 11-12 所示。

情形三与情形二相比多了一个带箭头的虚线，表示触发动作之后需要接收返回值。

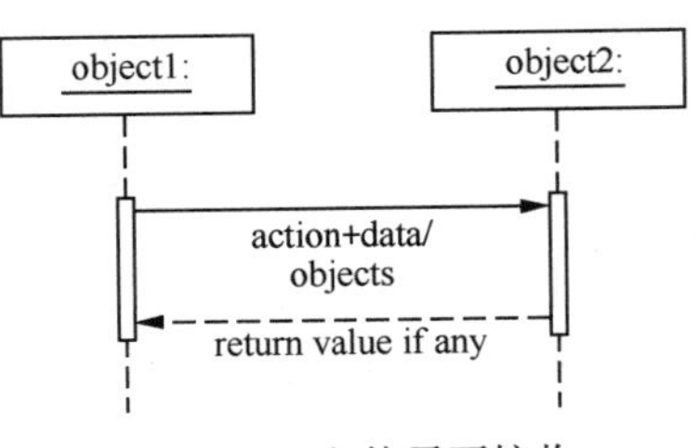

图 11-12 主体需要接收返回值情形的时序图

举个例子，图 11-13 为将“借阅控制模块通过书号从数据库管理系统中得到图书信息”的剧情描述表转换成时序图的方法。

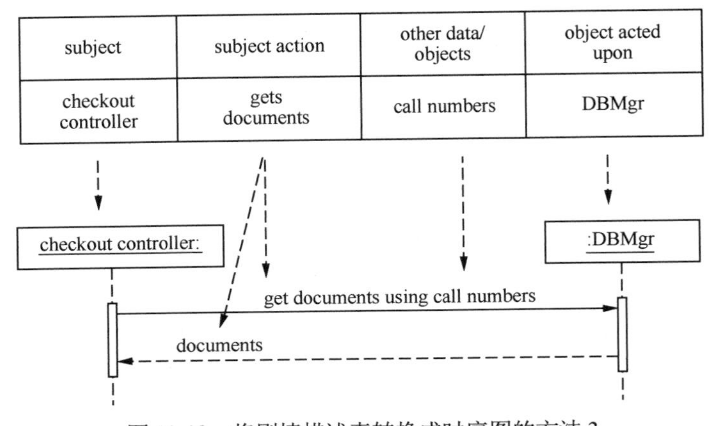

图 11-13 将剧情描述表转换成时序图的方法 3

（4）情形四：主体和主体行为的作用对象是同一个对象的情形，即一个对象调用自身，其时序图如图 11-14 所示。

举个例子，将“根据运输的货物计算货物的运费”的剧情描述表转换成时序图的方法如图 11-15 所示。

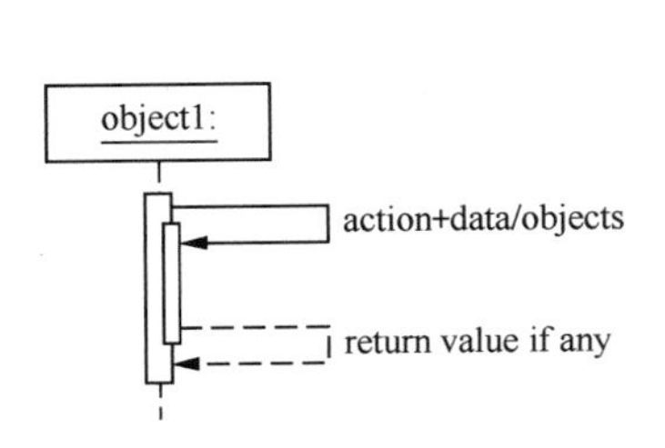

图 11-14 主体和主体行为的作用对象是同一个对象的时序图

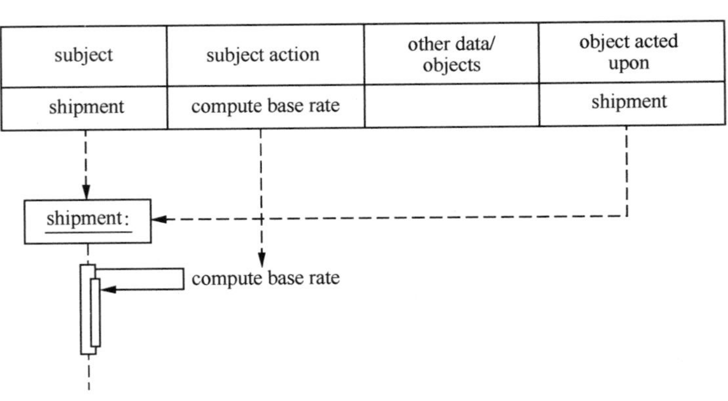

图 11-15 将剧情描述表转换成时序图的方法 4

11.2.5 从分析时序图到设计时序图

首先我们需要理解分析和设计的区别，分析和设计的区别可以大致总结成如下内容。

- 目的不同。分析是为了搞清楚业务层面的问题，而设计是为了找出软件解决方案。
- 建模的对象不同。分析是对应用业务领域建模，而设计是对待开发的软件系统建模。
- 一个是描述（describes），一个是说明（prescribes）。分析是对应用业务实际情况的描述，业务实际情况是客观存在的；设计是对待开发的软件解决方案如何实现应用业务的说明，待开发软件实际上还不存在。
- 决策的依据不同。分析是基于业务问题做项目层级的决策，设计是基于待开发的软件做系统解决方案层级的决策。简单来说，项目决策决定干什么，系统解决方案决策决定怎么干。
- 分析时应该允许多种不同的可选设计方案存在，而设计时通常会减少实现上的可选择性，仅留下其中一个设计选择。

为了更直观地说明，我们举个例子来看看分析和设计的区别，以及如何从分析阶段过渡到设计阶段。

我们以软件工程课程上最常用的案例“图书馆管理系统”为例。据说在软件工程相关课程的课程设计中每年会诞生 10 万个图书馆管理系统，我想关键原因是图书馆的业务同学们比较熟悉，容易理解。

我们先来看一个人工管理的图书馆是如何对读者进行身份识别的。信息时代的“原住民”可能并不熟悉人工管理的图书馆的运作方式，不过为了对“10 万个图书馆管理系统”表示敬意，我们重温一下先辈的管理智慧。

人工管理的图书馆对读者进行身份识别分成 3 步。

（1）读者出示借书证（ID card）给图书管理员。用分析时序图描述大致如图 11-16 所示。

（2）图书管理员从读者资料库（patron’s folder）中找出该读者的资料。用分析时序图描述大致如图 11-17 所示。

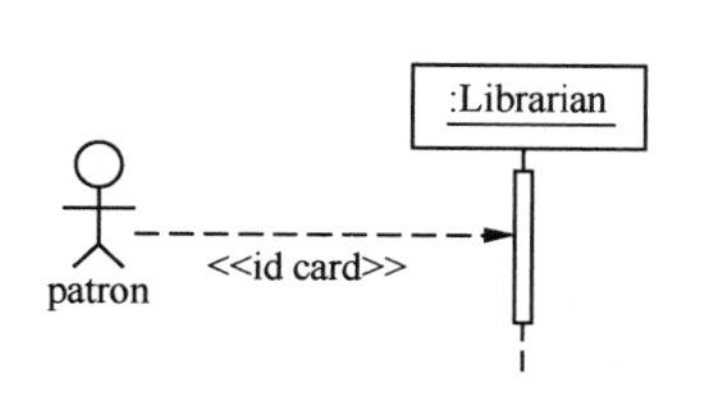

图 11-16 读者出示借书证给图书管理员

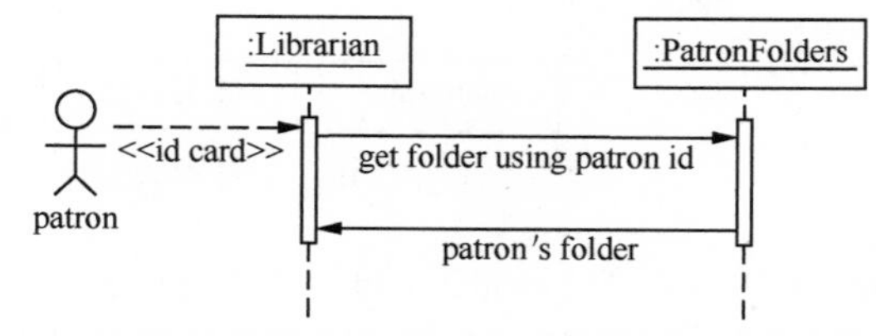

图 11-17 图书管理员从读者资料库中找出该读者的资料

（3）图书管理员人工核对借书证和资料库中找出的该读者的资料是否相符，比如是不是本人使用借书证等。

以上是对人工管理的图书馆的实际运作情况进行建模的分析时序图，要把它变成设计时序图就需要引入一些软件解决方案中对应的实体对象。

软件管理的图书馆管理系统对读者进行身份识别的步骤如下。

（1）读者通过登录界面提交用户名和密码。用设计时序图说明这一步骤如图 11-18 所示。

（2）登录界面调用登录控制模块进行登录验证。用设计时序图说明这一步骤如图 11-19 所示。

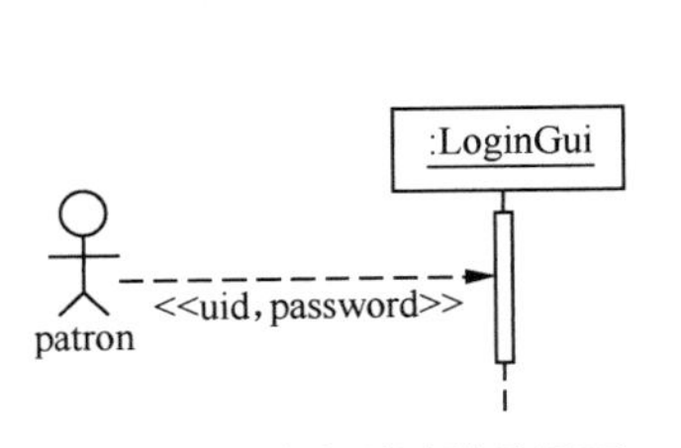

图 11-18 读者通过登录界面提交用户名和密码

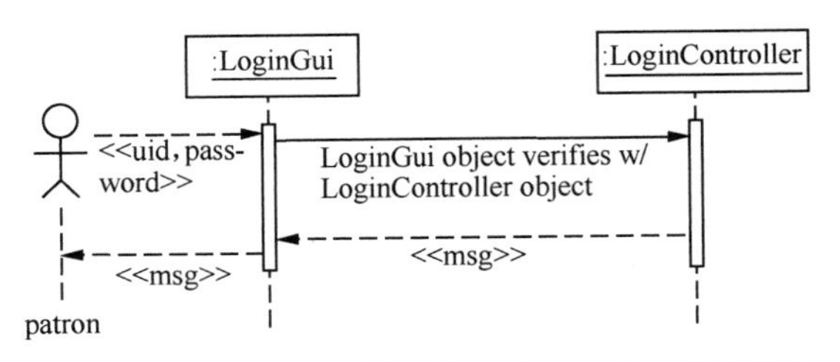

图 11-19 登录界面调用登录控制模块进行登录验证

这样我们还只是得到了和分析时序图大致对应的、不是非常严谨的设计时序图，还可以更进一步将文字描述转换为通过函数、参数、返回值和类型等软件代码方式描述的设计时序图。从设计时序图向软件代码设计阶段转换示意图如图 11-20 所示。

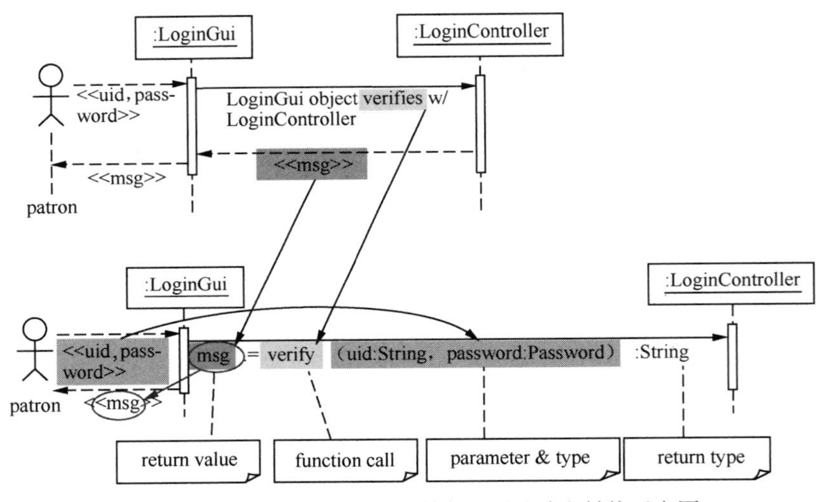

图 11-20 从设计时序图向软件代码设计阶段转换示意图

图 11-20 所示的 LoginGui 通过传递用户名和密码给 LoginController 触发用户身份验证的行为，转换为软件代码设计阶段的时序图，即通过调用函数 verify、传递参数 uid 和 password 接收返回值 msg 来实现。

这样在软件代码设计阶段利用最终得到的设计时序图，便于理解和实现编码，如图 11-21 所示，大致分成 3 步。

（1）读者提交 uid 和 password 到 LoginGui 对象。

（2）LoginGui 对象调用 LoginController 对象的 verify 函数，verify 函数返回 String 类型的信息。

（3）LoginGui 对象显示消息给读者。

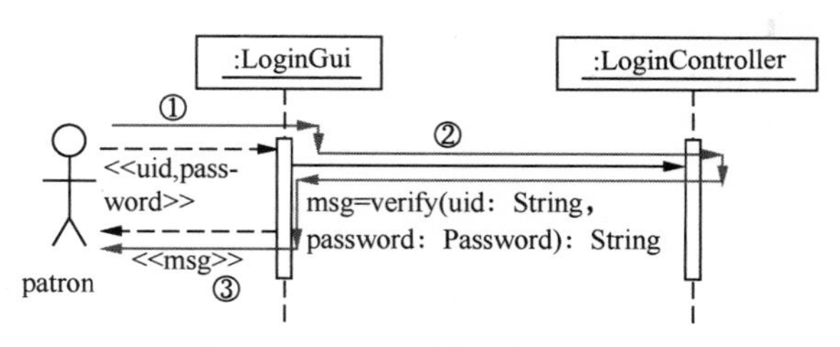

图 11-21 设计时序图的执行流程

11.2.6 完整的“借书”用例对象交互建模

在理解了分析和设计的区别，以及从分析时序图到设计时序图的基本操作过程之后，我们以“借书”用例为例来看看人工管理的图书馆对应的分析时序图和软件管理的图书馆管理系统对应的设计时序图。人工管理的图书馆借书过程的分析时序图如图 11-22 所示。

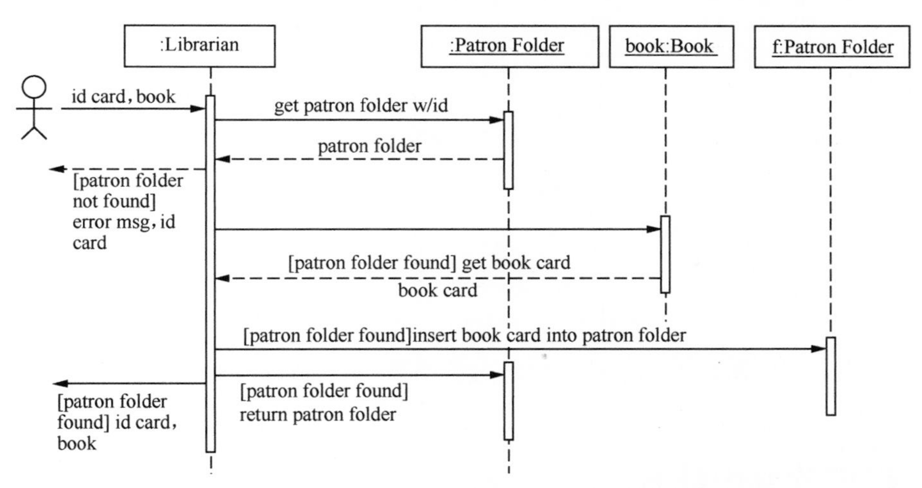

图 11-22 人工管理的图书馆借书过程的分析时序图

利用 11.2.5 小节从分析时序图到设计时序图的基本操作过程，可以将图 11-22 所示的人工管理的图书馆借书过程的分析时序图转换为图 11-23 所示的设计时序图。

图 11-23 所示的是用软件代码的语言来描述的，所以非常方便编码实现，这里将如图 11-23 所示对应的关键伪代码举例如下。

```
public class CheckoutGUI {
    DBMgr dbm = new DBMgr ();
    public void process(String[] cnList) {
```

```
    for(int i=0; i<cnList.length; i++) {
        Document d = dbm.getDocument(cnList[i]);
        if (D.isAvailable()) {
            Loan l = new Loan(u, d);
            dbm.saveLoan(l);
            D.setAvailable(false);
            dbm.saveDocument(d);
        }
    }
...
```

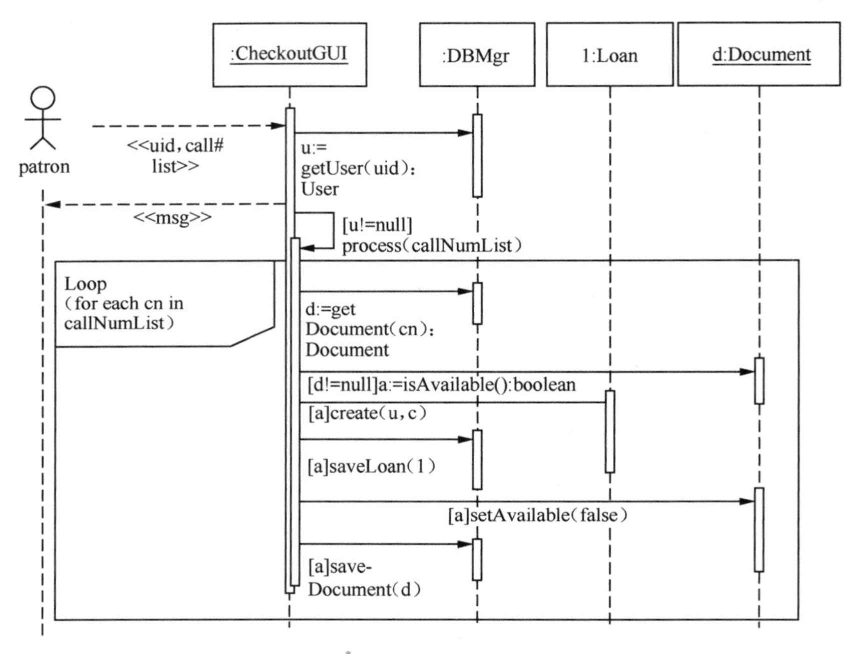

图 11-23　软件管理的图书馆管理系统对应的设计时序图

11.3　形成软件设计方案

11.3.1　设计类图和分析类图

在敏捷统一过程中设计类图是软件设计方案的集中概括，与需求分析阶段进行的业务领域建模得到的分析类图有所不同。分析类图是业务场景的集中概括，是描述性的（它是什么样）；而设计类图是待开发软件的设计方案的集中概括，是说明性的（它应该是什么样）。

设计类图是一种静态结构图形，用来说明软件的内在结构设计。它包括类、属性和方法，以及类与类之间的关系。设计类图中往往可以引入一些具有良好设计特性的设计模式（design pattern）。

设计类图一般作为编码实现、测试和维护的基础模型，因为在编码阶段它给代码提供了逻辑框架，在测试阶段它为测试用例的设计提供了目标场景，在维护阶段它为理解已有的代码提供了概览性的视角。

设计类图中的类大部分来自设计时序图，少部分类来自业务领域模型分析类图。实际设计类图就是从时序图和分析类图中按照一定的方法得到的。因为分析类图中往往可以提供一些有用的业务属性和类间关系，而时序图决定了类和方法，以及一些依赖关系。

设计类图包含在设计时序图中引入的设计类，比如控制模块、GUI 类等，而业务领域模型分析类图中仅包含业务领域中的对象和类。同时设计类图更接近软件代码，因而更为精确、具体；而分析类图更接近现实业务场景，因而更多地用文字和概念来抽象地描述。

11.3.2 形成设计类图的基本步骤

在理解了设计类图与分析类图的主要区别，以及清楚地知道设计类图内部元素主要来源于设计时序图和分析类图的情况下，我们接下来就要进一步弄清楚形成设计类图的基本步骤，从而为形成软件设计方案打下基础。

我们继续以 11.2.6 小节中使用的“借书”用例为例，来梳理形成设计类图的基本步骤，大致步骤如下。

（1）从每一个设计时序图中识别出所有的类，并把它们放入设计类图。

从设计时序图中识别出所有的类，主要识别出发送或接收消息的对象所属的类，以及作为传递的参数或返回值的类型所属的类，如图 11-24 所示。

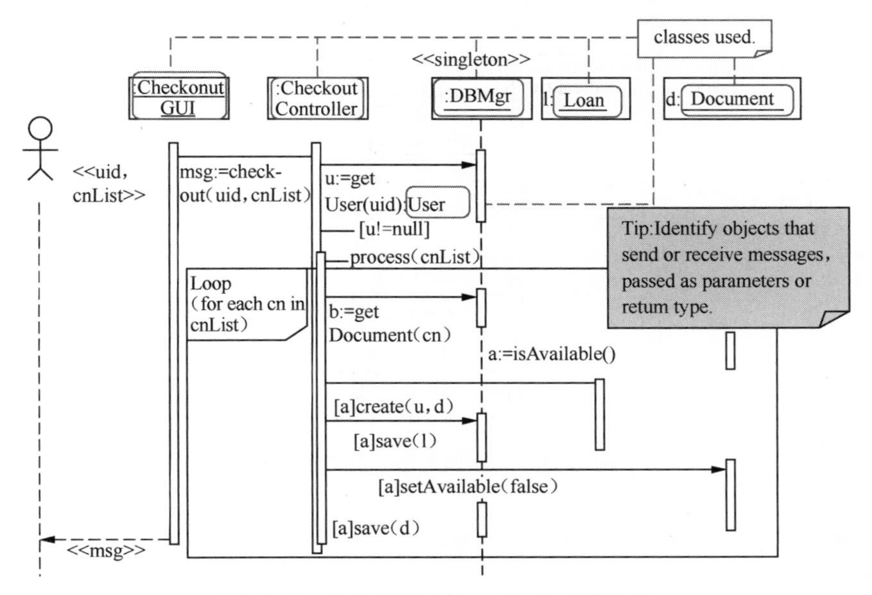

图 11-24 从设计时序图中识别出所有的类

从设计时序图中识别类 CheckoutGUI、CheckoutController、DBMgr、Loan、Document、User，开始准备画出设计类图的基本草稿，如图 11-25 所示。

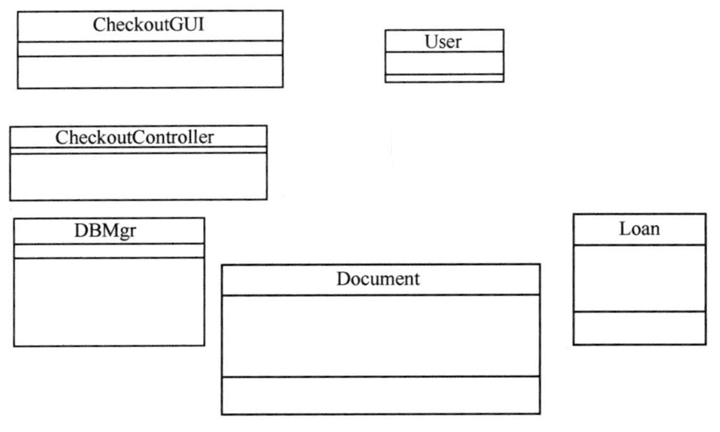

图 11-25　设计类图的基本草稿 1

（2）识别属于每一个类的方法，并把它们填入设计类图。

方法的识别主要是通过寻找对象被触发的行为实现的，时序图中一般会提供详细的行为信息，包括参数及其类型和返回值类型。图 11-26 所示的 CheckoutController 对象被触发了 checkout 和 process 两个行为消息，Document 对象被触发了 isAvailable 和 setAvailable 两个行为消息。

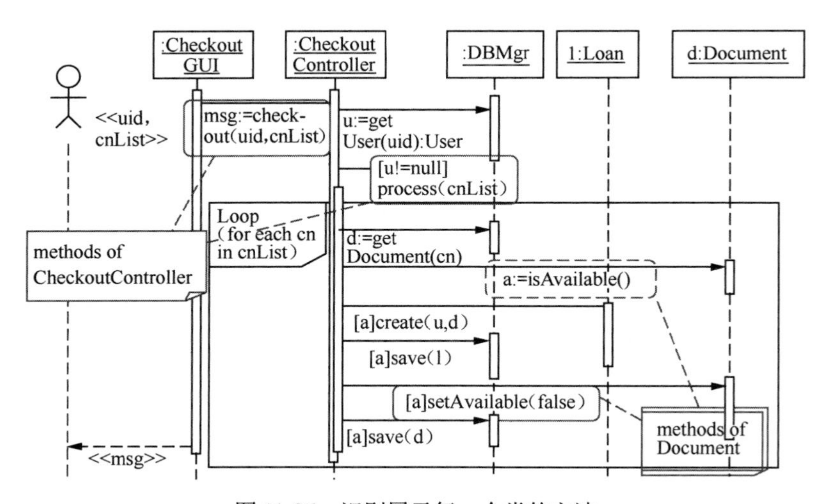

图 11-26　识别属于每一个类的方法

以此类推，从设计时序图中识别方法填充到设计类图中，得到如图 11-27 所示的设计类图的基本草稿。

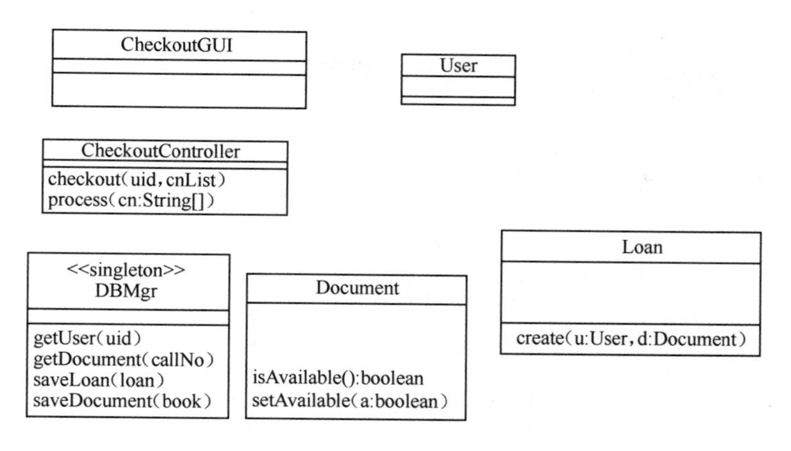

图 11-27 设计类图的基本草稿 2

（3）从设计时序图和业务领域模型分析类图中识别属性，并把它们填入设计类图。

属性不是对象，往往仅用基本数据类型就可以描述，比如 uid 是 User 的属性；属性可以被用来筛选对象，比如 cn 可以用来筛选 Document 对象；属性可以借助于 getX()和 setX(value)方法识别，比如 isAvailable 和 setAvailable(false)可以说明 Document 对象存在一个是否可借的状态属性。图 11-28 所示为从设计时序图中识别属性。

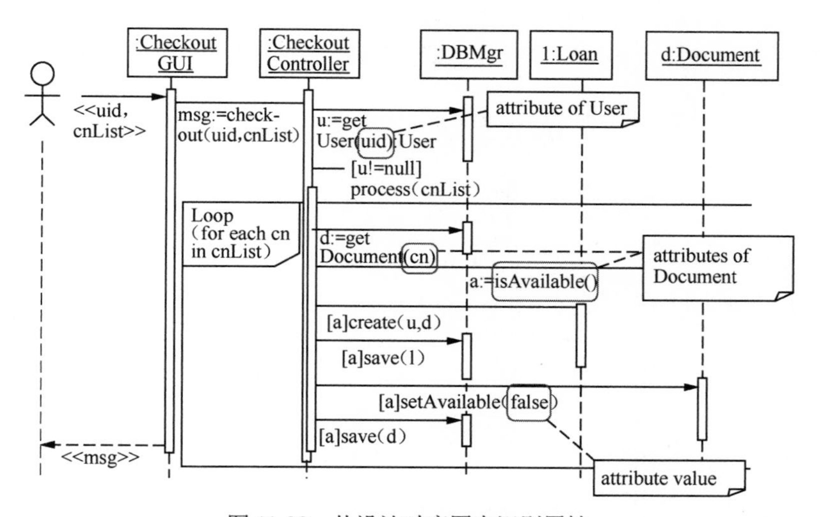

图 11-28 从设计时序图中识别属性

将从设计时序图中识别的属性填入设计类图。从业务领域模型中也能直接找到一些属性，比如关联类 Loan 存在一个借阅时限的 dueDate 属性。

从设计时序图和业务领域模型分析类图中识别属性，并把它们填入设计类图的基本草稿，如图 11-29 所示。

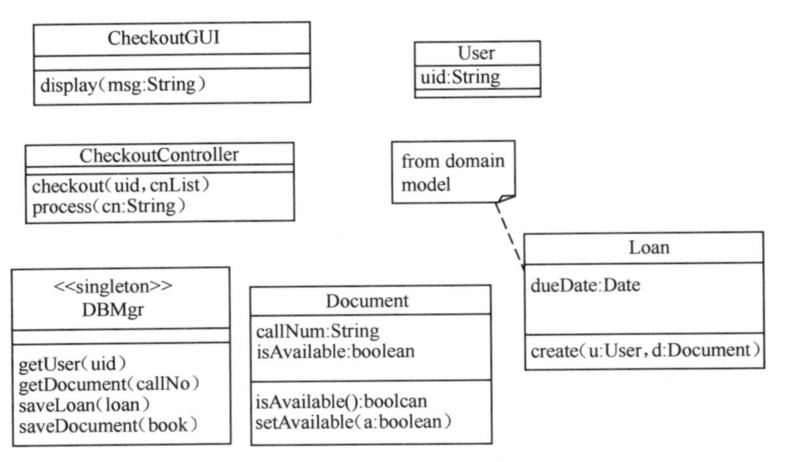

图 11-29 设计类图的基本草稿 3

（4）从设计时序图和业务领域模型分析类图中识别关系，并把它们填入设计类图。

从一个对象到另一个对象的箭头表示调用关系（call relationship），比如 CheckoutGUI 调用了 CheckoutController 的 checkout 方法；作为参数或返回值传递的对象往往意味着关联关系或使用关系（use relationship），比如 CheckoutController 和 DBMgr 都使用了 User；两个或多个对象传递给一个构建函数（constructor）可能表示存在关联关系和关联类（association class），比如 create(u:User,d:Document)意味着 User 和 Document 存在关联关系并且有一个关联类 Loan；从业务领域模型中也能直接找到一些有用的关系。从设计时序图中识别关系如图 11-30 所示。

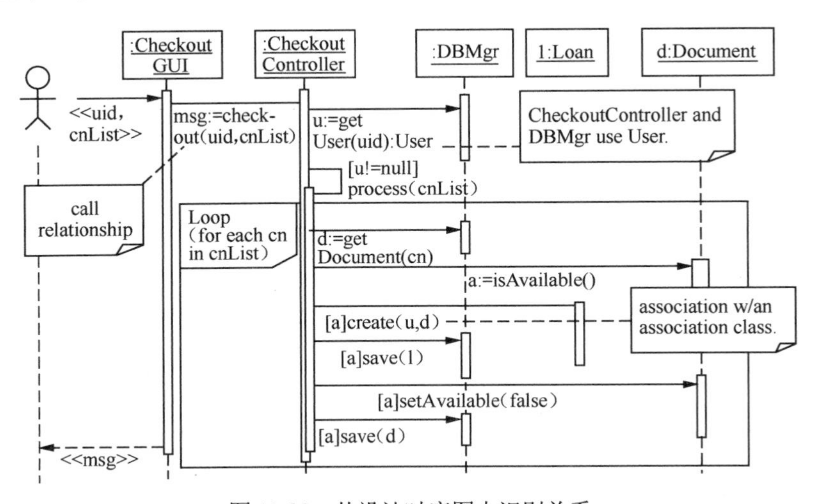

图 11-30 从设计时序图中识别关系

上面提及的调用关系和使用关系实际上是依赖关系（dependence relationship）。用带箭头的虚线表示依赖关系。

从设计时序图和业务领域模型分析类图中识别关系，并将类与类之间的关系也加入设计类图，一个初步的设计方案就呈现出来了，如图 11-31 所示。

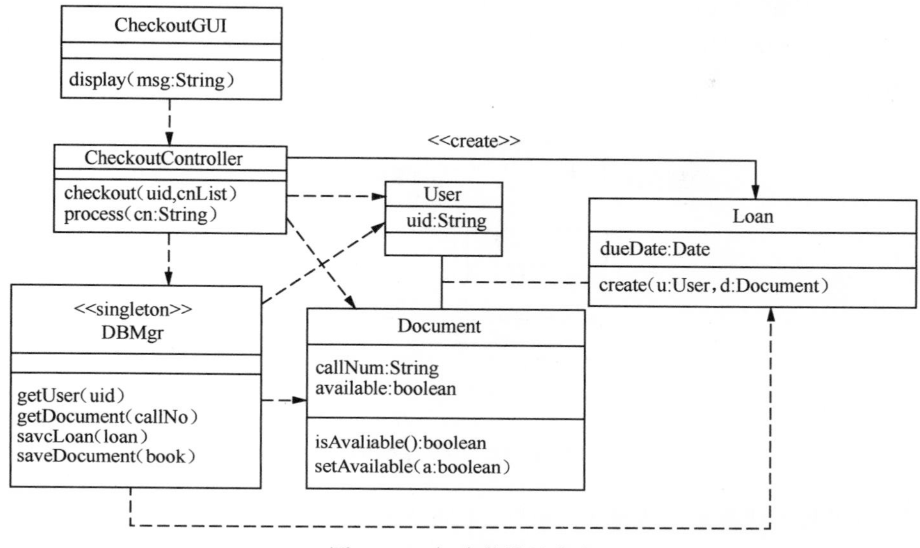

图 11-31 初步的设计方案

11.3.3 形成软件设计方案的整体思路

软件产品庞大复杂，前面形成的设计类图只是根据其中一个用例得到的设计结果，我们需要对每一个用例进行分析和设计，最终将根据各用例得到的设计结果综合成一个软件产品的整体设计方案。其中涉及两个基本的方法：分析（analysis）和综合（synthesis）。

分析是分解大问题使其变成易于理解的小问题。比如用例建模是将错综复杂的需求分解成一个一个的用例。在分析的过程中除了“分而治之”的分解的方法，抽象方法的运用也是一个关键。分析示意图如图 11-32 所示。

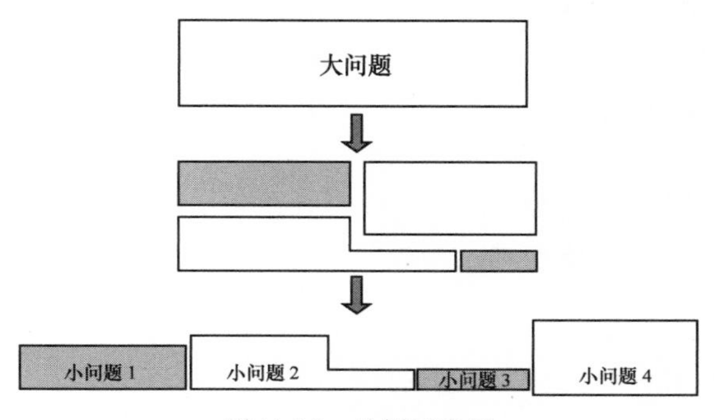

图 11-32 分析示意图

综合是将一个个小问题的解决方案组合起来构建成软件的整体解决方案。我们对每一个用例的关键步骤进行对象交互建模逐步形成用例对应的解决方案，如何将多个用例的小解决方案组合起来构建软件整体设计方案？这在软件设计中是一个非常有挑战性的问题，一般我们通过参考已有的软件架构和设计模式形成思路从而综合出一个软件整体解决方案。综合示意图如图 11-33 所示。

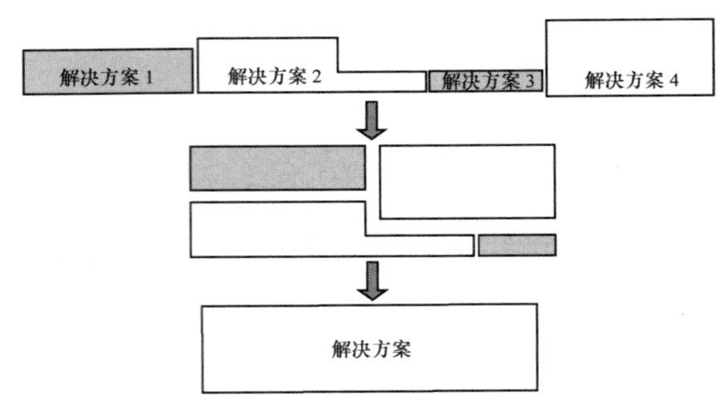

图 11-33　综合示意图

开发软件的根本任务是打造构成抽象软件的复杂概念结构，次要任务才是使用代码表达抽象的概念设计并映射成软件代码，乃至机器指令。我们从需求分析到软件设计的过程提供了一种打造抽象软件的概念结构的基本方法。我们以面向对象的分析和设计为思想方法的主线，以敏捷统一过程的基本开发流程为依据，提供了一种从需求分析到软件设计的基本建模方法。相信你完整地学习了这种从需求分析到软件设计的基本建模方法之后，对打造软件概念原型、形成软件设计方案的思路，以及应用面向对象思想方法都会有切身体会。

本章练习

一、选择题

以下哪个不是统一过程的核心（　　）。

A．压低开发成本　　B．以架构为中心

C．增量且迭代的过程　　D．用例驱动

二、简述题

1．简述对象交互建模的基本步骤。

2．简述形成设计类图的基本步骤。

第四篇

软件科学基础概论

本部分介绍从软件科学的角度来看待软件的基本构成元素、软件的结构、软件特性和软件的描述方法。其中软件的结构相关内容包括对软件基本结构、特殊机制、设计模式和软件架构的讨论，可为追求高质量软件的目标奠定基础。

第12章

软件是什么

12.1 软件的基本构成元素

12.1.1 对象

一个对象作为某个类的实例，是属性和方法的集合。对象和属性之间有依附关系，属性用来描述对象或存储对象的状态信息，属性也可以是一个对象。对象能够独立存在，对象的创建和销毁显式地或隐式地对应着构造方法（constructor）和析构方法（destructor）。由于面向对象的概念已经成为主流，我们这里不赘述，仅以如图 12-1 所示的示意图概括之。

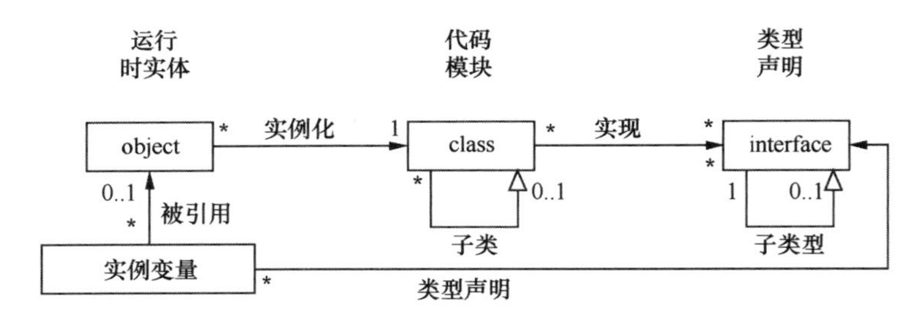

图 12-1　面向对象方法的基本构成示意图

面向对象方法是一种对软件抽象封装的方法，与此相对的还有面向过程的软件抽象封装方法——函数和变量/常量。

12.1.2 函数和变量/常量

我们看看用函数和变量/常量作为软件基本元素的抽象封装的方法。相对来讲，面向对象方法是一种更高层级的软件抽象封装的方法，其中对象的方法大致对应函数，属性大致对应变量/常量。由于函数和变量/常量的相关概念你可能非常熟悉，我们这里仅讨论它们的进程地址空间分布。

不管是面向对象的软件还是面向过程的软件，在加载到进程里运行时的进程地址空间典型的存储区域分配情况示意图如图 12-2 所示。

从图 12-2 中可以看出，从低地址到高地址的内存区分别为代码段（text）、已初始化数据段（initialized data）、未初始化数据段（uninitialized data）、堆（heap）、栈（stack）、命令行参数和环境变量等。

面向对象的软件抽象层次更高，与进程地址空间对应起来更为复杂，我们以面向过程的编程语言 C 语言为例简要分析函数、常量、全局变量、静态变量和局部变量等的存储空间分布。

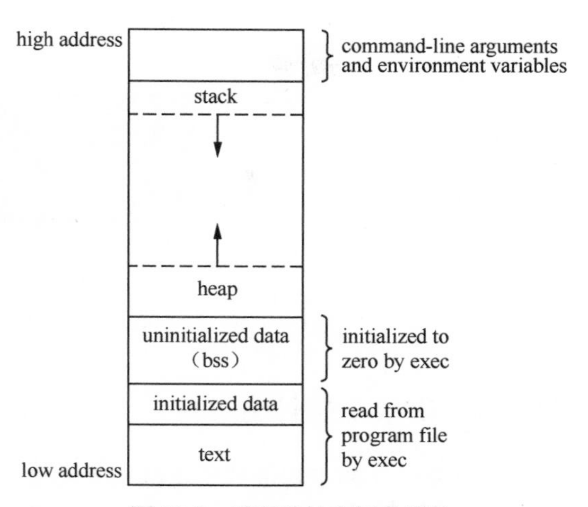

图 12-2 进程地址空间典型的存储区域分配情况示意图

- 全局常量、字符串常量、函数以及编译时可决定的某些东西一般存储在代码段。
- 初始化的全局变量、初始化的静态变量（包括全局的和局部的）存储在已初始化数据段。
- 未初始化的全局变量、未初始化的静态变量（包括全局的和局部的）存储在未初始化数据段。
- 动态内存分配（如 malloc、new 等）存储在堆中。
- 局部变量（已初始化的以及未初始化的，但不包含静态变量）、局部常量存储在栈中。
- 命令行参数和环境变量存储在与栈紧挨着的位置。

如果我们把堆和栈扩大，把命令行参数和环境变量作为调用 main 函数的栈空间，把已初始化数据段和未初始化数据段作为扩大的堆空间的一个部分，我们就可以将进程地址空间的内存布局简单化为“代码+堆栈”的地址空间分布，而且这种简单化与面向过程的软件抽象封装方法中的函数和变量/常量保持逻辑上的对应，函数对应代码，堆栈对应全局和局部的变量存储。

12.1.3 指令和操作数

指令（instruction）是由 CPU 加载和执行的软件基本单元。一条指令有 4 个组成部分：标号、指令助记符、操作数、注释，其中标号和注释是辅助性的，不是指令的核心要素。一般指令可以表述为“指令码+操作数”。

指令码可以是二进制的机器指令编码，也可以是八进制的编码，程序员更喜欢用汇编语言指令助记符，如 mov、add 和 sub，这些助记符给出了指令功能的线索。

操作数有 3 种基本类型。

- 立即数。用数字文本表示的数值。
- 寄存器操作数。使用 CPU 内已命名的寄存器。
- 内存操作数。引用内存地址。

冯 • 诺依曼体系结构计算机执行指令的逻辑示意图如图 12-3 所示。

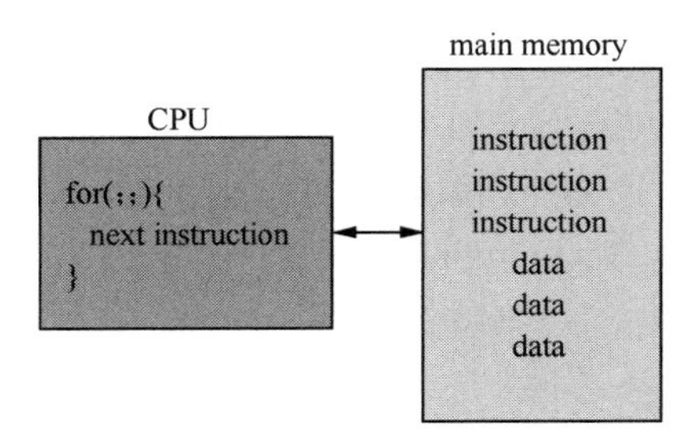

图 12-3 冯·诺依曼体系结构计算机执行指令的逻辑示意图

12.1.4 0 和 1 是什么

指令是由 0 和 1 构成的特定结构的信息，0 和 1 就是软件的基本信息元素。如果继续追问什么是 0、什么是 1、什么是信息，就会陷入哲学上的探索。我们这里简要介绍人类探索世界本源的脉络，如果你感兴趣，可以继续探索软件的本质和信息的本源。

1．本体论

人类探寻生老病死背后的世界本原是伴随着人类文明化的进程的。古代中国人认为金木水火土五种基本元素是世界的本原，再加上辩证思想形成阴阳五行学说；与复杂精妙的阴阳五行学说相比，古代西方哲人亚里士多德认为世界是由“水土火气”四因素构成的；西方“第一哲人”泰勒斯则认为水是万物之源，如今使用“水是生命之源”已经不是哲学上探索世界本原的意义了。

如今我们知道水是由两个氢原子和一个氧原子组成的水分子构成的，您肯定有疑问，既然被誉为西方第一哲人，泰勒斯怎么会提出了一个那么容易就被证伪的结论呢？其实科学的精髓则是不断创新的证伪主义，由“水是万物之源”的结论为起点不断深入探究世界的本原，进一步分解到分子、原子、质子、中子、电子、基本粒子夸克，乃至最小的物质能量单位量子，再到目前无法证实或证伪的弦理论和多重宇宙理论。这一切都是从泰勒斯“水是万物之源”的命题开始的。如今还原论（Reductionism，又译化约论）在世界的本体探究上走到了尽头。反观阴阳五行学说在两千年前就已经是一个精妙的思想体系，如今依然对世界万物具有一定的解释能力。

2．认识论

所谓的客观世界是通过眼睛、耳朵等感官感知的世界，今天我们知道眼睛的视觉是通过将不同波长的光感知为红橙黄绿青蓝紫，耳朵的听觉是将震动的声波感知为轰鸣作响。因此显然人类没有办法透过感官看清世界的本原。换句话说，人类无法透过感知来确定这个五彩斑斓的外部世界是真实的还是虚幻的。法国著名哲学家笛卡儿提出了“我思故我在”的著名哲学命题，将世界本原的问题引向了深入。我们在思考的过程中，无法否定思考本身是存在的，进而确认了思考的器官大脑及我们身体是存在的，我们的身体是我们感知到的世界的一部分，因此也就证实了客观世界存在的真实性。于是将人类探索世界本原的努力方向从外部客观世界引入对思考本身所处的认知活动中。

这样人类从认知客观世界深入到对认知活动本身的探索。显然人类探索世界的本原的过程本身受到人类自身认知能力的限制，当先贤哲人认识到这一问题的时候，实际上做出了“行有不得反求诸己”的方向性改变，也就是从探求世界的本体，转向到探寻认识世界的思维过程，心理学上有一个词叫元认知，也就是对认知过程本身的认知，用于指导人类如何进行认识。从认知论的角度看，达尔文进化论总结出了生物进化的规律，黑格尔将认知划分为感性、知性和理性，大致对应大脑的杏仁核、额叶和大脑皮层。其中思考的结果会通过语言和文字的形式在人们之间传播和共享，但是人类至今无法彻底理解语言和文字背后的语义在大脑中进行意义构建的功能。图灵测试提供了一种新的思路，将哲学研究的关注点从大脑功能转移到语言和文字所蕴含的语义理解之中。

3．语义论

语义论进一步深入到对人类理性思维的表征和结构进行探究，诞生了基于规则的图灵机和基于联结的神经网络，这就是软件和人工智能的基础。

香农以其天才的创意对热力学第二定律熵增原理中的熵引入信息论，建立了一套有关通信的数学理论，形成了信息论的基础。他将热力学方程中的能量以信息替代，用来度量信息量，也就是消息中的信息量等于信息熵。

熵是一个复杂的概念，我们可以简单地理解为越是无序和随机的状态熵越大，反之越是有序和稳定的状态则熵越小。熵增原理说的是事物总是朝着无序和混乱的方向发展，它是目前得到最普遍认同的物理定律之一。

一个消息越是随机无序则信息量越大，听起来感觉违反常识，随机无序了还能传递信息吗？举个例子，传递 1000 个数值 1 的信息，如果用 1000 个字节、每个字节存储一个数值 1，这个信息是非常有序的，传递它等同于传递一个 1 和一个 1000 的信息，只需要几个字节，这几个字节看起来要比那 1000 个字节随机得多，而通过这几个字节却能用一定的程序规则还原出那 1000 个字节。

更一般地说，对于一定的序列，可以用一定的程序规则压缩，当然压缩的程序规则可能有许多种，其中一些可能有序且冗长，但我们仅关心那些短小精悍的程序规则。

软件中没有任何两个部分是相同的，如果有，就把它们合并成一个，使在单位存储空间里信息量越来越大（熵增）。而从软件整体上看，它趋向于某种唯一的随机状态，这恰恰是一种极端的有序（熵减）。追求软件的信息熵大概就是程序员存在的意义。

信息论还确立了以 0 和 1 两个符号为基本元素对序列及程序规则编码。

4．0 和 1 是什么？

在对达尔文的进化论以及对感性、知性和理性的本原有了基本认识之后，王东岳先生的《物演通论》总结出了万物求存，万物分化、演化的递弱代偿法则，将自然、精神和社会的演化过程统一起来。这是还原论在一个抽象层次上达到了极致，用一种极为简化的模型整顿了人类的已知世界。

我们可在一个很高的抽象层次上理出宇宙演化的脉络。编者总结了如图 12-4 所示的宇宙演化的脉络，仅供批评指正。但我们还不能有效预测乃至掌控宇宙的演化过程，为什么？

万物演化的基本内核是信息结构的变化，那么什么是信息？维护信息结构及万物求存有着怎样的动因？这些都还没有答案。

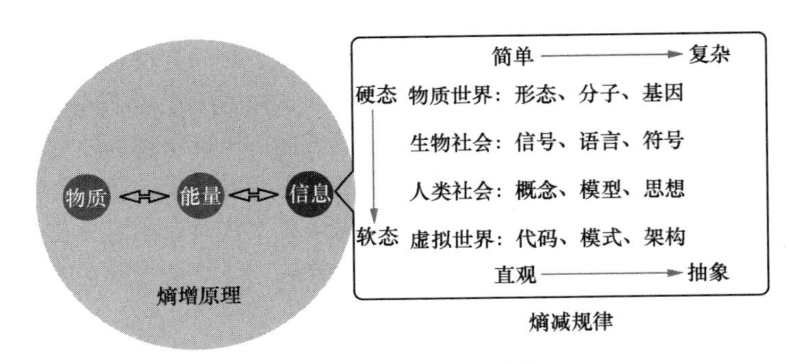

图 12-4　宇宙演化的脉络

在 0 和 1 的基础上构建虚拟世界的程序员们，在虚拟世界里尽情“仰望星空”。关于“仰望星空”，也有这样一则故事。古希腊哲学家泰勒斯喜欢仰望星空，他时常观察星象。在一个秋天的夜晚，地中海凉爽的晚风吹拂着米利都城，泰勒斯如往常一样，一边散步一边思考。他昂首观察星空，不料面前有个积水的深坑（也有人说是一口井），泰勒斯只顾仰望星空而忘了注意眼前的路况，这一脚踩空便顺势跌落了下去。程序员们在虚拟世界尽情“仰望星空”的同时，也要小心跌落到 0 和 1 的“深坑”里。

12.2　软件的基本结构

12.2.1　顺序结构

顺序结构是最简单的程序结构，也是最常用的程序结构，只要按照解决问题的顺序写出相应的语句就行，它是自上而下依次执行的。顺序结构示意图如图 12-5 所示。

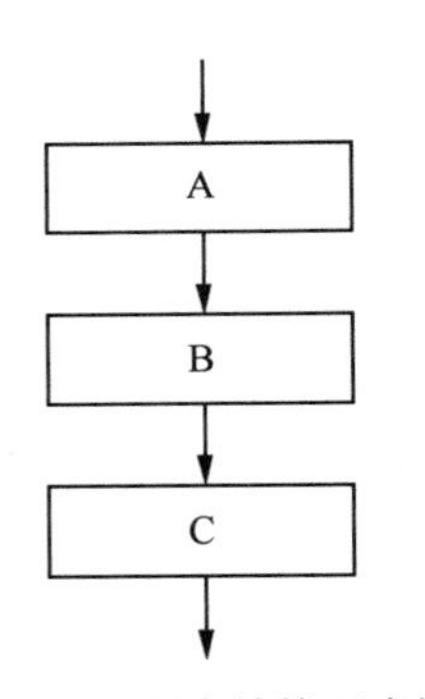

图 12-5　顺序结构示意图

12.2.2　分支结构

分支结构是在顺序结构的基础上，利用影响标志寄存器上标志位的指令和跳转指令，组合起来借助于标志寄存器或特定寄存器暂存条件状态实现分支结构。这么说起来不是很直观，我们具体以 x86 指令集为例来看看分支结构的实现方法。

在 x86 体系结构下布尔指令、比较指令和能设置标志位的指令都可以影响标志寄存器（flags register），比如零标志位、进位标志位、符号标志位、溢出标志位和奇偶标志位等。x86 指令集包含了 AND、OR、XOR 和 NOT 指令，它们能直接在二进制位上实现布尔操作；还有 TEST 指令是一种非破坏性的 AND 操作；另外，CMP、STC、CLC、INC 等指令都能影响标志位。

条件跳转指令测试标志位决定是否跳转到指定的地址。x86 指令集包含大量的条件跳转指令。有的条件跳转指令还能比较有符号和无符号整数，并根据标志位的值来执行跳转。条件跳转指令可以分为如下 4 种类型。

- 基于特定标志位的值跳转。比如 JZ 为零跳转、JNO 为无溢出跳转、JNZ 为非零跳转、JS 为有符号跳转、JC 为进位跳转、JNS 为无符号跳转、JNC 为无进位跳转、JP 为偶校验跳转、JO 为溢出跳转、JNP 为奇校验跳转。
- 基于 CMP 指令比较两个数是否相等，或一个数与特定寄存器（CX、ECX、RCX）比较是否相等跳转。比如 JE 为相等跳转、JNE 为不相等跳转、JCXZ 为当寄存器 CX=0 跳转、JECXZ 为当寄存器 ECX=0 跳转、JRCXZ 为当寄存器 RCX=0 跳转（RCX 为 64 位模式下的寄存器）。
- 基于无符号操作数的比较跳转。比如 JA 为大于跳转、JB 为小于跳转、JNBE 为不小于或等于跳转（与 JA 相同）、JNAE 为不大于或等于跳转（与 JB 相同）、JAE 为大于或等于跳转、JBE 为小于或等于跳转、JNB 为不小于跳转（与 JAE 相同）、JNA 为不大于跳转（与 JBE 相同）。
- 基于有符号操作数的比较跳转。比如 JG 为大于跳转、JL 为小于跳转、JNLE 为不小于或等于跳转（与 JG 相同）、JNGE 为不大于或等于跳转（与 JL 相同）、JGE 为大于或等于跳转、JLE 为小于或等于跳转、JNL 为不小于跳转（与 JGE 相同）、JNG 为不大于跳转（与 JLE 相同）。

就这样，将影响标志寄存器上标志位的指令和根据标志寄存器或特定寄存器执行跳转的指令结合起来，就可以实现分支结构。看到分支结构在底层指令层面有如此庞大数量的实现方法，用高级语言写代码的你是不是幸福感十足？在这些庞大数量的实现上我们以后见之可以轻松去繁就简，清晰地抽象出其中存在的分支结构，其示意图如图 12-6 所示。

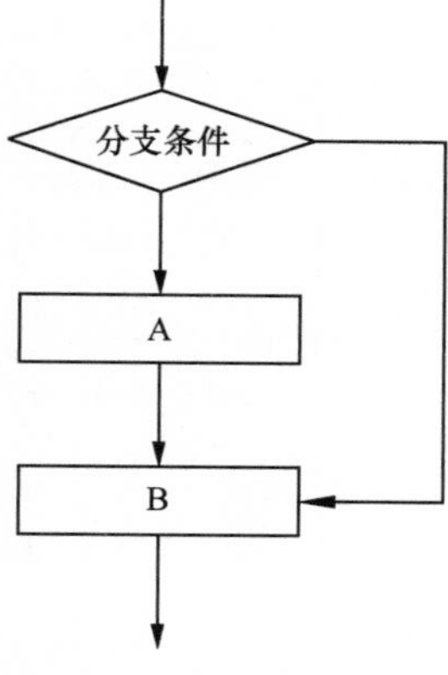

图 12-6 分支结构示意图

以 C 语言为例，分支结构在高级语言上至少有 3 种使用方式，分别举例简述如下。

（1）if...else 语句是典型的条件分支结构语句。if...else 语句典型用法示例代码如下。

```
char c;
printf("Input a character:");
c = getchar();
if( c < 32)
    printf("This is a control character\n");
else if(c>='0' && c<='9')
    printf("This is a digit\n");
else if(c>='A' && c<='Z')
    printf("This is a capital letter\n");
else if(c>='a' && c<='z')
```

```
        printf("This is a small letter\n");
    else
        printf("This is an other character\n");
```

（2）switch 语句便于处理较大数量的条件匹配。switch 语句典型用法示例代码如下。

```
switch(day)
{
        case 1: printf("Monday\n"); break;
        case 2: printf("Tuesday\n"); break;
        case 3: printf("Wednesday\n"); break;
        case 4: printf("Thursday\n"); break;
        case 5: printf("Friday\n"); break;
        case 6: printf("Saturday\n"); break;
        case 7: printf("Sunday\n"); break;
        default:printf("error\n"); break;
}
```

（3）goto 语句。尽管 goto 语句的多数用法有害，但是以 goto 无条件跳转作为分支结构也有经典的用法，比如在函数内将异常处理的代码独立出来放到函数结尾的做法就很好。

```
...
if (do_something1() == ERR)
    goto error;
if (do_something2() == ERR)
    goto error;
if (do_something3() == ERR)
    goto error;
if (do_something4() == ERR)
    goto error;
...
error:
    //异常处理代码
```

12.2.3 循环结构

循环结构是顺序结构和分支结构组合起来形成的更为复杂的程序结构，是指在程序中需要反复执行某个任务而设置的一种程序结构，可以看成是一个条件判断语句和一个向前无条件跳转语句的组合。

C 语言中提供 4 种循环，即 goto 循环、while 循环、do...while 循环和 for 循环。4 种循环可以用来处理同一问题，一般情况下它们可以互相代替，但一般不提倡用 goto 循环，因为强制改变程序的顺序结构经常会给程序的运行带来不可预料的错误，一般我们主要使用 while、do...while、for 这 3 种循环。

（1）while 循环的一般形式如下。

```
while(表达式)
{
    语句块
}
```

（2）do...while 循环的一般形式如下。

```
do {
    语句块
} while(表达式);
```

（3）for 循环的一般形式如下。

```
for(表达式 1; 表达式 2; 表达式 3)
{
    语句块
}
```

while、do...while、for 这 3 种循环的具体语法细节含义我们不在此赘述。

12.2.4 函数调用框架

函数调用框架是以函数作为基本元素，并借助于堆叠起来的堆栈数据所形成的一种更为复杂的程序结构。函数内部可以是顺序结构、分支结构和循环结构的组合。堆叠起来的堆栈数据用来记录函数调用框架结构的信息，是函数调用框架的“灵魂”。

为了理解函数调用的堆栈框架，我们需要先来了解一下堆栈操作。以 x86 指令集为例，函数调用相关的寄存器和指令如下。

- esp，堆栈指针寄存器。
- ebp，基址指针寄存器。
- eip，指令指针寄存器。为了安全考虑程序无权修改该寄存器，只能通过专用指令修改该寄存器，比如 call 和 ret。
- pushl，压栈指令，由于 x86 体系结构下栈顶从高地址向低地址增长，所以压栈时栈顶地址减少 4 个字节。
- popl，出栈指令，栈顶地址增加 4 个字节。
- call，函数调用指令，该指令负责将当前 eip 指向的下一条指令地址压栈，然后设置 eip 指向被调用程序代码开始处，即 pushl eip 和 eip = 函数名（指针）。
- ret，函数返回指令，该指令负责将栈顶数据放入 eip 寄存器，即 popl eip，此时的栈顶数据应该正好是 call 指令压栈的下一条指令地址。

注意：以“e”开头的寄存器为 32 位寄存器，指令结尾的“l”是指 long，也就是操作 4 个字节数据的指令。

函数调用过程中 ebp 寄存器用作记录当前函数调用基址，当调用一个函数时首先建立该函数的堆栈框架，函数返回时拆除该函数的堆栈框架。函数调用过程示意图如图 12-7 所示。

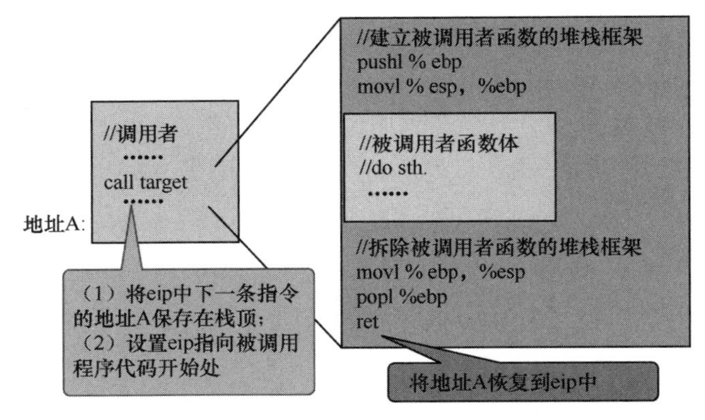

图 12-7 函数调用过程示意图

随着函数调用一层层深入，堆栈上依次建立一层层逻辑上的堆栈；随着函数一层层返回上一级函数，堆叠起来的逻辑上的堆栈也一层层被拆除。就这样，函数调用框架借助堆叠起来的函数堆栈框架，形成了一种复杂而缜密的程序结构。

12.2.5 继承和对象组合

继承和对象组合都是以对象（类）作为软件基本元素构成的程序结构。对象是基于属性（变量或对象）和方法（函数）构建起来的更复杂的软件基本元素，显然它涵盖了前述包括函数调用框架在内的所有程序结构，它是更高层、更复杂的抽象实体。基于对象（类）之间的继承关系可形成两个对象各自独立、两个类紧密耦合的程序结构；对象组合则可将一个对象作为另一个对象的属性，从而形成两个对象（类）之间有明确依赖关系的软件结构。继承和对象组合示意图如图 12-8 所示，通过该图可以清晰地对比继承和对象组合的特点。

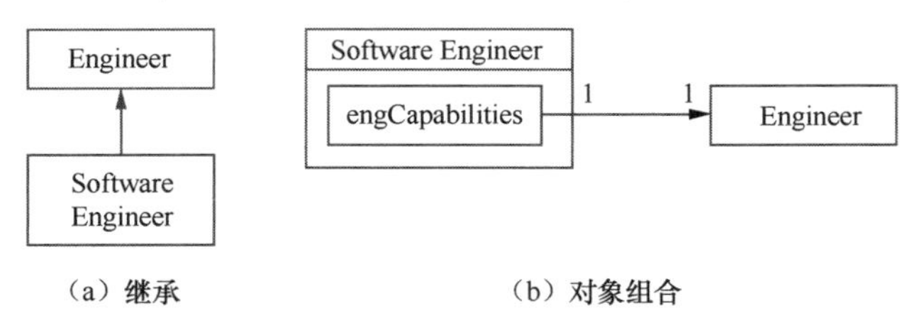

图 12-8 继承和对象组合示意图

图 12-8 中 engCapabilities 是 Engineer 的对象，作为 Software Engineer 的属性。

继承的概念非常容易理解，于是被广泛接受，但是面向对象的真正威力是封装，而非继承！封装的威力集中体现在对象组合对继承的替代作用上。继承可以复用代码，但是会破坏代码的封装特性，增加父类与子类之间的耦合度，因此我们需要避免使用继承，在大多数情况下，应该使用对象组合替代继承来实现相同的目标。遗憾的是由于继承的用法被广泛接受，以致造成许多开发者对封装的误解，从而背离了面向对象方法的精髓。

12.3 软件中的一些特殊机制

面向对象有 3 个关键的概念：继承（inheritance）、对象组合（object composition）和多态（polymorphism），其中多态是一种比较特殊的机制。回调函数、闭包（closure）、异步调用和匿名函数也是经常用到的特殊机制。这几个特殊机制在一些软件设计模式中比较常见，在实际应用中它们又常常交叉出现，在理解上给人带来很多困扰。下面我们简单进行介绍。

12.3.1 回调函数

回调函数是一个面向过程的概念，是代码执行过程的一种特殊流程，回调函数示意图如图 12-9 所示。回调函数就是一个通过函数指针调用的函数。把函数的指针（地址）作为参数传递给另一个函数，当这个指针调用其所指向的函数时，就称这是回调函数，常常用于实现异步调用。回调函数不是该函数的实现方直接调用（call-in），而是在特定的事件或条件发生时由下层模块调用（Callback）。

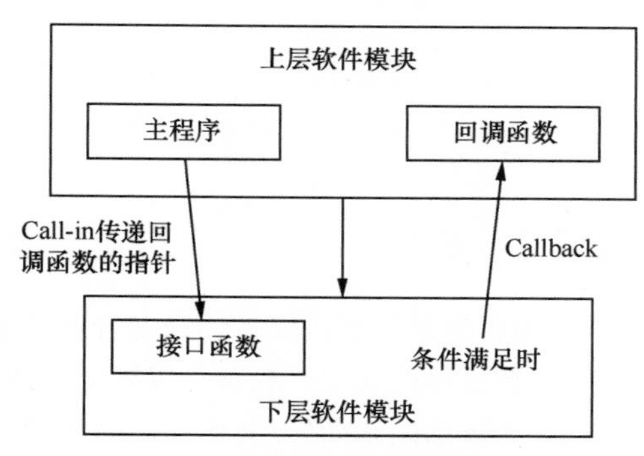

图 12-9 回调函数示意图

以本书第二篇 menu 菜单项目的链表实现中用到的回调函数为例，典型的回调函数用法举例如下。

```
//回调函数
int SearchCondition(tLinkTableNode * pLinkTableNode, void * args)
{
    char * cmd = (char*) args;
    tDataNode * pNode = (tDataNode *)pLinkTableNode;
    if(strcmp(pNode->cmd, cmd) == 0)
    {
        return  SUCCESS;
    }
    return FAILURE;
}

int main()
{
    ...
    //传递回调函数
    SearchLinkTableNode(head, SearchCondition, (void*)cmd);
    ...
```

```
    }

    //执行回调函数
    tLinkTableNode * SearchLinkTableNode(tLinkTable *pLinkTable, int Condition(tLink
TableNode * pNode, void * args), void * args)
    {
        ...
        tLinkTableNode * pNode = pLinkTable->pHead;
        while(pNode != NULL)
        {
            if(Condition(pNode, args) == SUCCESS)
            {
                return pNode;
            }
            pNode = pNode->pNext;
        }
        return NULL;
    }
```

12.3.2 多态

“面向对象”范式仅告诉开发者在需求语句中寻找“名词”，并将这些名词构造成程序中的对象。在这种范式中“封装”仅被定义为“数据隐藏”，“对象”也只是被定义为“包含数据及访问这些数据的东西”。其实面向对象的真正威力不是继承而是“行为封装”，也就是我们应尽可能使用对象组合来替代继承的用法。那么继承在什么情况下适用呢？其实继承的典型用法表现在多态机制的实现上。

多态按字面的解释就是“多种状态”。在面向对象语言中，接口的多种不同的实现方式即多态。实例化变量可以指向不同的实例对象，这样同一个实例化变量在不同的实例对象上下文环境中执行不同的代码表现出不同的行为状态，而通过实例化变量调用实例对象的方法的那一块代码却是完全相同的，顾名思义，同一段代码执行时却表现出不同的行为状态，因而叫多态。

简单地说，可以理解为允许将不同的子类类型的对象动态赋值给父类类型的变量，通过父类的变量调用方法，在执行时实际执行的可能是不同的子类对象方法，因而表现出不同的执行效果。举个简单的例子如下，“a->foo();”这句代码由于上下文的不同，执行效果完全不同。

```
class A
{
public:
    A(){}
    virtual void foo()
    {
        cout<<"This is A."<<endl;
    }
```

```
};

class B: public A
{
public:
    B(){}
    void foo()
    {
        cout<<"This is B."<<endl;
    }
};

class C: public A
{
public:
    C(){}
    void foo()
    {
        cout<<"This is C."<<endl;
    }
};

int main(int argc, char *argv[])
{
    A *a = new B();
    a->foo();

    a = new C();
    a->foo();

    return 0;
}
```

显然其中有两句代码都是 a->foo()，代码完全相同，执行效果却不同，这就是多态。多态是软件设计模式中非常常用的关键机制。

12.3.3 闭包

闭包是变量作用域的一种特殊情形，一般用在将函数作为返回值时，该函数执行所需的上下文环境也作为返回的函数对象的一部分，这样该函数对象就是一个闭包。

更严谨的定义是，函数和对其周围状态（lexical environment，即词法环境）的引用捆绑在一起构成闭包。也就是说，闭包可以让你从内部函数访问外部函数作用域。在 JavaScript 中，每当函数被创建，就会在函数生成时生成闭包。

举个简单的例子如下，displayName 函数内用到了外部变量 name，这时 displayName 函数作为返回值时，必须同时携带外部变量 name，否则 displayName 函数无法正确执行。

```
function makeFunc() {
    var name = "Mozilla";
    function displayName() {
        alert(name);
    }
    return displayName;
}


var myFunc = makeFunc();
myFunc();
```

displayName 函数在 makeFunc 函数中作为返回值，需要同时携带自身运行所需的外部上下文环境(外部变量 name)，这样 makeFunc 函数的返回值 myFunc 对象就是一个包含 displayName 函数及所依赖的外部变量 name 的一个整体，这个整体就被称为一个闭包。

12.3.4 异步调用

Promise 对象可以将异步调用以同步调用的流程表达出来，避免通过嵌套回调函数实现异步调用。

ECMAScript 6.0 提供了 Promise 对象。Promise 对象代表了未来某个将要发生的事件，通常是一个异步操作。Promise 对象提供了一套完整的接口，使我们可以更加容易地控制异步调用。

ECMAScript 6.0 的 Promise 对象是一个构造函数，用来生成 Promise 实例。下面是 Promise 对象的基本用法伪代码。

```
var promise = new Promise(function(resolve, reject) {
    if (/* 异步操作成功 */){
        resolve(value);
    } else {
        reject(error);
    }
});

promise.then(function(value) { // resolve(value)
    // success
}; function(value) { // reject(error)
    // failure
});
```

Promise 对象实际上是对回调函数机制的封装，也就是通过 then 方法定义的函数与 resolve/reject 函数绑定，简化了回调函数传入的接口实现，在逻辑上更加通顺，看起来像是个同步接口。

除了前述的回调函数和 Promise 对象可以实现异步调用，async/await 是一种新的编写异步代码的方式。Promise 对象建立在回调函数之上，async/await 则建立在 Promise 对象之上。

和 Promise 对象一样，async/await 是非阻塞的，它可以让异步代码看起来就像同步代码那样，大大提高异步代码的可读性。

async 作为一个关键字放在函数的前面，表示该函数是一个异步函数，意味着该函数的执行不会阻塞后面代码的执行，异步函数的调用跟普通函数一样。async 返回的是一个 Promise 对象，Promise 的所有用法它都可以用。

await 即等待，用于等待一个 Promise 对象。它只能在异步函数中使用，否则会报错。await 的返回值不是 Promise 对象而是 Promise 对象处理之后的结果。

async/await 带给我们的最重要的好处是，与 Promise 对象相比，它和同步编程的风格更加一致。以下伪代码为 async/await 的基本用法。

```
async function timeout(ms){
    let result =  await setTimeoutPromise(ms); // setTimeoutPromise 是一个 Promise
对象的实例
    console.log('Done');     // ms 毫秒之后出现 Done
}
timeout(3000);
console.log('timeout')  //立即输出 timeout
```

12.3.5　匿名函数

lamda 函数是函数式编程中的高阶函数，在我们常见的命令式编程语言中常常以匿名函数的形式出现，比如无参数的代码块{ code }，或者箭头函数{ (x) => code }。以下使用 Promise 对象实现的计时器就用到了箭头函数。

```
function timeout(ms) {
    return new Promise((resolve) => {
        setTimeout(resolve, ms);
    });
}

timeout(100).then(() => {
    console.log('done');
});
```

以上使用 Promise 对象实现的计时器也是使用 Promise 对象实现异步调用的一个简单例子。这个例子中异步调用是由 setTimeout 函数发起的，也就是每隔一段时间（代码示例中为 100 毫秒）执行一次 resolve 函数，resolve 函数是 then 方法中定义的箭头函数。这样巧妙的设计将异步调用封装起来，看起来就像是一个同步调用一样，便于理解代码。

12.4 软件的内在特性

弗雷德里克·布鲁克斯（Frederick Brooks）在其经典著作《人月神话》（*The Mythical Man-Month*）一书中指出："开发软件的根本任务是打造抽象软件的复杂概念结构，次要任务才是使用代码表达抽象的概念设计并将之映射成机器指令。"

因此软件的内在特性更主要体现在复杂的概念结构上，而软件的基本特点是具有前所未有的复杂度和易变性。为了降低复杂度，我们应在不同层面大量采用抽象方法建立软件概念模型；为了应对易变性，我们应努力保持软件设计和实现上的完整性、一致性。

12.4.1 前所未有的复杂度

软件产品可能是人类创造的最复杂的事物之一。计算机本身已经是人类创造的非常复杂的产品了，而软件有过之而无不及。计算机中最复杂的 CPU 等芯片，随着硬件设计软件化，已经通过软件代码的方式设计和定义；随着云计算和虚拟化技术的发展，计算机也已经逐步变成云原生的纯软件形态。

软件系统中没有任何两个部分是相同的，如果有，就把它们合并成一个，使单位存储空间里信息量越来越大（熵增），而从软件系统整体上看，它趋向于某种唯一的随机状态，这恰恰又是一种极端的有序（熵减）。

在这方面软件和飞机、高铁、摩天大楼等其他硬件形态的大规模系统完全不同，硬件形态的产品往往具有大量重复的部分。硬件形态的产品的复杂度是线性增长的，往往表现在很多相同部件的添加和维护；而软件系统的功能扩展和维护必须是不同软件部件的添加，因而软件系统的复杂度呈非常陡峭的非线性曲线式增长。

12.4.2 抽象思维和逻辑思维

科学家根据大自然中诸多复杂现象建立了简化的逻辑模型，我们能不能将这样的逻辑模型成功应用到软件领域呢？

软件危机发生以来，人们试图将抽象对象作为软件的基本元素来构建复杂软件的逻辑模型，尽管取得了不小的进展和成效，比如面向对象的分析和设计方法，但并没有根本性地解决问题。

究其原因，给自然现象建立简化模型时忽略掉的复杂细节不是自然现象的根本属性，当将这一套行之有效的方法应用到软件上时，人们发现复杂性是软件的本质属性，因此也就无法取得根本性的突破。

不过在试图引入科学研究的逻辑思维过程中，我们发现针对不可见的软件进行合理的抽象，在抽象的基础上努力建立逻辑模型的方法，对于应对软件的复杂性还是取得了一些效果。但是抽象思维能力不像逻辑思维能力，在古希腊时期就有了数论和几何学，以此为基础可以循序渐进地训练逻辑思维能力，而抽象思维能力更多取决于直觉和经验，目前还没有形成一套切实可行的训练方法。

12.4.3 唯一不变的就是变化本身

莱曼法则（Lehman's Laws）将系统分成 3 种类型：S 系统、P 系统和 E 系统。E 系统很好地解释了软件易变性的本质原因。我们依次看看这 3 种系统类型，如图 12-10 所示。

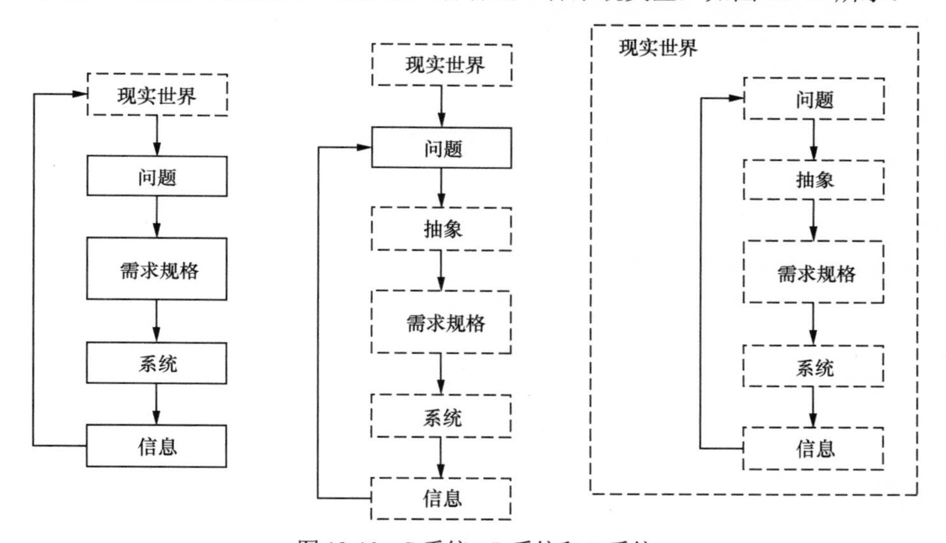

图 12-10 S 系统、P 系统和 E 系统

S 系统如图 12-10 所示左侧部分，S 系统从现实世界提炼出具有本质特征的问题，这时问题本身已经经过了严谨的形式化定义，而且从问题到需求规格、系统和信息都是不会发生变化的。所有对现实世界的数学建模得到的数学问题，求解数学问题的系统往往不会发生变化，比如利用勾股定理计算三角形的边长。S 系统是稳定的，不需要维护。

P 系统如图 12-10 所示中间部分，P 系统与 S 系统的不同主要体现在需求规格是问题的近似解决方案，而从现实世界中提炼出的问题是稳定不变的。由于问题的需求分析经过了抽象（abstraction），未进行严谨的形式化转换，导致在不同的环境条件下需要对抽象做出适当的调整，因此后续的需求规格、系统和信息都会跟着发生变化。比如围棋规则是稳定的，而围棋程序需要根据计算机硬件的不断升级而不断地维护、更新。P 系统仅根据运行环境的变化做适应性维护。

E 系统如图 12-10 所示右侧部分，E 系统是嵌入现实世界的，并随着现实世界的不断变化而变化。从现实世界中提炼出的问题本身就是在不完全理解的基础上形成的，比如用软件预测股票价格，股票价格的决定因素众多。E 系统是跟着现实世界的变化而变化的，需要不断地进行更新、维护。

人类为了探索大自然的奥秘而进行的科研活动大多属于S系统或P系统，因为人类可以将自然现象抽象成纯粹的数学问题加以研究。即便不能抽象出纯粹的数学问题来解决，自然现象也是相对稳定的，可以总结出近似的规律。

我们常见的绝大多数软件都属于E系统，软件是嵌入现实业务环境中的，现实业务环境不断变化，我们对业务的理解也在不断深入，对业务的抽象需要调整得更加合理，需求规格、软件系统及其管理的数据都在不断变化。因此在软件的世界里唯一不变的，就是变化本身。

12.4.4　难以达成的概念完整性和一致性

软件的复杂性和软件的易变性这两个本质属性结合起来，使我们在抽象的基础上建立逻辑模型的努力永远达不到终点，难以达成软件概念上的完整性和一致性。因为当我们付出极大的努力将开发团队的思想统一起来，为复杂的软件建立起概念模型时，需求或环境已经发生了些许变化，或者发现建立概念模型的抽象有些许偏差，结果永远追不上那个完整的、一致的软件概念模型。

软件浓缩了人类的智慧，是人类智慧的结晶，但“智者千虑，必有一失”，缺陷（bug）难以从根本上消除。经过形式化证明的软件只有在特定情形下是完整的、一致的，可以保证其正确性。

人类智慧属于有漏洞的智慧，软件的bug也就难以避免。

本章练习

一、选择题

1．软件的基本结构包括（　　）等。

A．过程、子程序和分程序　　B．顺序、分支和循环

C．递归、堆栈和队列　　D．调用、返回和转移

2．对象实现了数据和操作的结合，使数据和操作（　　）于对象的统一体中。

A．结合　　B．隐藏

C．封装　　D．抽象

3．（　　）意味着一个相同的操作在不同的类中有不同的实现方式。

A．多继承　　B．封装

C．多态性　　D．类的复用

4．软件设计中，用抽象和分解的目的是（　　）。

A．提高易读性　　B．降低复杂性

C．增加内聚性　　D．降低耦合性

二、判断题

（　　）对象组合无法替代继承方式复用父类的功能。

三、简述题

1．简述函数调用堆栈框架的工作机制。

2．Promise 对象是回调函数的封装，用来实现异步调用，假如你是 Promise 对象的底层代码开发者，你该如何实现 Promise 对象？请编写伪代码实现 Promise 对象。

3．请举例说明闭包的含义。

4．请分析以下代码的执行时序。

```
function timeout(ms) {
    return new Promise((resolve) => {
        setTimeout(resolve, ms);
    });
}

timeout(100).then(() => {
    console.log('done');
});
```

5．谈谈你对软件本质属性的理解。

第13章

软件设计模式

通过前面的学习，相信你对软件的基本构成元素及其工作机制有了深刻认识，熟悉了面向对象中的类、对象、属性、方法以及类与类之间的关系。在此基础上我们进一步学习面向对象设计中总结出的一些常见模式，我们称之为软件设计模式。

13.1 什么是设计模式

“设计模式”（design patterns）这个术语最初并不是被用于软件设计，而是被用于建筑领域的设计。

1977年，美国著名建筑大师、加利福尼亚大学伯克利分校环境结构中心主任克里斯托夫·亚历山大（Christopher Alexander）和几位共同作者在《建筑模式语言：城镇、建筑、构造》（*A Pattern Language: Towns,Buildings,Construction*）中描述了一些常见的建筑设计问题，并提出了250余种关于对城镇、邻里、住宅、花园和房间等进行设计的基本模式。

直到20世纪90年代软件领域中引入设计模式一词，软件工程界才开始研讨设计模式的话题，后来召开了多次关于设计模式的研讨会。

1994年，埃里克·伽马（Erich Gamma）、理查德·赫尔姆（Richard Helm）、拉尔夫·约翰逊（Ralph Johnson）、约翰·威利斯迪斯（John Vlissides）4位作者，合作出版了《设计模式：可复用面向对象软件的基础》（*Design Patterns: Elements of Reusable Object-Oriented Software*）一书，书中收录了23种设计模式，这是设计模式领域具有里程碑意义的事件，宣告了软件设计模式的突破。

13.1.1 软件设计模式的优点

软件设计模式是根据面向对象设计原则的实际运用总结出的经验模型。需要在对类的封装性、继承性和多态性以及类的关联关系和组合关系充分理解的基础上才能准确理解软件设计模式。

正确使用软件设计模式具有以下优点。

- 可以提高程序员的思维能力、编程能力和设计能力。

- 使程序设计更加标准化、代码编制更加工程化，使软件开发效率大大提高，从而缩短软件的开发周期。
- 使设计的代码可复用性高、可读性强、可靠性高、灵活性好、可维护性强。

软件设计模式和面向对象的程序设计曾经承诺：让软件开发者的工作更加轻松！结果软件设计模式的抽象性和复杂性把很多开发者拒之门外。究其原因，人家承诺的是让工作更加轻松而不是让学习更加轻松，相反地，学习更为困难。

先来看看软件设计模式要解决的问题。功能分解是处理复杂问题的一种自然的方法，但是需求总是在发生变化，功能分解不能帮助我们为未来可能的变化做准备，也不能帮助我们的代码优雅地演化。结果你想在代码中做一些改变，但又不敢这么做，因为你知道对一个地方代码的修改可能在另一个地方造成破坏。

与其抱怨总是变化的需求，不如改进我们的设计和开发方法，这样我们可以更有效地应对需求的变化。

用模块化来包容变化。使用模块化封装的方法，按照模块化追求的高内聚低耦合目标，借助于抽象思维对模块内部信息进行隐藏并使用封装接口对外只暴露必要的可见信息，利用对象组合、多态、闭包、lamda 函数、回调函数等特殊的机制方法，将变化的部分和不变的部分进行适当隔离。这些都是软件设计模式的“拿手好戏”。

此外在软件设计模式的基础上，可以更加方便地用增量、迭代和不断重构等开发过程来进一步应对总是变化的需求以及软件本质上的复杂性和易变性。

13.1.2 软件设计模式的含义和构成

软件设计模式是在某一问题场景下的解决方案，是将符合设计原则的最佳实践和设计决策总结成为软件设计模式。软件设计模式和可复用的软件库不同，软件设计模式不能被代码级地复用，而是作为解决一类问题的模板，在每次使用时需要进行适当修改以适配具体的问题场景。

软件设计模式一般由 4 个部分组成。

- 该软件设计模式的名称。
- 该软件设计模式的目的，即该设计模式要解决什么样的问题。
- 该软件设计模式的解决方案。
- 该软件设计模式的解决方案有哪些约束和限制条件。

接下来我们来看看几类典型的软件设计模式。

13.2 软件设计模式的分类

根据软件设计模式是主要用于类还是主要用于对象来划分，可将之分为类模式和对象模式两种类型。

- 类模式：用于处理类与子类之间的关系。这些关系通过继承来建立，是静态的，在编译时便确定下来了。比如模板方法模式等属于类模式。

- 对象模式：用于处理对象之间的关系。这些关系可以通过组合或聚合来实现，在运行时是可以变化的，更具动态性。由于组合关系或聚合关系的耦合度比继承关系的耦合度低，因此多数软件设计模式都是对象模式。

根据软件设计模式可以完成的任务类型来划分，可以将之分为创建型模式、结构型模式和行为型模式3种类型。

- 创建型模式：用于描述“怎样创建对象”，它的主要特点是“将对象的创建与使用分离”。比如单例模式、原型模式、建造者模式等属于创建型模式。
- 结构型模式：用于描述如何将类或对象按某种布局组成更大的结构。比如代理模式、适配器模式、桥接模式、装饰模式、外观模式、享元模式、组合模式等属于结构型模式。结构型模式分为类结构型模式和对象结构型模式，前者采用继承机制来组织接口和类，后者采用组合或聚合来组成对象。由于组合关系或聚合关系的耦合度比继承关系的耦合度低，所以对象结构型模式比类结构型模式具有更大的灵活性。
- 行为型模式：用于描述程序在运行时复杂的流程控制，即描述多个类或对象之间怎样相互协作共同完成单个对象无法完成的任务，它涉及算法与对象间职责的分配。比如模板方法模式、策略模式、命令模式、职责链模式、观察者模式等属于行为型模式。行为型模式分为类行为模式和对象行为模式，前者采用继承在类间分配行为，后者采用组合或聚合在对象间分配行为。由于组合关系或聚合关系的耦合度比继承关系的耦合度低，所以对象行为模式比类行为模式具有更大的灵活性。

13.3 常用的软件设计模式

前面说明了软件设计模式的分类，现在对经典的软件设计模式中一些常用的软件设计模式做简要的介绍。

- 单例（singleton）模式：某个类只能生成一个实例，该类提供了一个全局访问点供外部获取该实例。典型的应用如数据库实例。
- 原型（prototype）模式：将一个对象作为原型，通过对其进行复制而克隆出多个和原型一致的新实例。原型模式的应用场景非常多，几乎所有通过复制的方式创建新实例的场景都使用了原型模式。
- 建造者（builder）模式：将一个复杂对象分解成多个相对简单的部分，然后根据不同需要分别创建它们，最后构建成该复杂对象。主要应用于复杂对象中的各部分的建造顺序相对固定或者创建复杂对象的算法独立于各组成部分的情况。
- 代理（proxy）模式：为某对象提供一种代理以控制对该对象的访问。即客户端通过代理间接地访问该对象，从而限制、增强或修改该对象的一些特性。代理模式是“不要和陌生人说话”原则的体现，典型的应用如外部接口本地化将外部的输入和输出封装成本地接口，有效降低模块与外部的耦合度。图 13-1 所示为引入代理模式示意图。

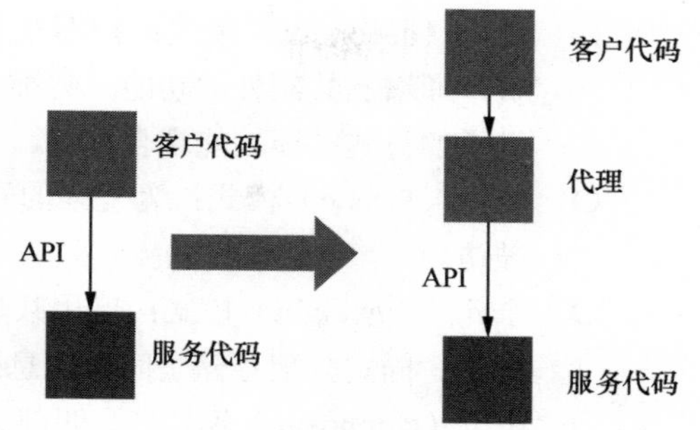

图 13-1　引入代理模式示意图

- 适配器（adapter）模式：将一个类的接口转换成客户希望的另外一个接口，使原本由于接口不兼容而不能一起工作的那些类能一起工作。继承和对象组合都可以实现适配器模式，但由于组合关系或聚合关系的耦合度比继承关系的耦合度低，所以对象组合方式的适配器模式比较常用。图 13-2 所示为继承方式实现适配器模式，图 13-3 所示为对象组合方式实现适配器模式。

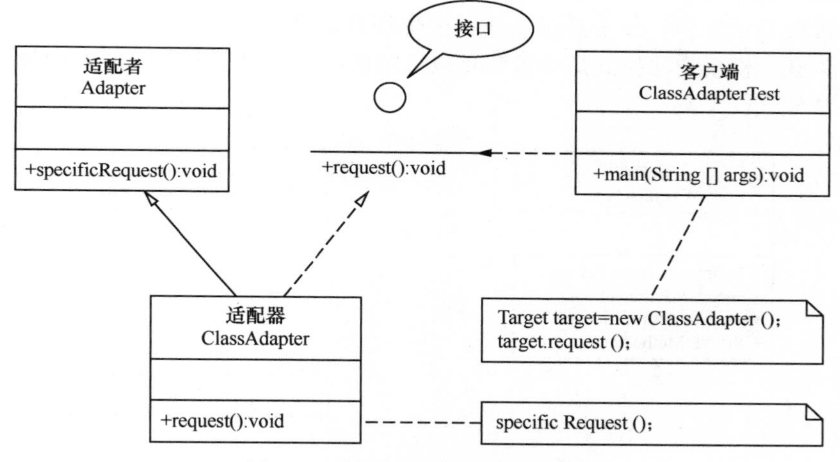

图 13-2　继承方式实现适配器模式

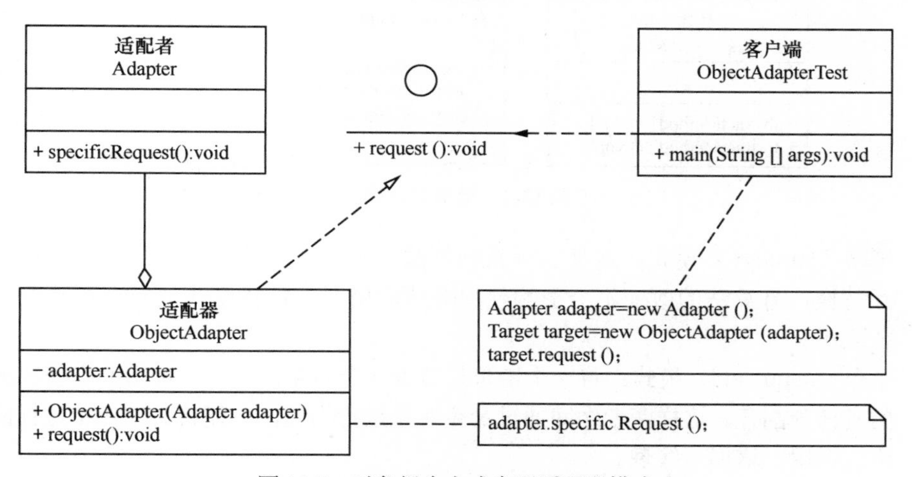

图 13-3　对象组合方式实现适配器模式

- 装饰（decorator）模式：在不改变现有对象结构的情况下，动态地给对象增加一些职责，即增加其额外的功能。装饰模式实质上是用对象组合的方式扩展功能，因为它比继承的方式扩展功能耦合度低。
- 外观（facade）模式：为复杂的子系统提供一个一致的接口，使这些子系统更加容易被访问。
- 享元（flyweight）模式：运用共享技术来有效地支持大量细粒度对象的复用。比如线程池、固定分配存储空间的消息队列等往往都是该模式的应用场景。
- 组合（composite）模式：又叫部分-整体模式，是一种将对象组合成树状的层次结构的模式，用来表示“部分-整体”的关系，使用户对单个对象和组合对象具有一致的访问接口。组合模式是多态和对象组合的应用。
- 模板方法（template method）模式：定义一个操作中的算法框架，而将算法的一些步骤延迟到子类中，使子类可以在不改变该算法结构的情况下重定义该算法的某些特定步骤。模板方法模式是继承和重载机制的应用，属于类模式。图 13-4 所示为模板方法模式。

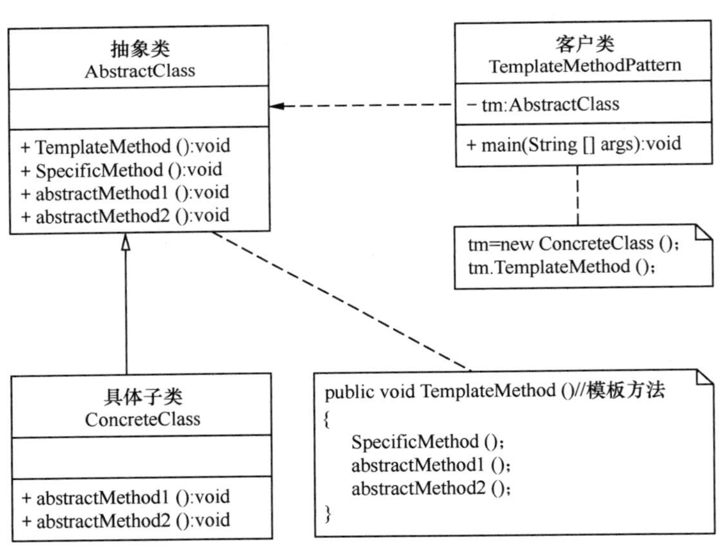

图 13-4　模板方法模式

- 策略（strategy）模式：定义了一系列算法，并将每个算法封装起来，使它们可以相互替换，且算法的改变不会影响使用算法的用户。策略模式是多态和对象组合的综合应用。
- 命令（command）模式：将一个请求封装为一个对象，使发出请求的责任和执行请求的责任分割开。这样两者之间通过命令对象进行沟通，方便将命令对象进行储存、传递、调用、增加与管理。
- 职责链（chain of responsibility）模式：为了避免请求发送者与多个请求处理者耦合在

一起，将所有请求的处理者通过前一对象记住其下一个对象的引用而连成一条链。当有请求发生时，可将请求沿着这条链传递，直到有对象处理它为止。通过这种方式将多个请求处理者串联为一个链表，去除请求发送者与它们之间的耦合。图 13-5 所示为职责链模式静态结构图，图 13-6 所示为职责链模式的动态示意图。

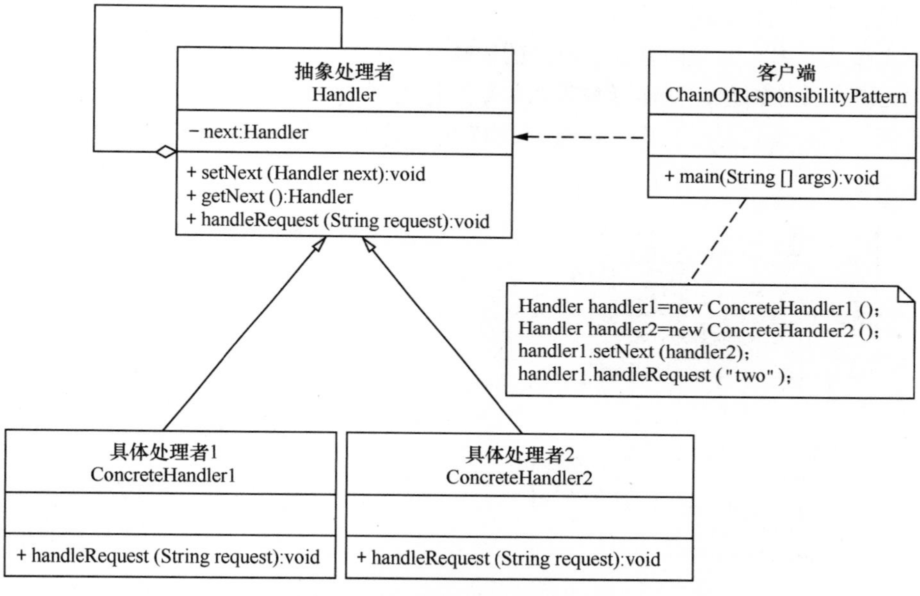

图 13-5 职责链模式静态结构图

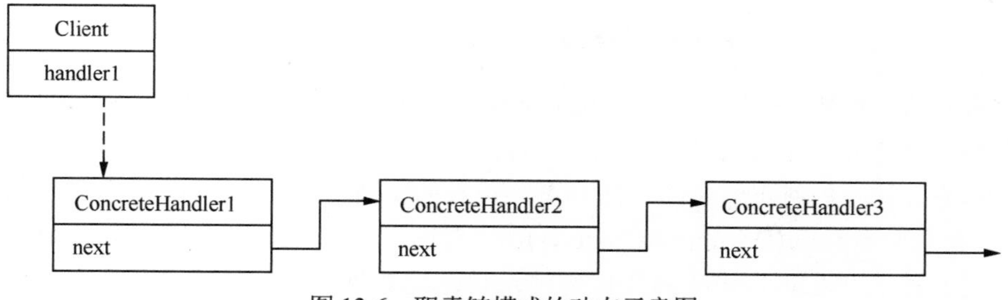

图 13-6 职责链模式的动态示意图

- 中介（mediator）模式：定义一个中介对象来简化原有对象之间的交互关系，降低系统中对象间的耦合度，使原有对象之间不必相互了解。在现实生活中，常常会出现好多对象之间存在复杂的交互关系，这种交互关系常常是“网状结构”，它要求每个对象都必须知道它需要交互的对象。如果把这种“网状结构”改为“星形结构”，将大大降低它们之间的耦合度，这时只要找一个中介就可以了。在软件的开发过程中，这样的例子也很多，例如，在 MVC 框架中，控制器（C）就是模型（M）和视图（V）的中介，采用“中介模式”可大大降低对象之间的耦合度，提高系统的灵活性。

13.4　观察者模式举例

前文仅仅概览性地介绍了软件设计模式的特点、分类，以及简要列举了一些常用的软件设计模式。为了能对软件设计模式有更加深入的说明，我们以观察者（observer）模式为例具体来看它内部的软件结构和实现方法。

观察者模式指多个对象间存在一对多的依赖关系，当一个对象的状态发生改变时，把这种改变通知给其他多个对象，从而影响其他对象的行为，这样所有依赖于它的对象都得到通知并被自动更新。这种模式有时又称作发布-订阅模式。图 13-7 所示为文档编辑器中用到的观察者模式。

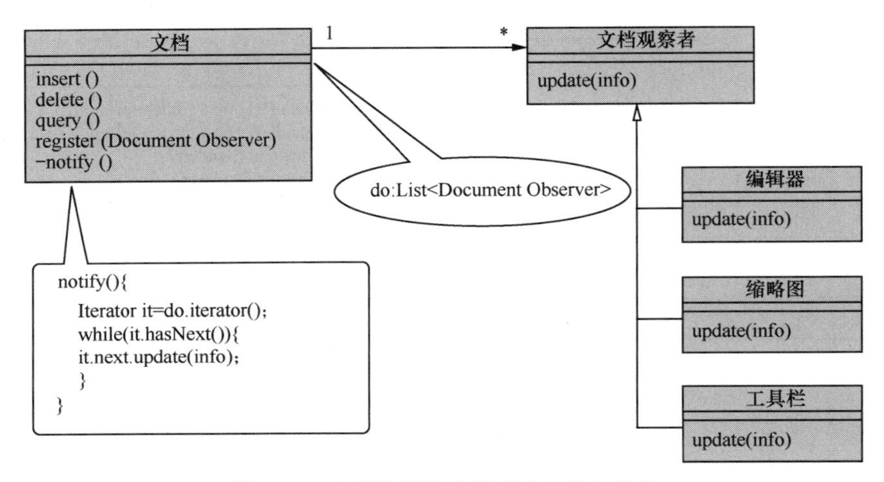

图 13-7　文档编辑器中用到的观察者模式

在这里文档工具是观察者，它们时刻注视着文档的一举一动，文档发生变化时文档工具就及时更新自己的状态。比如文档中选中了一段文字，这时文字格式工具就会自觉变成使能（enable）状态。这是如何实现的呢？图 13-8 中所有的文档工具都继承自一个抽象类 Document Observer，并通过 register(Document Observer)加入观察者列表（do:List<Document Observer>），这时文档发生变化的通知（info）就可以通过 notify()通知每一个观察者，即调用 update(info)。

我们再以高温预警系统为例来看看观察者模式的示例代码。高温预警系统用于气象部门采集气象数据，其中包括气温，当温度超过某一阈值时，向各个单位和个人发出高温警报通知，以帮助其及时做好高温防护措施。高温预警过程分析总结为以下几点。

- 想要得到高温警报通知的对象订阅高温预警服务。
- 高温预警系统需要知道哪些对象是需要通知的。这需要预警系统维护一个订阅对象列表。
- 高温预警系统在温度达到阈值的时候，通知所有订阅服务的对象。如何通知呢？这需要订阅服务的对象具备接收高温警报通知的功能。

以下代码中创建了高温预警系统 ForcastSystem 的对象 s，又创建了 Government 对象 g，注意创建 Government 对象时用到了 ForcastSystem 的对象 s，实际上就是让 Government 对象 g 订阅了 ForcastSystem 的对象 s 的服务。用同样的方法创建了 Company 对象 c 和 Person 对象 p，它们也都订阅了 ForcastSystem 的对象 s 的服务。

```
package Observer;
import javA.util.Random;


public class Test {
    public static void main(String[] args) {
        Subject s = new ForcastSystem();
        Government g = new Government(s);
        Company c = new Company(s);
        Person p = new Person(s);

        Random temperature = new Random();
        int i = 0;
        while (true) {
            s.setTemperature(temperature.nextInt(45));
        }
    }
}
```

以上代码中我们使用随机生成器模拟生成监测到温度信息 temperature，这样 ForcastSystem 的对象 s 检测到温度超过一定阈值时，会自动发布预警通知。如何自动发布预警通知？这要看以下 ForcastSystem 的具体实现。

```
package Observer;
import javA.util.Iterator;
import javA.util.Vector;


public interface Subject {
    public boolean add(Observer observer);
    public boolean remove(Observer observer);
    public void notifyAllObserver();
    public String report();
}

public class ForcastSystem implements Subject {
    private float temperature;
    private String warningLevel;
    private final Vector<Observer> vector;
```

```
    public ForcastSystem() {
        vector = new Vector<Observer>();
    }

    public boolean add(Observer observer) {
        if (observer != null && !vector.contains(observer)) {
            return vector.add(observer);
        }
        return false;
    }
    public boolean remove(Observer observer) {
        return vector.remove(observer);
    }

    public void notifyAllObserver() {
        Iterator<Observer> iterator = vector.iterator();
        while (iterator.hasNext()) {
            (iterator.next()).update(this);
        }
    }

    private void invoke() {
        if (this.temperature >= 35) {
            if (this.temperature >= 35 && this.temperature < 37) {
                this.warningLevel = "Yellow";
            } else if (this.temperature >= 37 && this.temperature < 40) {
                this.warningLevel = "Orange";
            } else if (this.temperature >= 40) {
                this.warningLevel = "Red";
            }
            this.notifyAllObserver();
        }
    }

    public void setTemperature(float temperature) {
        this.temperature = temperature;
        this.invoke();
    }
    public String report() {
        return this.warningLevel + this.temperature;
    }
}
```

观察者订阅服务的方法可以从以下 Government、Company 和 Person 的代码中看出端倪。

```
package Observer;

public interface Observer {
```

```
    public void update(Subject subject);
}

public class Government implements Observer {
    public Government(Subject subject) {
        subject.add(this);
    }
    public void update(Subject subject) {
        System.out.println(subject.report());
    }
}

public class Company implements Observer {
    public Company(Subject subject) {
        subject.add(this);
    }

    public void update(Subject subject) {
        System.out.println(subject.report());
    }
}

public class Person implements Observer {
    public Person(Subject subject) {
        subject.add(this);
    }

    public void update(Subject subject) {
        System.out.println(subject.report());
    }
}
```

与文档编辑器中用到的观察者模式相比，高温预警系统中定义了 Subject 作为被观察者的抽象接口，可以衍生出一系列服务，比如大风预警、暴雨预警等，而文档编辑器往往在同一时刻仅能聚焦于一个文档。

这样具体的观察者 Government、Company、Person 及其“子子孙孙”，被观察者 ForcastSystem 及衍生出来的一系列服务，它们都只与 Observer 和 Subject 抽象接口有关系。

注意：与文档编辑器中用到的观察者模式相比，ForcastSystem 及同类系统也只与 Observer 和 Subject 抽象接口有关系。

这样具体的观察者和被观察者之间没有直接耦合关系，可以各自独立演化。

13.5 软件设计模式背后的设计原则

13.5.1 开闭原则

开闭原则（Open Closed Principle，OCP）由伯特兰 • 迈耶（Bertrand Meyer）提出，他在 1988 年的著作《面向对象软件构造》（*Object Oriented Software Construction*）中提出：软件应当对扩展开放，对修改关闭。这就是开闭原则的定义。

遵守开闭原则使软件拥有一定的适应性和灵活性，同时具备稳定性和延续性。统一过程以架构为中心增量且迭代的过程，和开闭原则具有内在的一致性，它们都追求软件结构上的稳定性。当我们理解了软件结构在本质上不稳定的时候，一个小小的需求变更便很可能会触动软件结构的灵魂，瞬间让软件结构崩塌，即便通过破坏软件结构的内在逻辑模型打上“丑陋”的补丁，也会使软件内在的结构恶化而加速软件的死亡。因此开闭原则在基本需求稳定且被充分理解的前提下才具有一定的使用价值。

在设计上要包容软件结构本身的变化，以利于软件结构上的不断重构（refactoring），才能适应软件结构本质上的易变性特点。

13.5.2 丽斯科夫替换原则

丽斯科夫替换原则（Liskov Substitution Principle，LSP）是由麻省理工学院计算机科学实验室的芭芭拉 • 丽斯科夫（Barbara Liskov）女士在 1987 年发表的一篇文章“Data Abstraction and Hierarchy”里提出来的，她提出：继承必须确保超类所拥有的性质在子类中仍然成立。

丽斯科夫替换原则主要阐述了继承用法的原则，也就是什么时候应该使用继承，什么时候不应该使用继承，以及其中蕴含的原理。

通俗来讲就是，子类可以扩展父类的功能，但不能改变父类原有的功能。也就是说儿子和父母要在 DNA 基因上一脉相承，尽管程序员可以完全自由掌控自己的代码，但也不能胡来，要遵守“自然规律”。

丽斯科夫替换原则告诉我们，子类继承父类时，除添加新的方法完成新增功能外，尽量不要重写父类的方法。如果通过重写父类的方法来完成新的功能，这样写起来虽然简单，但是整个继承体系的可复用性会比较差，特别是运用多态比较频繁时，程序运行出错的概率会变大。

丽斯科夫替换原则在如今看来其价值大打折扣，因为为了降低耦合度我们往往使用对象组合来替代继承关系。反而是丽斯科夫替换原则不推荐的多态，成为诸多软件设计模式的基础。

13.5.3 依赖倒置原则

依赖倒置原则（Dependence Inversion Principle，DIP）是 Object Mentor 公司总裁罗伯特 • C. 马丁（Robert C. Martin）于 1996 年在 *C++Report* 上发表文章提出来的。

依赖倒置原则的原始定义为：高层模块不应该依赖低层模块，两者都应该依赖其抽象；抽象不应该依赖细节，细节应该依赖抽象。其核心思想是：要面向接口编程，不要面向实现编程。

由于在软件设计中，细节具有多变性，而抽象层相对稳定，因此以抽象为基础搭建起来的架构要比以细节为基础搭建起来的架构稳定得多。这里的抽象指的是接口或者抽象类，而细节是指具体的实现类。

依赖倒置原则在模块化软件设计中降低模块之间的耦合度、加强模块的抽象封装、提高模块的内聚度上具有普遍的指导意义，但是“依赖倒置”这个名称体现的是抽象层次结构上的依赖倒置，并不能直观展现它在模块化软件设计中的重要价值。编者觉得应该给它起个更好的名字，你也可以试试重新给它起个名字。

13.5.4 单一职责原则

单一职责原则（Single Responsibility Principle，SRP）又称单一功能原则，由罗伯特•C. 马丁在《敏捷软件开发：原则、模式和实践》（*Agile Software Development: Principles, Patterns, and Practices*）一书中提出。

单一职责原则规定一个类应该有且仅有一个引起它变化的原因，否则类应该被拆分。

单一职责原则的核心就是控制类的粒度大小。遵循单一职责原则可以降低类的复杂度，因为一个类只负责一项职责，肯定要比负责多项职责简单；同时可以提高类的内聚度，符合模块化软件设计的高内聚低耦合的设计原则。

单一职责原则是最简单但又最难运用的原则之一，需要设计人员发现类的不同职责并将其分离，再封装到不同的类或模块中。而发现类的多重职责需要设计人员具有较强的抽象分析设计能力和相关的重构经验。

13.5.5 德米特法则

德米特法则（Law of Demeter，LoD），又叫最少知识原则（Least Knowledge Principle，LKP），诞生于 1987 年美国东北大学（Northeastern University）的一个名为德米特（Demeter）的研究项目，由伊恩 • 霍兰（Ian Holland）提出，被 UML 创始者之一的布奇（Booch）普及，后来又因为在经典著作《程序员修炼之道》（*The Pragmatic Programmer*）中被提及而广为人知。

德米特法则的定义是：只与你的直接朋友交谈，不跟陌生人说话。其含义是：如果两个软件实体无须直接通信，就不应当发生直接的相互调用，可以通过第三方转发该调用。其目的是降低类之间的耦合度，提高模块的相对独立性。

遵守德米特法则可以使设计具有良好的低耦合特点。

13.5.6 合成复用原则

合成复用原则（Composite Reuse Principle，CRP）又叫组合/聚合复用原则（Composition/Aggregate Reuse Principle，CARP）。它要求在软件复用时，要尽量先使用组合或者聚合关系来实现，其次才考虑使用继承关系来实现。如果要使用继承关系，则必须严格遵循丽斯科夫替换原则。

通常类的复用分为继承复用和对象组合复用两种，继承复用虽然有简单和易实现的优点，但它也存在以下缺点。

- 继承复用会破坏类的封装性。因为继承会将父类的实现细节暴露给子类，父类对子类是透明的，所以这种复用又称为“白箱”复用。
- 子类与父类的耦合度高。父类的实现发生任何改变都会导致子类的实现发生变化，这不利于类的扩展与维护。
- 继承复用会限制复用的灵活性。从父类继承而来的实现是静态的，在编译时已经确定，所以在运行时不可能发生变化。

采用组合或聚合复用时，可以将已有对象纳入新对象，使之成为新对象的一部分。新对象可以调用已有对象的功能，它有以下优点。

- 组合或聚合复用可维持类的封装性。因为属性对象的内部细节是新对象看不见的，所以这种复用又称为“黑箱”复用。
- 新旧类之间的耦合度低。这种复用所需的依赖较少，新对象存取属性对象的唯一方法是通过属性对象的接口。
- 复用的灵活性高。这种复用可以在运行时动态进行，新对象可以动态地引用与属性对象类型相同的对象。

13.5.7　反思软件设计模式的根基

通过对软件设计模式的学习，我们知道软件设计模式是以类和对象作为基本元素构建起来的、具有良好特性的软件结构。这种以类和对象作为基本元素构建软件的方法，也就是面向对象的分析和设计方法，是一种主流的看待软件的思想方法的范型，取得了巨大成功，比如形成了编程语言、UML、软件设计模式、软件架构等一系列不同层面的工具和成果。

同时面向对象方法本身也引入了不是软件所固有的一些复杂性，抽象出对象这一基本软件元素并试图以其为基础打造坚实的科学模型，来建构软件世界的努力逐渐重新走入经验主义的窠臼。比如设计模式就是典型的经验模型；再比如最新的一些语言特性，融合了面向过程编程的优点以及函数式编程的优点；甚至软件开发方法也融合了颇具工匠精神的思路，通过不断迭代和重构来优化软件设计结构以及代码结构。这些都让我们重新审视将软件抽象成对象这一基本元素作为认识软件的基础是否根基牢固。

本章练习

一、选择题

1．面向对象设计时，对象信息的隐藏主要是通过（　　）实现的。

A．对象的封装性　　B．子类的继承性

C．系统模块化　　D．模块的复用

2．面向对象分析设计方法的基本思想之一是（　　）。

A．基于过程或函数来构造一个模块

B．基于事件及对事件的响应来构造一个模块

C．基于问题领域的成分来构造一个模块

D．基于数据结构来构造一个模块

3．软件设计中的（　　）设计指定各个组件之间的通信方式以及各组件之间如何相互作用。

A．数据　　B．接口

C．结构　　D．组件

二、判断题

1．（　　）面向对象设计中对象之间的继承关系有利于子类复用父类的功能，而对象更重要的作用是提供一种抽象方法，将数据、行为和功能进行更高层级的封装，暴露出更加简洁的外部可见接口。基于这种思想我们可以对复杂系统进行特定目的的抽象封装，封装为一个对象，这个对象及其外部可见的接口即外观，这就是外观模式。

2．（　　）软件设计模式是为包容变化而生的，因此使用软件设计模式带来的结果是代码更容易修改和扩展、更容易理解和阅读、有更好的执行效率等。

三、简述题

简述依赖倒置原则的主要含义及其应用价值。

四、实验

找一个适合观察者模式的应用场景并将之编程实现。

第 14 章 软件架构举例

14.1 三层架构

层次化架构是利用面向接口编程的原则将层次化的结构型设计模式作为软件的主体结构。比如三层架构是层次化架构中比较典型的代表，其示意图如图 14-1 所示，我们以三层架构为例来介绍。

图 14-1 所示的三层架构是指：表示层、业务逻辑层、数据访问层，它们的功能如下。

- 表示层：用来接收用户请求的代码，比如用户单击某个界面对象。
- 业务逻辑层：系统的业务逻辑主要写在这里，比如借书用例会有借书的业务处理过程。
- 数据访问层：直接操作数据库做持久化存储变更的代码模块。

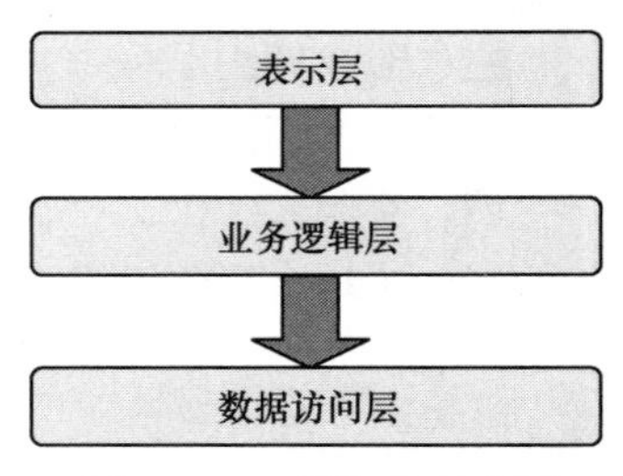

图 14-1　三层架构示意图

为了降低耦合度，在这里使用面向对象接口的编程原则，也就是上层对下层的调用直接通过接口来完成，下层对上层提供服务通过接口的具体实现完成。这样实现接口的类是可以更换的，这就实现了层间的解耦合。

14.2 MVC 架构

14.2.1 什么是 MVC

MVC 即 Model-View-Controller（模型-视图-控制器）。MVC 是一种设计模式，以 MVC 为主体结构实现的基础代码框架一般称为 MVC 框架。如果 MVC 设计模式决定了整个软件的架构，不管是直接实现了 MVC 设计模式还是以某一种 MVC 框架为基础，只要软件的整体结构主要表现为 MVC 设计模式，我们就称该软件的架构为 MVC 架构。MVC 的结构示意图如图 14-2

所示。

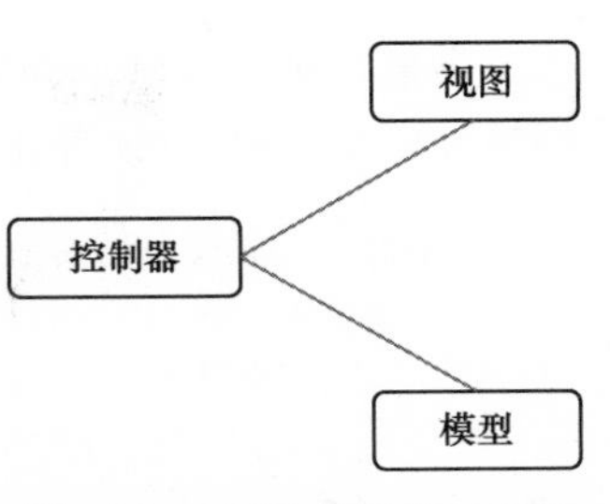

图 14-2 MVC 的结构示意图

MVC 中 M、V 和 C 所代表的含义如下。

- M（模型）代表存取数据的对象及其数据模型。
- V（视图）代表模型包含的数据的表达方式，一般表达为可视化的界面接口。
- C（控制器）作用于模型和视图，控制数据流向数据模型对象，并在数据变化时更新视图。控制器可以使视图与模型分离，降低视图与模型之间的耦合度。

模型和视图有着业务数据层面的紧密耦合关系，控制器的核心工作就是业务逻辑处理。显然 MVC 架构和三层架构有着某种对应关系，但又不是层次架构的抽象接口依赖关系。因此，为了体现它们的区别和联系，我们在 MVC 的结构示意图中将模型和视图垂直对齐表示它们内在的业务层次及业务数据的对应关系，而将控制器放在左侧表示控制器处于优先的重要位置，放在模型和视图的中间位置是为了使之与三层架构中的业务逻辑层处于相似的层次。

14.2.2 MVC 模式

为了理解 MVC 模式的工作机制是如何区别于三层架构的，我们先来看看 MVC 模式的一个简要示例。

我们将创建一个作为模型的 Student 对象。StudentView 是一个把学生详细信息输出到控制台的视图类，StudentController 是负责存储数据到 Student 对象中的控制器类，并相应地更新视图 StudentView。

先看模型 Student 类如下。Student 类有学号 rollNo 和姓名 name 两个属性，以及属性对应的 get 和 set 方法。

```
public class Student {
    private String rollNo;
    private String name;
    public String getRollNo() {
        return rollNo;
    }
    public void setRollNo(String rollNo) {
        this.rollNo = rollNo;
    }
    public String getName() {
        return name;
    }
    public void setName(String name) {
        this.name = name;
    }
}
```

再来看视图的 StudentView 类如下。StudentView 类仅有一个方法 printStudentDetails，负责将学号和姓名输出到控制台。

```
public class StudentView {
    public void printStudentDetails(String studentName, String studentRollNo){
        System.out.println("Student: ");
        System.out.println("Name: " + studentName);
        System.out.println("Roll No: " + studentRollNo);
    }
}
```

还有控制器的 StudentController 类如下。StudentController 类有两个属性 model 和 view，分别是 Student 类和 StudentView 类的对象；StudentController 类的构造函数 StudentController 以 Student 类和 StudentView 类的对象作为参数。显然 Student 类、StudentView 类和 StudentController 类之间是组合或聚合关系。

```
public class StudentController {
    private Student model;
    private StudentView view;

    public StudentController(Student model, StudentView view){
        this.model = model;
        this.view = view;
    }

    public void setStudentName(String name){
        model.setName(name);
    }

    public String getStudentName(){
        return model.getName();
    }

    public void setStudentRollNo(String rollNo){
        model.setRollNo(rollNo);
    }

    public String getStudentRollNo(){
        return model.getRollNo();
    }

    public void updateView(){
        view.printStudentDetails(model.getName(), model.getRollNo());
    }
}
```

StudentController 类进一步封装了 Student 类对学号 rollNo 和姓名 name 两个属性的 get 和 set 方法。StudentController 类还通过 updateView 方法封装了 StudentView 类仅有的一个方法 printStudentDetails，负责将学号和姓名输出到控制台。

最后我们使用 MVCPatternDemo 来演示 MVC 模式的用法如下。MVCPatternDemo 演示了在初始化 controller 对象之后，业务逻辑的处理仅需要通过 controller 对象间接使用 Student 类和 StudentView 类的功能，从而使业务逻辑与下面的模型及上面的视图之间都是松散耦合关系。从模型和视图角度看，一个系统中众多的模型和视图之间没有直接的耦合关系，因此简化了系统的扩展和维护。

```
public class MVCPatternDemo {
    public static void main(String[] args) {
        //从数据库获取学生记录
        Student model  = retrieveStudentFromDatabase();
        //创建一个视图：把学生详细信息输出到控制台
        StudentView view = new StudentView();
        StudentController controller = new StudentController(model, view);

        controller.updateView();
        //更新模型数据
        controller.setStudentName("John");
        controller.updateView();
    }

    private static Student retrieveStudentFromDatabase(){
        Student student = new Student();
        student.setName("Robert");
        student.setRollNo("10");
        return student;
    }
}
```

如果从类的角度看，StudentController 类应该在上面，它下面依赖 Student 类和 StudentView 类，这也是我们看到的大多数 MVC 模式的示意图习惯于将控制器放在中间位置的原因。从面向对象的设计来看，MVC 是对象组合的综合应用；从设计模式的角度看，控制器是模型和视图之间的中介者（mediator），这是典型的中介者模式。

14.2.3 MVC 架构

MVC 模式通常用于开发具有人机交互界面的软件，这类软件的最大特点就是用户界面容易随着需求变更而发生改变。例如，当你要扩展一个应用程序的功能时，通常需要修改菜单和添加页面来反映这种变化。如果用户界面和核心功能逻辑紧密耦合在一起，要扩展功能是非常困难的，因为任何改动很容易在其他功能上产生意想不到的问题。

为了包容需求上的变化，也就是用户界面的修改不会影响软件的核心功能，可以采用将模型、视图和控制器相分离的思想。采用 MVC 设计模式往往决定了整个软件的主体结构，因此我们称该软件为 MVC 架构。

在 MVC 架构下，模型用来封装核心数据和功能，它独立于特定的输出表示和输入行为，是执行某些任务的代码，至于这些任务以什么形式展示给用户，并不是模型所关注的问题。模型只有纯粹的功能性接口，也就是一系列的公开方法。这些方法有的是取值方法，让系统其他部分可以得到模型的内部状态；有的则是写入更新数据的方法，允许系统的其他部分修改模型的内部状态。

在 MVC 架构下，视图用来向用户展示信息。它获得来自模型的数据，决定模型以什么样的方式展示给用户。同一个模型可以对应于多个视图，这样对于视图而言，模型就是可复用的代码。一般来说，模型内部必须保留所有对应视图的相关信息，以便在模型的状态发生改变时，可以通知所有的视图进行更新。

在 MVC 架构下，控制器是和视图联合使用的。它捕捉鼠标移动、鼠标单击和键盘输入等事件，将其转化成服务请求，然后传给模型或者视图。软件的用户是通过控制器来与系统交互的——用户通过控制器来操纵模型，从而向模型传递数据，改变模型的状态，并最后导致视图的更新。

MVC 架构将模型、视图与控制器这 3 个相对独立的部分分隔开来，这样改变软件的一个子系统不至于对其他子系统产生重要影响。例如，在将一个非图形化用户界面软件修改为图形化用户界面软件时，不需要对模型进行修改，而只需添加一个对新的输入设备的支持，这样通常不会对视图产生任何影响。

MVC 架构示意图如图 14-3 所示。

- 控制器创建模型。
- 控制器创建一个或多个视图，并将它们与模型相关联。
- 控制器负责改变模型的状态。
- 当模型的状态发生改变时，模型会通知与之相关的视图进行更新。

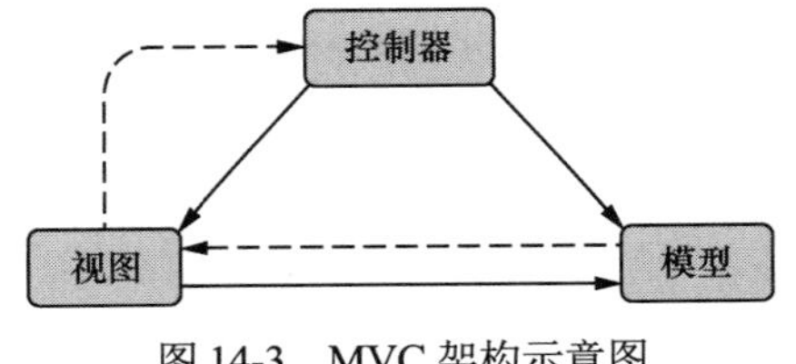

图 14-3 MVC 架构示意图

可以看到图 14-3 所示的示意图与抽象、简化的 MVC 模式结构示意图已经有了明显的区别，变得更为复杂。但这与实际软件结构相比还是极其简单的，实际情况可能会有更多合理的和不合理的复杂联系，要保持软件结构在概念上的完整性极为困难。

14.3 MVVM 架构

14.3.1 什么是 MVVM

MVVM 即 Model-View-ViewModel，最早由微软提出，借鉴了桌面应用程序的 MVC 模式的思想，是一种针对 WPF、Silverlight、Windows Phone 的设计模式，目前广泛应用于复杂的

JavaScript 前端项目。

随着前端页面越来越复杂，用户对交互性要求也越来越高，jQuery 是远远不够的，于是 MVVM 被引入 JavaScript 前端开发。

在前端页面中，把模型用纯 JavaScript 对象表示，视图负责显示，两者做到了最大限度的分离。把模型和视图关联起来的就是视图模型。视图模型负责把模型的数据同步到视图显示出来，还负责把视图的修改同步回模型。以比较流行的 Vue.js 框架为例，图 14-4 所示为 MVVM 架构示意图。

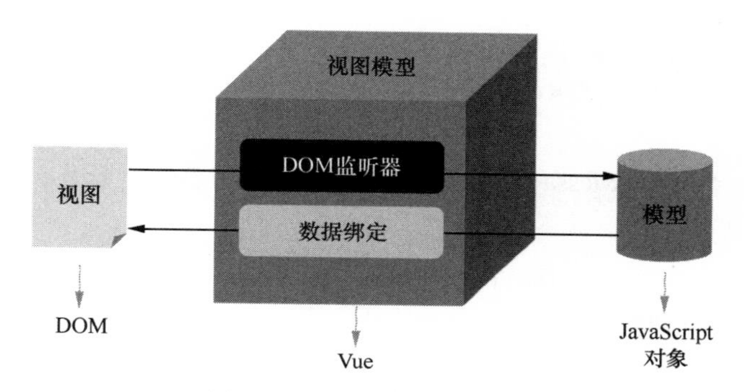

图 14-4 MVVM 架构示意图

MVVM 和 MVC 一样，主要目的是分离视图和模型，它的优点如下。

- 低耦合。视图可以独立于模型的变化和修改，一个视图模型可以绑定到不同的视图上，当视图变化的时候模型可以不变，当模型变化的时候视图也可以不变。
- 便于复用。你可以把一些视图逻辑放在一个视图模型里面，让很多视图复用这段视图逻辑。
- 独立开发。开发人员可以专注于业务逻辑和数据的开发，设计人员可以专注于页面设计。
- 便于测试。界面素来是比较难以测试的，测试可以针对视图模型来写。

14.3.2 Vue.js 的基本用法

为了展现 MVVM 的威力，我们先用 Vue.js 写一个简单的示例，从用户开发者的角度来体会 MVVM 的良好特性。

我们现在的目标是尽快用起来，所以最简单的方法是直接在 HTML 代码中像引用 jQuery 一样引用 Vue.js。

```
<!-- 引用网上的 Vue.js -->
<script src="https://unpkg.com/vue"></script>
<!-- 或者下载下来本地引用 Vue.js -->
<script src="/static/js/vue.js"></script>
```

加上以上代码我们就可以在 HTML 页面中编写 JavaScript 代码了。

我们的模型是一个 JavaScript 对象 data，举例如下。

```
data: {
    message: 'Hello Vue!'
}
```

负责显示的是 DOM 节点，可以用{{ message }}来引用模型的属性，也就是视图，举例如下。

```
<div id="app">
    <p>{{ message }}</p>
    <button v-on:click="reverseMessage">Reverse Message</button>
</div>
```

其中 v-on:click="reverseMessage"用来跟踪 DOM 的单击事件，调用 reverseMessage 方法。

```
methods: {
    reverseMessage: function () {
        this.message = this.message.split('').reverse().join('')
    }
}
```

我们在创建 Vue 对象 app 的时候，即 var app = new Vue(el: '#app'...)，根据名称'#app'将视图即<div id="app">...</div>，与 app 对象中的模型即 app 对象中定义的 data，绑定起来，这样 data 中的 message 即'Hello Vue.js!'，就会自动更新到 View DOM 元素中，也就是替代{{ message }}。

视图 DOM 元素 button 上的事件 click 绑定 app 对象的方法 reverseMessage，这样单击 button 按钮就能触发 reverseMessage 方法，reverseMessage 方法只是修改了 data 中定义的 message，页面却能神奇地自动更新视图 DOM 元素中的{{ message }}。

这就是模型数据绑定和 DOM 事件监听。

```
<!DOCTYPE html>
<html>
<head>
    <title>My first Vue app</title>
    <script src="https://unpkg.com/vue"></script>
</head>
<body>
    <div id="app">
        <p>{{ message }}</p>
        <button v-on:click="reverseMessage">Reverse Message</button>
    </div>


    <script>
        var app = new Vue({
            el: '#app',
```

```
            data: {
                message: 'Hello Vue.js!'
            },
            methods: {
                reverseMessage: function () {
                    this.message = this.message.split('').reverse().join('')
                }
            }
        })
    </script>
</body>
</html>
```

以上为 Vue.js 的简单示例完整的代码[①]。

14.3.3 Vue.js 背后的 MVVM

Vue.js 是一个前端构建数据驱动的 Web 界面的库，主要的特色是响应式的数据绑定，区别于以往的命令式用法。也就是在 14.3.2 小节中示例代码 this.message = this.message.split('').reverse().join('')执行的过程中，拦截赋值'='的过程，在赋值的过程中不仅修改了模型 message，而且更新了所有依赖模型 message 的视图，从而实现了模型和视图自动同步更新的功能。显然这里不需要显式地使用命令更新视图，而是将更新视图的动作隐含在了赋值的过程中。

Vue.js 如何做到这一点的呢？具体做法如下。

首先把一个普通对象作为参数创建 Vue 对象，Vue.js 将遍历对象中 data 对象的属性，用 Object.defineProperty 将要观察的对象的赋值操作转化为 getter/setter 方法，以便拦截对象赋值与取值操作，称之为 Observer。

```
//客户端把一个普通对象作为参数创建 Vue 对象
    var app = new Vue({
        el: '#app',
        data: {
            message: 'Hello Vue.js!'
        },
        ...
    })

//遍历 data 用 Object.defineProperty
//将要观察的对象的赋值操作转化为 getter/setter 方法
Observer.prototype.transform = function(data){
    for(var key in data){
        var value = data[key];
        Object.defineProperty(data, key, {
```

① 关注微信公众号“读行学”在“图书”菜单进入本书页面附录 1，即可获得 Vue.js 的简单示例完整的代码及运行演示。

```
                enumerable:true,
                configurable:true,
                get:function(){
                    return value;
                },
                set:function(newVal){
                    if(newVal == value){
                        return;
                    }
                    //遍历 newVal
                    this.transform(newVal);
                    data[key] = newVal;//此处为伪代码
                }
            });

            //递归处理
            this.transform(value);
        }
    }
```

注意，data[key] = newVal 一句为伪代码，是为了便于理解，但实际上赋值还会调用 set 方法形成死循环，后续会展开这一环节的进一步处理方法。

将 DOM 解析，提取其中的事件指令与占位符/表达式，并赋予不同的操作创建 Watcher 在模型中监听视图中出现的占位符/表达式，以及根据事件指令绑定监听事件和 method。这是编译视图模板的主要工作，我们称之为 Compiler。

```
//DOM 中的指令与占位符
...
    <p>{{ message }}</p>
    <button v-on:click="reverseMessage">Reverse Message</button>
...
//创建 Watcher 在模型中监听视图中出现的占位符/表达式的每一个成员
var watcher = new Watcher("message"):
//绑定监听事件和 method
node.addEventListener("click", "reverseMessage"):
```

将 Compiler 的解析结果，与 Observer 所观察的对象连接起来建立关系，在 Observer 观察到对象数据变化时，接收通知，同时更新 DOM，称之为 Watcher。

```
//观察者模式中的被观察者的核心部分
var Dep = function(){
    this.subs = {};
};
Dep.prototype.addSub = function(target){
    if(!this.subs[target.uid]) {
        //防止重复添加
```

```
        this.subs[target.uid] = target;
    }
};
Dep.prototype.notify = function(){
    for(var uid in this.subs){
        this.subs[uid].update();
    }
};
Dep.target = null;

//创建 Watcher，观察者模式中的观察者
var Watcher = function(exp, vm, cb){
    this.exp = exp; // 占位符/表达式的一个成员
    this.cb = cb; //更新视图的回调函数
    this.vm = vm; //ViewModel
    this.value = null;
    this.getter = parseExpression(exp).get;
    this.update();
};


Watcher.prototype = {
    get : function(){
        Dep.target = this;
        var value = this.getter?this.getter(this.vm):'';
        Dep.target = null;
        return value;
    },
    update :function(){
        var newVal = this.get();
        if(this.value != newVal){
            this.cb && this.cb(newVal, this.value);
            this.value = newVal;
        }
    }
}
```

以上 Watcher 部分的代码理解起来并不容易，这一段代码是将几个部分粘合起来的关键代码，我们稍后专门分析它。

最后，我们将前面遍历 data 用 Object.defineProperty 将要观察的对象转化为 getter/setter 方法的伪代码，并和观察者模式的伪代码结合起来形成以下伪代码，这样逻辑完整的 Vue.js 内部实现的 MVVM 框架实现机制就呈现出来了。

```
Observer.prototype.transform = function(data){
    for(var key in data){
        this.defineReactive(data,key,data[key]);
```

```
    }
};

Observer.prototype.defineReactive = function(data, key, value){
    var dep = new Dep();
    Object.defineProperty(data, key ,{
        enumerable:true,
        configurable:false,
        get:function(){
            if(Dep.target){
                //添加观察者
                dep.addSub(Dep.target);
            }
            return value;
        },
        set:function(newVal){
            if(newVal == value){
                return;
            }
            //data[key] = newVal;//死循环！赋值还会调用 set 方法
            value = newVal;//为什么可以这样修改？闭包依赖的外部变量
            //遍历 newVal
            this.transform(newVal);
            //发送更新通知给观察者
            dep.notify();
        }
    });

    //递归处理
    this.transform(value);
}
```

尽管以上关键伪代码逻辑结构完整，但是理解起来并不容易，为了便于你理解它的运行机制，我们简要提示如下几点。

- 在创建 Vue 对象时，遍历 data 用 Object.defineProperty 将要观察的对象的赋值“=”操作转化为 getter/setter 方法，但是这时要观察的对象的赋值“=”操作并没有发生，可以理解为只是对父类重载了 getter/setter 方法。
- 当编译视图模板创建 Watcher 对象时，也就是观察者模式中的观察者，其中通过触发 getter 方法将 Watcher 对象自身添加到观察者列表中。这一过程的几句关键代码按照执行顺序如下。

```
//创建 Watcher 对象时，获取它要监听占位符/表达式的一个成员对应的 getter 方法
this.getter = parseExpression(exp).get;
this.update();
//执行该 getter 方法，如果没有通过 Object.defineProperty 定义则没有该 getter 方法
```

```
var newVal = this.get();
Dep.target = this;
var value = this.getter?this.getter(this.vm):'';
//该 getter 方法添加观察者到观察者列表
dep.addSub(Dep.target);
```

- 当模型中的数据对象被修改时，如何自动将之更新到视图页面中呢？我们也简要介绍一下代码执行过程，其代码如下。

```
//在 methods 中修改 message
    methods: {
        reverseMessage: function () {
            this.message = this.message.split('').reverse().join('')
        }
    }
//触发 setter 方法
        set:function(newVal){
            if(newVal == value){
                return;
            }
            //data[key] = newVal;//死循环！赋值还会调用 set 方法
            value = newVal;//为什么可以这样修改？闭包依赖的外部变量
            //遍历 newVal
            this.transform(newVal);
            //发送更新通知给观察者
            dep.notify();
        }
//发送更新通知给观察者
Dep.prototype.notify = function(){
    for(var uid in this.subs){
        this.subs[uid].update();
    }
};
//观察者更新视图
    update :function(){
        var newVal = this.get();
        if(this.value != newVal){
            this.cb && this.cb(newVal, this.value);
            this.value = newVal;
        }
```

弄清了以上几点，相信你能够理解其中的数据绑定和事件通知工作机制。但这只是一个逻辑完整的伪代码示意，实际上 Vue.js 要复杂得多，如果有兴趣可以参阅 Vue 2.x 的源代码。

我们介绍了三层架构、MVC 架构和 MVVM 架构，用心的你应该可以体会到软件架构在朝着更灵活、更智能的方向发展。三层架构的分层模块化分解的做法降低了单体软件架构的耦合度；MVC 架构则进一步提高了三层架构中的视图和模型的灵活性，使视图和模型可以独立泛化；MVVM 架构则采用独特的软件结构让视图能够智能地根据模型的变化而自动更新，大大减少了编码的工作。

本章练习

简述题

1．简述 MVC 架构的主要特点。

2．为什么说 MVC 架构更灵活，而 MVVM 架构更智能？从软件结构特点的角度简述背后的原因。

第15章

软件架构风格与描述方法

15.1 构建软件架构的基本方法

软件架构设计是一项非常有挑战性的工作，既要考虑满足数量众多的各种系统功能需求，也要完成诸如系统的易用性、系统的可维护性等非功能性的设计目标，还要遵从各种行业标准和政策法规。

不过并不是每一个项目都需要从头开始进行完全创新性的设计，更多的是通过研究学习优秀的设计方案，来逐步改进我们的设计。换句话说，大多数的设计工作都是通过复用相似项目的解决方案，或者借鉴一些优秀设计方案的思路，让看起来非常有挑战性的软件架构设计工作变得有例可循。具体来说大致有两种不同层级的软件架构复用方法。

- 克隆（cloning）：适当地借鉴相似项目的设计方案，甚至代码，完成一些细枝末节的修改适配工作。
- 重构（refactoring）：是构建软件架构的基本方法，是在已有的软件架构的基础上不断迭代修改，逐步形成新软件架构的一种方法。

这两种软件架构复用方法与生物世界的无性繁殖和有性繁殖极为相似，比如单细胞生物通过细胞分裂实现增殖，实际上就是克隆；而有性繁殖重构了 DNA 双螺旋结构。复杂系统方面的研究表明在不同层次上的复杂系统常常表现出相似的结构，这又是一个例证。

大型软件系统的软件架构模型在整个项目中起到至关重要的作用。首先，软件架构模型有助于项目成员从整体理解系统；其次，可给复用提供高层视图，既可以辅助决定从其他系统中复用设计或组件，也给我们构建的软件架构模型未来的复用提供了更多可能性；再次，软件架构模型可为整个项目的构建过程提供蓝图，贯穿于整个项目的生命周期；最后，软件架构模型有助于理清系统演化的内在逻辑，有助于跟踪分析软件架构上的依赖关系，有助于项目管理决策和项目风险管理等。

软件架构模型是在高层抽象上对系统中关键要素的描述，而且表现出抽象的层次结构，其示意图如图 15-1 所示。

构建软件架构模型的基本方法就是在不同层次上分解（decomposition）系统并抽象出其中的关键要素。常见的分解方法如下。

- 面向功能的分解方法。用例建模即一种面向功能的分解方法。
- 面向特征的分解方法。根据数量众多的某种系统显著特征在不同抽象层次上划分模块的方法。

- 面向数据的分解方法。在业务领域建模中形成概念业务数据模型即应用了面向数据的分解方法。
- 面向并发的分解方法。在一些系统中具有多种并发任务的特点，那么我们可以将系统分解到不同的并发任务中，并描述并发任务的时序交互过程。
- 面向事件的分解方法。当系统需要处理大量的事件，而且往往事件会触发复杂的状态转换关系，这时系统就要考虑面向事件的分解方法，并将内在状态转换关系进行清晰的描述。
- 面向对象的分解方法。是一种通用的分析设计范式，是基于系统中抽象的对象元素在不同抽象层次上分解的系统的方法。

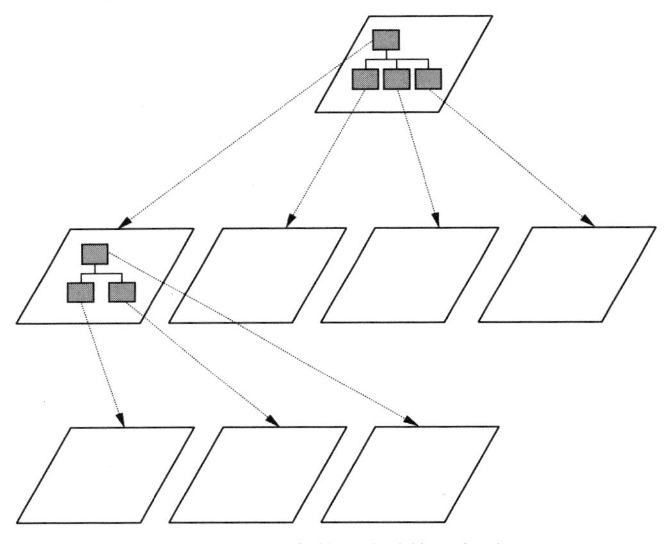

图 15-1 抽象的层次结构示意图

在合理的分解和抽象基础上抽取系统的关键要素，进一步描述关键要素之间的关系。比如面向数据分解之后形成的数据关系模型、面向事件分析之后总结出的状态转换图、面向并发分解之后总结出并发任务的时序交互过程等，都是软件架构模型中的某种关键视图。

在具体了解软件架构的视图之前，为了说明软件架构中的关键要素所表现出来的特征，我们先来看看软件架构的风格和策略，然后逐一分析软件架构的视图。

15.2 软件架构风格与策略

15.2.1 管道-过滤器

管道-过滤器风格的软件架构是面向数据流的软件体系结构，最典型的应用是编译系统。一个普通的编译系统包括词法分析器、语法分析器、语义分析与中间代码生成器、目标代码生成器等一系列对源代码进行处理的部分。图 15-2 所示为管道-过滤器风格示意图，对源代码处理的过滤器通过管道连接起来，实现了端到端的从源代码到编译目标的完整系统。

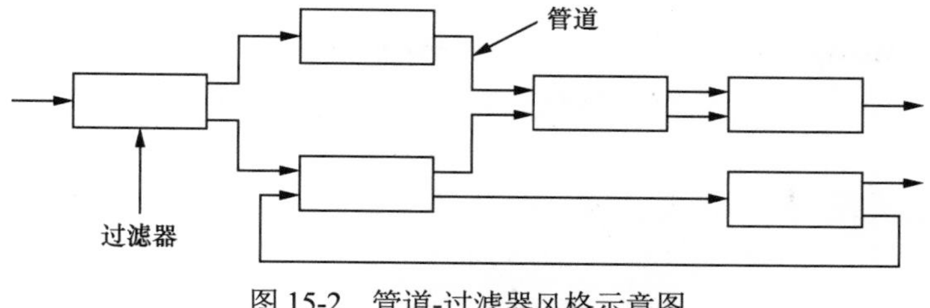

图 15-2 管道-过滤器风格示意图

15.2.2 客户-服务器

Client-Server（C-S）和 Browser-Server（B-S）是我们常用的对软件的网络结构特点的表述方式，但它们蕴含着一种普遍存在的软件架构风格，即客户-服务器模式的架构风格。

客户-服务器模式的架构风格是指客户代码通过请求和应答的方式访问或者调用服务代码。这里的请求和应答可以是调用函数和返回值，也可以是 TCP Socket 中的 send 和 recv，还可以是 HTTP 中的 GET 请求和响应。

在客户-服务器模式中，客户是主动的，服务器是被动的。客户知道它向哪个服务发出请求，服务器却不知道它正在为哪个客户提供服务，甚至不知道它正在为多少客户提供服务。

客户-服务器模式的架构风格具有典型的模块化特征，降低了系统中客户和服务构件之间的耦合度，提高了服务构件的可复用性。

15.2.3 P2P

P2P（Peer-to-Peer）架构是客户-服务器模式的一种特殊情形。P2P 架构中每一个构件既是客户端又是服务端，即每一个构件都有一种接口，该接口不仅定义了构件提供的服务，也指定了向同类构件发送的服务请求。这样众多构件一起形成了一种对等的网络结构，其示意图如图 15-3 所示。

P2P 架构典型的应用有文件共享网络等。

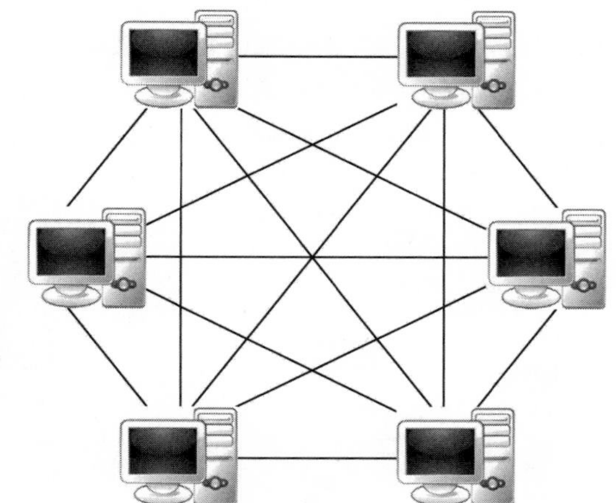

图 15-3 P2P 结构示意图

15.2.4 发布/订阅

在发布/订阅架构中，有两类构件：发布者和订阅者。如果订阅者订阅了某一事件，则该事件一旦发生，发布者就会发布通知给该订阅者。观察者模式体现了发布/订阅架构的基本结构。

在实际应用中往往会需要不同的订阅组，以及不同的发布者。由于订阅者数量庞大，因此往往在消息推送时采用消息队列的方式延时推送。图 15-4 所示为包含消息队列的发布-订阅架构示意图。

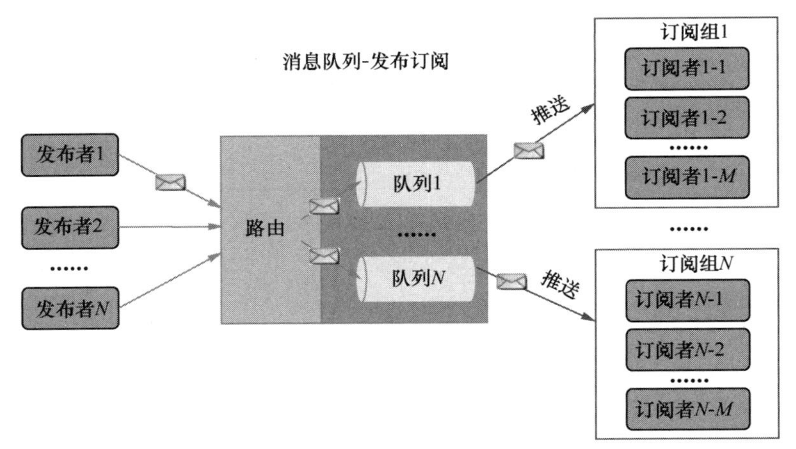

图 15-4 包含消息队列的发布/订阅架构示意图

15.2.5 CRUD

CRUD 是创建（create）、读取（read）、更新（update）和删除（delete）4 种数据库持久化信息的基本操作的助记符，表示对存储的信息可以进行这 4 种操作。CRUD 也代表了一种围绕中心化管理系统关键数据的软件架构风格。一般常见的各类信息系统，比如 ERP、CRM、医院信息化平台等都可以用 CRUD 架构来概括。

医院信息集成平台示意图如图 15-5 所示，其中心位置为运营数据中心、临床数据中心、基础数据中心等，各种应用系统围绕中心数据进行 CRUD 持久化操作，呈现出典型的 CRUD 架构风格。

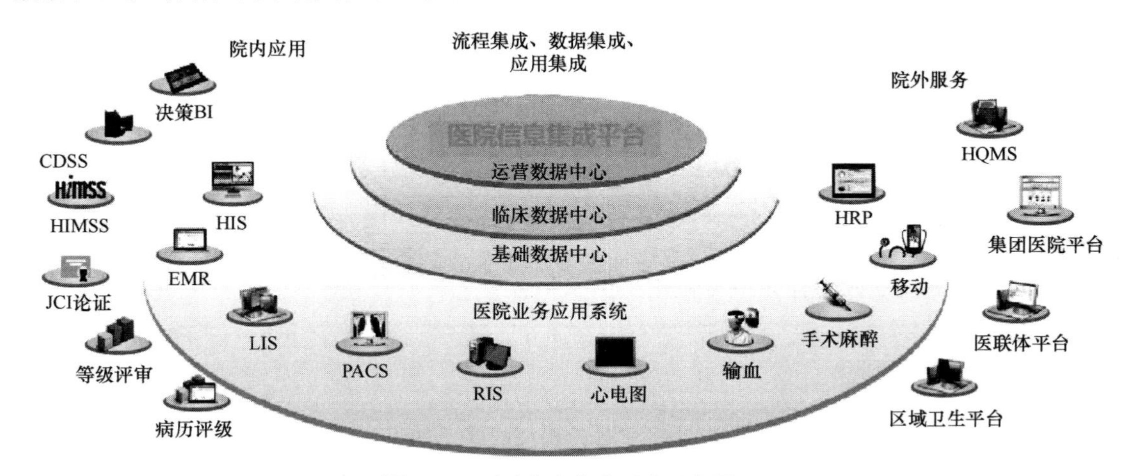

图 15-5 医院信息集成平台示意图

15.2.6 层次化

对于较为复杂的系统中的软件单元，仅仅从平面展开的角度进行模块化分解是不够的，还需要从垂直的角度将软件单元按层次组织，每一层为它的上一层提供服务，同时作为下一层的客户。

通信网络中的开放系统互连（Open System Interconnection，OSI）参考模型具有典型的层次化架构风格，其示意图如图 15-6 所示。在 OSI 参考模型中，每一层都将相邻底层提供的通信服务抽象化，隐藏它的实现细节，同时为相邻的上一层提供服务。

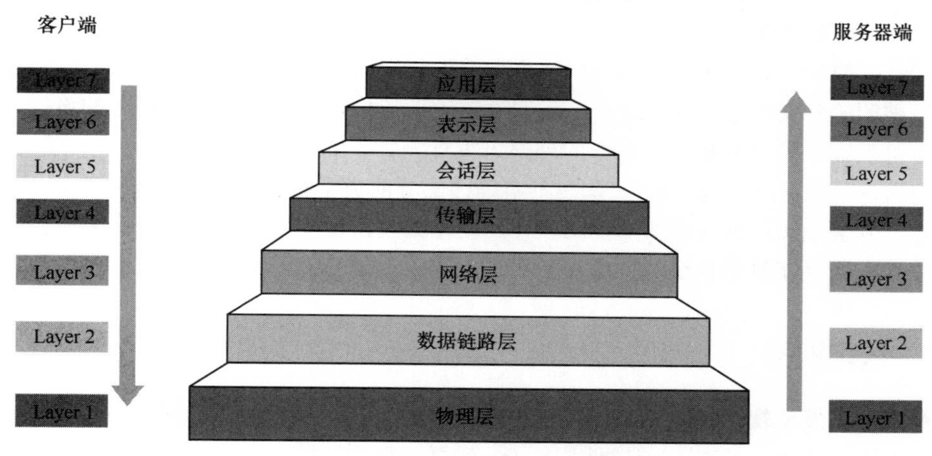

图 15-6 OSI 参考模型示意图

图 15-6 中 OSI 模型从下向上依次为物理层（physical layer）、数据链路层（data-link layer）、网络层（network layer）、传输层（transport layer）、会话层（session layer）、表示层（presentation layer）和应用层（application layer）。

15.3 软件架构的描述方法

软件架构模型是通过一组关键视图来描述的。同一个软件架构由于选取的视角（perspective）和抽象层次不同可以得到不同的视图，这样一组关键视图搭配起来可以完整地描述一个逻辑自洽的软件架构模型。一般来说，我们常用的几种视图有分解视图、依赖视图、泛化视图、执行视图、实现视图、部署视图和工作任务分配视图。

15.3.1 分解视图

分解是构建软件架构模型的关键步骤，分解视图也是描述软件架构模型的关键视图，一般分解视图呈现较明晰的分解结构（breakdown structure）特点。分解视图用软件模块勾勒出系统结构，往往会通过不同抽象层级的软件模块形成层次化的结构。由于前述分解方法中已经明确呈现出了分解视图的特征，我们这里简要介绍一下分解视图中常见的软件模块术语，如下。

- 子系统（subsystem）。一个系统可能由一些子系统组成。
- 包（package）。子系统由包组成。
- 类（class）。包又由类组成。
- 组件（component）。一般用来表示一个运行时的单元。
- 库（library）是具有明确定义的接口的共享软件代码的集合，可以是代码库，也可以是由代码库编译打包后的静态库，还可以构建成动态链接库。
- 软件模块（software module）用来指软件代码的结构化单元。当软件架构中各部分都被明确定义的接口所描述时，我们说该软件架构是模块化（modular）的设计，也就是可以准确无误地指定各部分的外部可见行为。
- 软件单元（software unit）是在不明确该部分的类型时使用。

总之，分解视图用软件模块勾勒出软件的基本架构，使用不同的分解方法往往会得到不同的架构模型，而且在复杂系统软件中往往表现出层次化的特点。

15.3.2 依赖视图

依赖视图可展现软件模块之间的依赖关系。比如一个软件模块A调用了另一个软件模块B，那么我们说软件模块A直接依赖软件模块B。如果一个软件模块依赖另一个软件模块产生的数据，那么这两个软件模块也具有一定的依赖关系。

依赖视图在项目计划中有比较典型的应用。比如它能帮助我们找到没有依赖关系的软件模块或子系统，以便独立开发和测试，同时可进一步根据依赖关系确定开发和测试软件模块的先后次序。

依赖视图在项目的变更和维护中也很有价值。比如它能有效帮助我们厘清一个软件模块的变更对其他软件模块带来的影响。

15.3.3 泛化视图

泛化视图可展现软件模块之间的一般化或具体化的关系，典型的例子就是面向对象分析和设计方法中类之间的继承关系。

注意：采用对象组合替代继承关系，并不会改变类之间的泛化特征。因此泛化是指软件模块之间的一般化或具体化的关系，不能局限于继承概念的应用。

泛化视图有助于描述软件的抽象层次，从而便于软件扩展和维护。比如通过对象组合或继承很容易形成新的软件模块与原有的软件架构兼容。

15.3.4 执行视图

执行视图可展示系统运行时的时序结构特点，比如流程图、时序图等。执行视图中的每一个执行实体，一般称为组件，都是不同于其他组件的执行实体。如果有相同或相似的执行实体，就把它们合并成一个。

执行实体可以最终分解到软件的基本元素和软件的基本结构中，因而它与软件代码具有比较直接的映射关系。在设计与实现过程中，我们一般将执行视图转换为伪代码之后，再进一步将其转换为实现代码。

15.3.5 实现视图

实现视图可描述软件架构与源文件之间的映射关系。比如软件架构的静态结构以包图或设计类图的方式来描述，但是这些包和类都是在哪些目录的哪些源文件中具体实现的呢？一般我们通过目录和源文件的命名来对应软件架构中的包、类等静态结构单元，这样，典型的实现视图就可以由软件项目的源文件目录树来呈现。

实现视图有助于程序员在海量源代码文件中找到具体的某个软件单元的实现。实现视图与软件架构的静态结构之间的映射关系对应的一致性越高，越有利于软件的维护，因此实现视图是一种非常关键的架构视图。

15.3.6 部署视图

部署视图可将执行实体和计算机资源建立映射关系。这里的执行实体的粒度要与所部署的计算机资源相匹配，比如以进程作为执行实体，那么对应的计算机资源就是主机，这时应该描述进程对应主机所组成的网络拓扑结构，这样可以清晰地呈现进程间的网络通信和部署环境的网络结构特点。当然也可以用细粒度的执行实体对应处理器、存储器等。

部署视图有助于设计人员分析设计的质量属性，比如软件处理网络高并发的能力、软件对处理器的计算需求等。

15.3.7 工作分配视图

工作分配视图可将系统分解成可独立完成的工作任务，以便分配给各项目团队和成员。工作分配视图有利于跟踪不同项目团队和成员的工作任务的进度，也有利于各个项目团队和成员之间合理地分配和调整项目资源，甚至在项目计划阶段，工作分配视图对于进度规划、项目评估和经费预算都能起到有益的作用。

每种视图都是从不同的角度对软件架构进行的描述和建模，比如从功能的角度、从代码结构的角度、从运行时结构的角度、从目录文件的角度，或者从项目团队组织结构的角度等。

软件架构代表了软件系统的整体设计结构，它应该是所有这些视图的集合。但我们不会将不同角度的这些视图整合起来，因为不便于阅读和更新。不过我们会有意识地对不同角度的视图之间的映射关系和重叠部分了然于胸，从而深刻理解软件架构内在的一致性和完整性，这就是系统概念原型。

本章练习

一、填空题

构建软件架构的基本方法中有两种不同层级的软件架构复用方法，它们是（　　　　）和（　　　　）。

二、简述题

1. 简述客户-服务器模式的架构风格的特点。
2. 简述执行视图、实现视图和部署视图各自描述了软件的哪些关键要素。

第16章
什么是高质量软件

16.1 软件质量的3种视角

16.1.1 软件质量的含义

按照字典的解释，高质量是指较好的一类或优秀的等级。按照我们一般的理解，高质量是指和其他竞争者相比产品或服务有更高的标准，也就是所谓的“不怕不识货就怕货比货”，质量是在比较中衡量的。

电气电子工程师学会（Institute of Electrical and Electronics Engineers，IEEE）将软件质量定义为一个系统、组件或过程符合指定要求的程度，或者满足客户或用户期望的程度。

软件质量是许多质量属性的综合体现，各种质量属性反映了软件质量的方方面面。人们通过改善软件的各种质量属性提高软件的整体质量。

由此可见，质量能够被识别，但是很难被准确定义。它是一个非常复杂的概念，由许多质量属性综合起来构成，而且在不同的视角下所关注的质量属性也有很大的差异。我们可以罗列以下质量视角。

- 从用户的角度看，高质量就是恰好满足或超出了用户的预期。
- 从工业生产的角度看，高质量就是符合标准规范的程度。
- 从产品的角度看，高质量意味着产品具有良好的产品内在特性。
- 从市场价值的角度看，高质量意味着客户更愿意为此付费。

从软件工程过程的角度看，我们希望通过高质量的过程打造高质量产品，从而实现产品价值。接下来我们从产品、过程和价值的视角分别讨论软件质量。

16.1.2 产品视角下的软件质量

用户看到的产品质量和开发者看到的产品质量是不同的，我们将用户看到的产品质量称为外部质量，比如正确的功能、发生故障的数量等；开发者看到的产品质量称为内部质量，比如代码缺陷等。

很多质量模型总结了外部质量和内部质量之间的依赖关系，比较常见的质量模型有 Jim McCall 软件质量模型（1977 年）、Barry W. Boehm 软件质量模型（1978 年）、FURPS/FURPS+ 软件质量模型、R. Geoff Dromey 软件质量模型、ISO/IEC 9126 软件质量模型（1993 年）和 ISO/IEC 25010 软件质量模型（2011 年）等，其中以 Jim McCall 软件质量模型最具基础性和奠基性。

Jim McCall 软件质量模型主要面向的是系统开发人员和系统开发过程。Jim McCall 软件质量模型通过一系列的软件质量属性指标来弥合开发人员与最终用户之间的鸿沟。Jim McCall 软件质量模型从 3 个角度来定义和识别软件产品的质量，如图 16-1 所示。

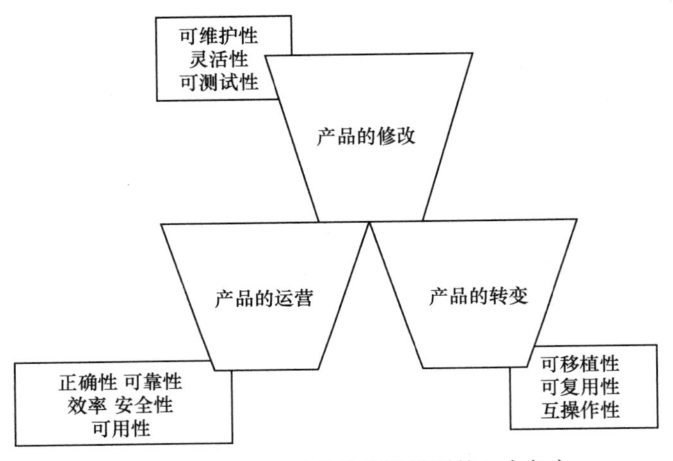

图 16-1　Jim McCall 软件质量模型的 3 个角度

- 产品的修改（product revision），也就是对产品变更的能力，主要通过可维护性（maintainability）、灵活性（flexibility）和可测试性（testability）来体现。
- 产品的转变（product transition），也就是产品适应新环境的能力，主要通过可移植性（portability）、可复用性（reusability）和互操作性（interoperability）来体现。
- 产品的运营（product operations），也就是基本的产品应用特点，主要通过正确性（correctness）、可靠性（reliability）、效率（efficiency）、安全性（integrity，原意为“正直、诚信、完整”，这里与产品内在的访问控制有关，翻译为安全性）和可用性（usability）来体现。

从这 3 个角度总结出了 11 个质量要素，用来描述软件的外部视角，也就是客户或使用者的视角；这 11 个质量要素又关联着 23 个质量标准，用来描述软件的内部视角，也就是开发人员的视角。图 16-2 所示为有 5 个外部质量要素对应 12 个内部质量要素，图 16-3 所示为有 6 个外部质量要素对应 11 个内部质量要素。

图 16-2 中外部质量的正确性（correctness）与内部质量的可跟踪性（traceability）、完整性（completeness）和一致性（consistency）紧密相关；外部质量的可靠性（reliability）与内部质量的一致性（consistency）、精确性（accuracy）和容错能力（error tolerance）紧密相关；外部质量的效率（efficiency）与内部质量的执行效率（execution efficiency）和存储效率（storage efficiency）紧密相关；外部质量的安全性（integrity）与内部质量的访问控制（access control）和访问稽核（access audit）密切相关；外部质量的可用性（usability）与内部质量的可操作性（operability）、培训（training）和沟通性（communicativeness）紧密相关。

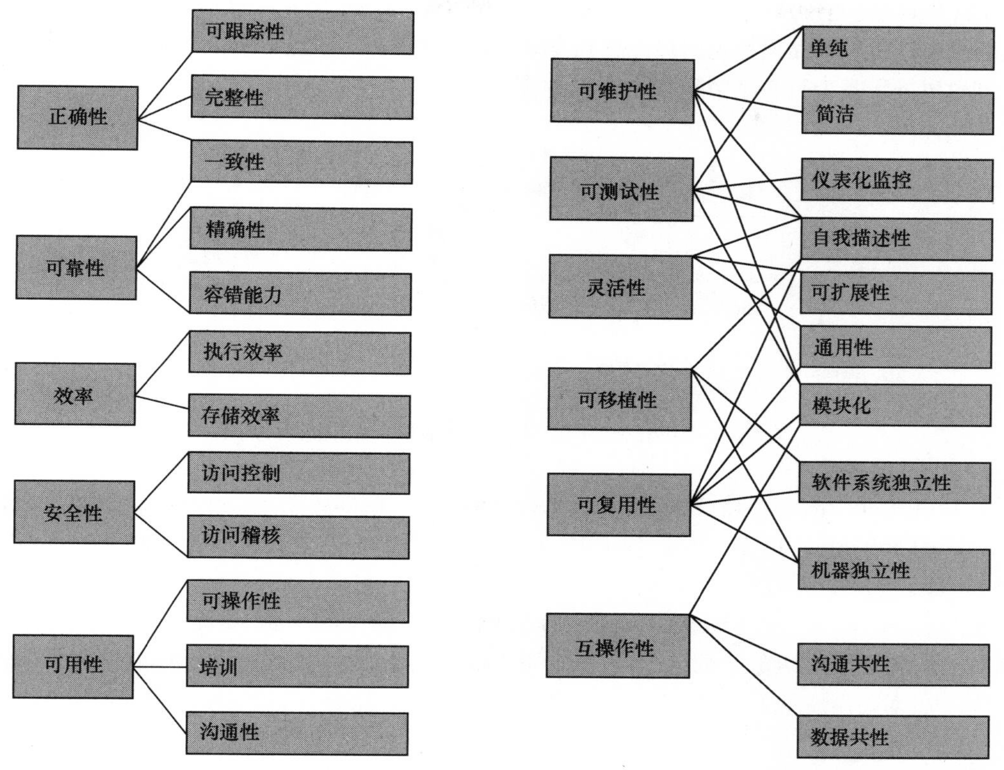

图 16-2 Jim McCall 软件质量模型的外部质量与内部质量关系示意图（部分）

图 16-3 Jim McCall 软件质量模型的外部质量与内部质量关系示意图（部分）

图 16-3 中外部质量的可维护性（maintainability）与内部质量的单纯（simplicity）、简洁（conciseness）、自我描述性（self-descriptiveness）和模块化（modularity）紧密相关；外部质量的可测试性（testability）与单纯（simplicity）、仪表化监控（instrumentation）、自我描述性（self-descriptiveness）和模块化（modularity）紧密相关；外部质量的灵活性（flexibility）与自我描述性（self-descriptiveness）、可扩展性（expandability）和通用性（generality）紧密相关；外部质量的可移植性（portability）与自我描述性（self-descriptiveness）、软件系统独立性（software-system independence）和机器独立性（machine independence）密切相关；外部质量的可复用性（reusability）与内部质量的自我描述性（self-descriptiveness）、通用性（generality）、模块化（modularity）、软件系统独立性（software-system independence）和机器独立性（machine independence）密切相关；外部质量的互操作性（interoperability）与内部质量的模块化（modularity）、沟通共性（communication commonality）和数据共性（data commonality）紧密相关。

从 Jim McCall 软件质量模型开始，软件质量模型一路演化、分化，为了适应不同的软件类型逐渐变得繁复，在此略过。

不过值得一提的是 ISO/IEC 25010 软件质量模型在外部和内部的软件产品质量基础上给出了质量的生命周期，向前是过程质量，向后是使用质量，如图 16-4 所示。使用质量是在特定的使用场景中，软件产品使特定用户能达到有效性、生产效率、安全性和满意度的特定目标的能力。过程质量将是 16.1.3 小节重点讨论的内容。

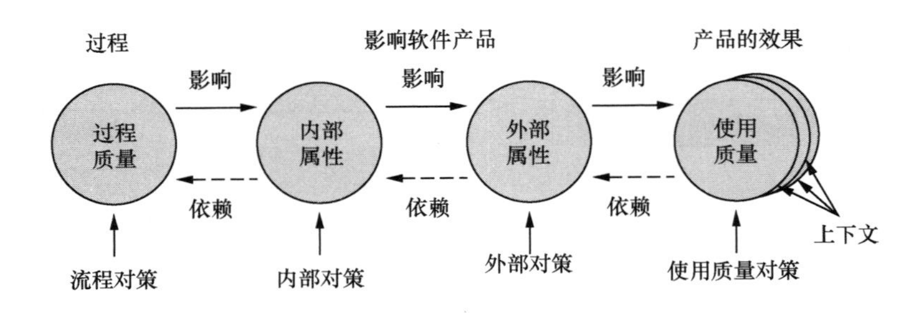

图 16-4 ISO/IEC 25010 软件质量模型中质量的生命周期

图 16-4 中 4 个圈分别是过程质量（process quality）、内部属性（internal property）、外部属性（external property）和使用质量（quality in use），并且它们之间具有影响（influence）和依赖（depend on）关系。对过程（process）采取的流程对策（process measures）影响过程质量；对内部属性采取的内部对策（internal measure）影响软件产品（software product）的内部质量；对外部属性采取的外部对策（external measure）影响软件产品的外部质量；在使用上下文（contexts of use）中针对使用质量采取的对策影响软件产品的效果（effect of software product）。

16.1.3 过程视角下的软件质量

软件过程主要是指开发和维护的过程，过程质量和产品质量同样重要，因此也需要对此仔细地建模、研究和分析。过程质量主要需要研究如下几个问题。

- 特定类型的缺陷在哪里常常出现？
- 如何尽早发现缺陷？
- 如何构建容错机制健全质量保证体系？
- 如何组织安排过程活动以改善软件质量？

过程质量不像产品质量强调结果性评价，过程质量更关注持续不断的过程改进，因此过程质量模型一般称为过程改进模型，常见的有 CMM/CMMI、ISO 9000 和 SPICE（Software Process Improvement and Capability dEtermination，SPICE）等，其中以 CMM/CMMI 最为著名。

CMM/CMMI 的全称为能力成熟度模型（Capability Maturity Model，CMM）或能力成熟度模型集成（Capability Maturity Model Integration，CMMI）。CMM/CMMI 是美国卡内基梅隆大学研制的一种用于评价软件生产能力并帮助改善软件质量的方法，也就是评估软件能力与成熟度的一套标准，它侧重于软件开发过程的管理及工程能力的提高与评估，是国际软件业的质量管理标准。

CMM 自 20 世纪 80 年代末推出，并于 20 世纪 90 年代广泛应用于软件过程的改进以来，促进了软件过程质量和软件质量的提高，为软件业的发展和壮大做出了贡献。CMMI 是 CMM 的新版本。

CMMI 共有 5 个级别，代表软件团队能力成熟度的 5 个等级，越往上成熟度越高，如图 16-5 所示。更高成熟度等级表示有更强的软件综合开发能力。

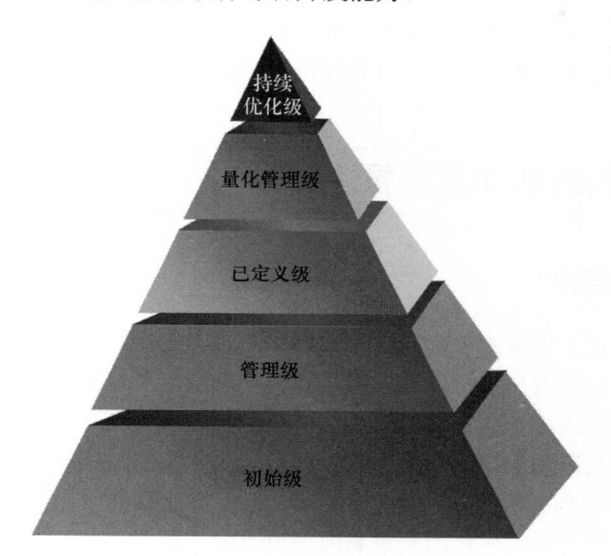

图 16-5 CMMI 的 5 个级别

16.1.4 价值视角下的软件质量

软件的价值与软件的技术同样重要，在某种程度上决定着软件技术因素的取舍。价值视角下的软件质量表现为软件产品投入运营后的效果，一般在商业环境下软件投入使用后的效果是通过投资回报（Return on Investment，RoI）来量化评价的。投资回报在不同情形下可能被表述为降低成本、预期收益或提高生产力等。

对于一个已经投入运营的软件项目来讲，我们可以通过前期投入、运营成本、运营收入、毛利率、税后纯利润以及它们的增长率等来衡量和预测项目的价值，有比较成熟的估值方法来衡量软件项目的价值。

对于一个还没有投入运营的、还停留在想法或纸面上的软件项目方案，该如何估算资本投入、运营成本、运营收入、毛利率、税后纯利润以及它们的增长率等？

换句话说，如何给一个待开发的或正在开发的软件项目估值，这是非常有挑战性的工作。因为对软件的商业价值的预估决定着对软件开发过程以及软件产品本身的投资强度，以实现可以接受的价值视角下的软件质量。

简单来说，我们一般从两个角度来估值，一个是预估市场规模，一个是预估开发成本。

根据项目的预期市场规模及其所能带来的营业收入，可以得到一个项目的理想价值，再根据达成理想价值的难度系数不同得出项目的估值。

另一方面，我们常常用软件开发的成本来衡量软件的价值。软件开发成本的主要部分是人力成本，只要估算出项目所需投入的人月数就可以大致估算出项目的开发成本。

一般情况下软件的价值应该高于软件的开发成本，低于项目的理想价值。

当然软件价值并不仅仅是指商业价值，在某些情况下可能关注的是科研价值，有的情况下关注的是社会效益。不管是何种价值取向，最终都会将相应价值转化为对软件的投资这一量化指标，这里的投资意味着人力、资金、时间等资源的投入。

16.2 几种重要的软件质量属性

16.2.1 易于修改维护

包容变化是软件设计质量的关键需求。如何才能包容变化？理想的情况是设计和代码能够应对变化而本身不需要修改和维护。但现实是软件难以避免需要修改和维护，那么设计和代码易于修改和维护就能有效地包容变化。

什么样的设计和代码易于修改和维护呢？这就回到了我们从代码编写、需求分析和系统设计等阶段贯穿始终的一个主题——高内聚、低耦合的模块化软件设计。

软件模块的高内聚可以将变化的需求局限于单个软件模块内部，从而使之易于修改维护；软件模块之间的低耦合可以将修改维护所产生的直接影响和间接影响明确地限定在特定的范围内，从而大大降低修改维护对整体软件架构带来的系统性扰乱。

受到需求变更（变化）直接影响的软件模块会使模块职责（功能内聚）发生改变，因此受到直接影响的软件模块需要进行相应的修改；受到需求变更（变化）间接影响的软件模块不会造成模块职责（功能内聚）的改变，因此受到间接影响的软件模块仅需要做适应性的修改，一般是软件模块接口及实现的修订。

减少直接影响的软件模块数量的策略，需要在模块化软件设计过程中预测预期的需求变更（变化），从而确定最有可能更改的设计决策，并将每个决策封装在独立软件模块中。

在模块化软件设计中保持软件模块的高内聚，使变化带来的修改和维护仅限于分配相应职责的少数软件模块。软件模块越通用就越有可能适应变化，即只需修改软件模块接口的输入而无需修改软件模块本身。

减少间接影响的软件模块数量的策略侧重于减少依赖关系，即降低耦合度会减少某个软件模块的更改所波及的其他软件模块的数量。

如果软件模块仅通过接口与其他软件模块交互，则更改的影响不会超出一个软件模块的边界，除非软件模块之间的接口也发生了改变。即便需要的接口也发生改变，我们可以为修改的软件模块增加新的接口，而不去修改软件模块任何现有接口，从而减少所波及的其他软件模块的数量。

16.2.2 良好的性能表现

良好的性能表现主要体现在系统的速度和容量上。比较典型的几个性能指标如下。

- 响应时间（response time），就是软件响应请求的速度有多快。在响应时间的分析中，在底层受到操作系统根据优先级、先进先出（First In First Out，FIFO）或时间片的进程调度策略的影响；在上层受到网络延时、业务处理、数据库访问等应用处理过程的影响。为了追求响应时间性能的提高，需要根据软件类型的不同，比如实时系统、Web服务等，在不同的层次上分析其中影响响应时间的关键因素并加以改进。
- 吞吐量（throughput），是单位时间内能处理的请求的数量。
- 负载（load），用系统能同时支持的用户数量来衡量负载能力，一般是在响应时间和吞吐量受到影响之前的负载能力。

提高性能的策略包括提高资源的利用率、减少对资源的需求，以及更有效地管理资源的分配。其中有效管理资源的分配策略如下。

- 先到先得：按收到请求的顺序处理。
- 显式优先级：按其分配优先级的顺序处理请求。
- 最早截止时间优先：按收到请求的截止时间的顺序处理请求。

16.2.3 安全性

与安全性特别相关的两个关键软件架构特征：系统的免疫力（immunity）和系统的自我恢复能力（resilience）。

- 系统的免疫力是指系统挫败攻击的能力。一般在软件设计中要确保所有安全需求都在设计中得到考虑，并尽可能减少可被利用的安全漏洞。
- 系统的自我恢复能力是指系统从攻击中恢复的能力。在软件设计中要包含异常检测机制，一旦发现攻击导致的异常自动启动自我恢复程序。

16.2.4 可靠性

如果软件系统在假定的条件下能正确实现所要求的功能，则软件系统是可靠的（reliable）。可靠性与软件内部是否有缺陷（fault）密切相关，而软件内部的缺陷产生的前因后果示意图大致如图 16-6 所示。

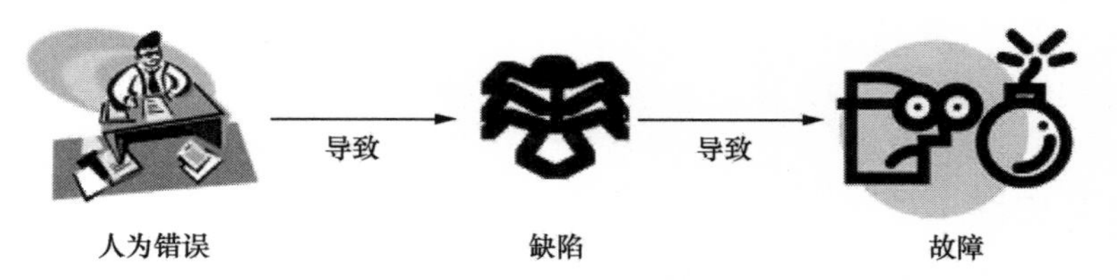

图 16-6 软件内部的缺陷产生的前因后果示意图

与故障（failure）相比，缺陷是人为错误（human error）的结果，而故障是可观察到的偏离要求的行为表现，是缺陷在某种条件下造成的系统故障。

可以通过防止或容忍缺陷的存在使软件更加可靠，一般通过缺陷检测和故障恢复两类方法来提高软件的可靠性。

缺陷检测主要包括被动缺陷检测、主动缺陷检测和异常处理等，具体如下。

- 被动缺陷检测是指等待执行期间发生故障。
- 主动缺陷检测是指定期检查症状或尝试预测故障何时发生。
- 异常处理是指编码过程中对异常情况进行合理的应对。

故障恢复的方法是指根据系统设计中创建的应急方案执行撤销、回退、备份、服务降级、修复或报告等。

16.2.5 健壮性

如果软件能够很好地适应环境或具有故障恢复等机制，则软件是健壮的（robust）。健壮性是比可靠性更高的软件质量要求。可靠的软件只说明它在假定的条件下能够正确地运行，也就是输入和环境是符合要求的，而健壮的软件在不正确的输入或异常环境条件下还能正确运行。也就是说，可靠性和软件内部是否有缺陷有关，而健壮性与软件容忍错误或外部环境异常时的表现有关。

在软件设计和编码过程中提高健壮性的一个重要策略是“害人之心不可有，防人之心不可无”。

“害人之心不可有”要求我们在调用外部软件或软件模块时，要确保自己提供的输入和其他上下文环境条件是符合规格要求的。

“防人之心不可无”则要求我们对所有的外部输入、返回值和其他上下文环境条件进行检测，只允许软件或软件模块在正确的输入、返回值和特定的环境条件下才会继续运行。

这种相互怀疑的策略，通过假定外部软件有缺陷或者有恶意攻击的可能，可以有效提高软件整体的健壮性。

异常处理和故障恢复的基本方法在可靠性和健壮性上是通用的，都是根据系统设计中创建的应急方案执行撤销、回退、备份、服务降级、修复或报告等。

16.2.6 易用性

易用性反映了用户操作软件的容易程度。易用性更多地体现在软件的人性化交互设计中，其中做到交互逻辑与业务逻辑自然统一，符合用户操作习惯和思维习惯非常关键。除此之外，软件架构上需要支持易用性设计，比如支持多种语言扩展、不同操作方式的自定义、撤销/重做、自动保存和错误恢复等。

16.2.7 商业目标

商业目标是客户希望软件系统表现出的某些质量属性，其中最普遍的目标是在软件质量有保障的情况下将开发成本降到最低、完成时间尽量提前，简而言之就是又好、又快、又便宜，其示意图如图 16-7 所示。

又好、又快、又便宜是极少的，因此我们需要考虑软件设计中的一些关键商业决策。比如对于软件或软件模块是从外部购买还是独立构建，是否将开发成本和维护成本结合起来估算综合成本？再比如涉及相关软件技术选型时，如何决定是采用新技术还是采用已知的成熟技术？

先来讨论软件或软件模块是从外部购买还是独立构建，大致需要回答以下几个问题。

- 从外部购买和独立构建，哪种方式更节省开发时间和资金成本？
- 从外部购买和独立构建，哪种方式更可靠？
- 独立构建软件或模块有哪些制约因素？
- 从外部购买易受供应商的影响，有哪些影响？

再来讨论是否将开发成本和维护成本结合起来估算综合成本，大致有以下两项。

- 通过使软件易于修改维护来节省总体成本，也就是通过降低维护成本来减少综合成本。
- 使软件易于修改维护可能会增加软件的复杂性，造成延迟发布，使开发成本上升，并有可能会因为延迟发布而输给竞争对手、丢掉部分市场。

最后来讨论是采用新技术还是采用已知的成熟技术。

- 采用新技术需要额外的资源投入，并可能会延迟产品发布。因为要么学习如何使用新技术，要么雇佣新员工，最终必须掌握新技术。
- 新技术和已知的成熟技术各自处于进入主流市场的哪个阶段？图 16-8 所示为技术转化过程示意图。综合评估采用新技术对于未来市场的竞争优势，以及采用已知的成熟技术对于未来市场的竞争劣势。

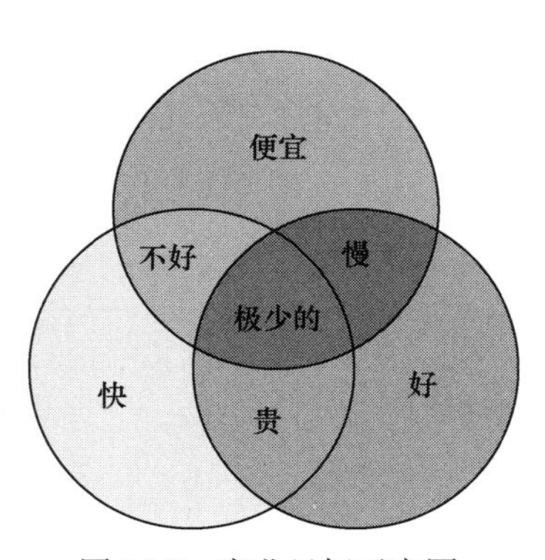

图 16-7　商业目标示意图

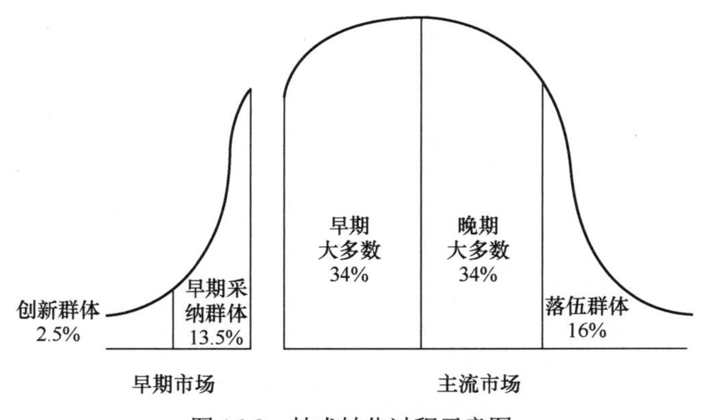

图 16-8　技术转化过程示意图

软件质量受到诸多因素的影响，可从本质上看，软件质量是通过软件系统的概念完整性和一致性来达成相应的质量目标的。为了实现软件系统的概念完整性和一致性，我们需要对抗软件本质上的复杂性和易变性。

本章练习

一、选择题

某软件在应用初期运行在 Windows 操作系统中，现因某种原因，该软件需要在类 UNIX 操作系统中运行，而且必须完成相同的功能。为适应这个要求，软件本身需要进行修改，而所需修改的工作量取决于该软件的（　　）。

A．可扩展性　　B．可靠性

C．复用性　　D．可移植性

二、简述题

1．请举例说明产品视角下的外部质量特点和内部质量特点，以及它们之间是如何建立因果联系的。

2．什么是过程质量？

3．为什么易于修改维护在软件质量属性中具有突出的地位？

4．可靠性和健壮性有何区别与联系？

第五篇

软件危机的前生后世

软件危机是软件工程领域得以诞生的根源，几乎所有的软件工程技术、工具、方法和理论都直接或间接地为了应对软件危机而诞生。显然应对软件危机最直接的方式就是研究软件本身及其背后的需求，“行有不得，反求诸己”，当我们发现软件本身的复杂性难以应对的时候，我们便将眼光前移到我们生产软件的过程之中。本部分我们将聚焦于软件过程。

第 17 章 软件危机概述

本章简单讨论软件危机产生的背景和软件危机的主要表现，并针对有关软件危机的争论做简要的分析。

17.1 软件危机产生的背景

20 世纪 60 年代以前，计算机刚刚投入实际使用，软件往往只是为了实现一个特定的目标而在指定的计算机硬件环境上设计和编制的程序，采用密切依赖于计算机硬件环境的机器代码或汇编语言来编写，软件的规模比较小，也谈不上什么系统化的软件开发方法。设计软件往往等同于编写程序，基本上是个人设计、个人使用、个人操作、自给自足的软件生产方式。

20 世纪 60 年代中期，大容量、高速度计算机的出现，使计算机的应用范围迅速扩大，因此软件开发需求和软件的规模都急剧增长。高级语言开始出现、操作系统迅猛发展、大量数据需要处理促使数据库管理系统诞生等，导致软件开发的基础环境发生了重大变化，从与计算机硬件基础环境直接打交道，变为在一个更高抽象层级之上编写软件。

软件系统的规模越来越大，复杂程度越来越高，软件可靠性问题也越来越突出。原来的个人设计、个人使用的方式已不能满足要求，迫切需要改变软件生产方式，提高软件开发效率，软件危机开始爆发。

软件危机主要表现为开发软件的成本日益增长，而且开发软件进度难以控制，总是一再延期发布；同时软件质量不稳定，任何代码修改都可能造成其他代码产生意想不到的错误，结果导致软件难以维护。

在 1968 年、1969 年连续召开了两次北大西洋公约组织（North Atlantic Treaty Organization，NATO）国际学术会议，也就是著名的 NATO 会议。在 1968 年的会上定义了软件危机（software crisis），同时提出软件工程的概念。

由此人们开始寻找解决软件危机的方法。首先聚焦在软件技术本身的研究上，诞生了包括结构化程序设计、专家系统、面向对象的分析和设计方法等；人们意识到在大型软件中打造抽象软件的复杂概念结构的根本困难是缺乏有效的管理来应对软件本质上的复杂性和易变性，于是针对软件开发过程的管理进行了充分研究，通过对软件生命周期建模，形成了众多有效管理软件开发过程的理论和方法，经过研究和实践逐渐演化成如今的 CMM/CMMI、敏捷方法、DevOps 等软件过程模型。

17.2 软件危机的主要表现及根源

1975 年布鲁克斯出版了《人月神话》，其中描述了 20 世纪 60 年代他在 IBM 公司领导 1000 多人共同开发操作系统 OS/360 的心得体会。从实际软件开发经验中，他体会到大型软件工程中的根本问题是难以汇集众多参与人员的设计理念形成完整的、一致的复杂软件概念结构，从而使大型软件项目往往会进展缓慢、成本暴涨及错误百出，这就是所谓的软件危机的典型表现。

在《人月神话》一书中，布鲁克斯将软件危机的主要表现形象地比喻为猛犸象陷入了焦油坑（the tar pit）。恐龙、猛犸象、剑齿虎等猛兽在焦油坑中挣扎，挣扎得越猛烈，火山岩浆中的焦油束缚得越紧，最终都沉没在火山熔岩之中成为化石，今天看到这些化石中的猛兽挣扎的场面依然令人震撼。

大型软件项目的开发就犹如焦油坑，没有任何猛兽足够强大或者有精妙的技巧能避免深陷其中。大多数大型软件项目最终开发出了可运行的软件，但是其中只有极少数项目在目标、进度和预算上达成了预期目标，各种各样的项目团队最终都会不同程度地淹没在焦油坑中，至今依然屡见不鲜。

如今我们对软件的认识已经加深了很多，也有了诸多在一定程度上有效地应对软件危机的方法，但依然无法从根本上解决诸如开发进度难以预测、开发成本难以控制、功能难以满足用户需求、质量无法保证和软件难以维护等一系列的软件危机相关的问题。究其原因大致来源于代码、需求和团队 3 个层面。

从代码层面看，一般来说 2000 行规模的 C 代码项目，如果没有采用合适的软件工程方法应对，就难免会顾此失彼，此起彼伏地出现修正 bug 而引入新 bug 的情况，但一般经过仔细排查还能有效掌控代码。到大约 2 万行规模的 C 代码项目往往会触及一个人类应对复杂问题的临界点，就常常会陷入此起彼伏、反反复复、越陷越深的 bug 链条之中，这也就是比喻成焦油坑一词的来源。

从需求层面看，代码是需求的抽象实现，需求是对处于现实世界中的业务的理解和梳理。现实业务往往是非常复杂的，而且需求会随着时间的推移而不断变化，因此在需求挖掘和需求分析中无法准确地固定项目的实际需求。这就导致从需求端不断地向代码中注入新的变化，从而扰动代码及其结构。

从团队层面看，团队是需求和代码之间的连接器，需求的变化首先扰动的是团队中各个头脑里的业务概念，对于大型团队而言统一团队成员对软件业务概念理解就极为困难，这也就是所谓难以达成的软件概念的一致性。在此情况下团队还要不断地将需求变化导入代码之中，因此大型软件项目既要面对团队的组织问题，又要面对业务需求的理解一致性问题，还要面对代码更新和维护导致的软件质量问题。

总之，软件是现实世界的抽象实现，现实世界的复杂性问题自然融入软件开发的各个环节之中。软件危机的主要表现来源于软件的本质。

17.3 有关软件危机的争论

《人月神话》出版约 10 年后，布鲁克斯发表了一篇著名的论文“No Silver Bullet: Essence and Accidents of Software Engineering”，断言“在 10 年内无法找到解决软件危机的撒手锏（银弹）”。这篇文章激起许多软件工程专家的辩论，而“没有银弹”也成为脍炙人口的名言。

布鲁克斯认为软件工程专家们所找到的各种方法都是舍本逐末，它们解决不了软件中的根本问题，即软件概念结构（conceptual structure）的复杂性，无法达成复杂软件概念的完整性和一致性，自然无法从根本上解决软件危机带来的困境。

1990 年，面向对象分析与设计领域的大师布拉德·考克斯（Brad Cox），针对布鲁克斯的观点，发表了一篇重要文章“There is a Silver Bullet”，以说明他找到了应对软件危机的撒手锏，即经济上的利益诱导会促使人类社会中的文化改变（culture change），使人们乐于去制造类似集成电路（Integrated Circuit，IC）般的软件组件（software component），将软件组件内的复杂结构包装起来，使软件组件简单易用，由这些组件整合而成的大型软件，自然也简单易用，从而使软件危机得以化解。由此提出了“Software IC”一词，这就是基于组件的软件工程方法的来源。

1995 年初，布鲁克斯的《人月神话》第二版出版，书中含有一篇关于撒手锏（银弹）的文章“No Silver Bullet Refired”。文章里布鲁克斯赞扬布拉德·考克斯的文章，但他认为布拉德·考克斯误解了他的本意。布鲁克斯认为从论文“没有银弹”发表，尽管历经了近十年，软件开发方法也有所发展，但布鲁克斯仍然认为银弹仍未出现。大型软件系统的开发工作仍然困难重重，只能渐进地加以改善，不能奢望短期内会出现银弹能一举解决软件危机所面临的困境。

1995 年底，作为对“No Silver Bullet Refired”的回应，布拉德·考克斯发表了文章“No Silver Bullet Reconsidered”。文章里布拉德·考克斯深刻探讨了文化和思维范式的变迁（paradigm shift），从人类文化的角度阐释软件危机的原因，最终得到乐观的结论：解决软件危机的撒手锏（银弹）是可能存在的。

简单来说，布拉德·考克斯认为可以利用软件供应链来鼓励组织和个人生产、买卖软件组件以及更小的“子子孙孙”组件（subcomponent）。如果买卖各层组件者皆有利可图，形成产业链，人们自然会想尽办法将组件封装得简单易用，但实践证明软件外包（software outsourcing）等各种软件供应链方法在应对软件危机上都没有取得根本性的胜利。布拉德·考克斯觉得布鲁克斯的观点是以技术为中心的，而他的观点则是以人为核心的。由于观点的差异，对软件危机的阐释自然会得到不同的结论。

如今来看，布鲁克斯的预测是千真万确的，对于软件危机的困境，人们依然没有从根本上找到解决方法。从复杂系统研究的结果看，人类过去的科学范式没有能力处理应对多个独立变量相互作用的复杂系统，而大型软件系统就是高维度复杂系统，人类的理性力量无法有效跟踪分析高维度复杂系统的概念完整性和一致性。换句话说，基于规则的编程模型，找不到解决软件危机的撒手锏（银弹）。基于联结的编程模型，比如机器学习及深度神经网络，在应对高维度复杂系统上提供了可能性，而且已经在人脸识别、语音识别和自然语言处理等领域取得突破。基于联结的编程模型能不能在应对软件危机的困境中也取得突破，值得期待。

本章练习

一、选择题

1．软件工程的出现主要是由于（　　）。

A．程序设计方法学的影响　　B．其他工程科学的影响

C．软件危机的出现　　D．计算机的发展

2．以下哪一项不是软件危机的表现形式（　　）。

A．开发的软件不满足用户的需要　　B．开发的软件可维护性差

C．开发的软件价格便宜　　D．开发的软件可靠性差

二、判断题

（　　）你想在代码中做一些改变，但又不敢这么做，因为你知道对一个地方代码进行修改可能在另一个地方造成破坏。这种情况产生的原因是代码缺少良好的模块化软件设计，或者说模块之间的耦合关系没有被清晰地定义。

三、简述题

简述“没有银弹”（No Silver）在软件工程领域的含义。

第18章

软件过程模型

18.1 软件的生命周期概述

每一个软件的生命周期都是独一无二的，但是从众多独一无二的软件个体中却呈现出来一些固有的模式，类似于软件设计模式、建筑设计模式，乃至人生模式。软件生命周期所呈现出来的模式我们称之为软件过程模型。

对软件生命周期进行软件过程建模是非常有益的。首先软件过程模型有利于整个软件项目团队形成对软件开发过程的一致理解，有助于团队协作；其次软件过程模型提供了一个框架，让我们审视在整个软件开发过程活动中是否有活动互相之间发生冲突，是否有重复的过程活动，是否有遗漏的事项等；最后，在规划整个软件开发过程时，软件过程模型方便我们为了特定的目标筛选和评估合适的软件过程，乃至为了特殊的情况裁剪通用的软件过程。

一般来讲，我们将软件的生命周期划分为：分析、设计、实现、交付和维护这 5 个阶段。

- 分析阶段的任务是需求分析和建模，比如在敏捷统一过程中用例建模和业务领域建模就属于分析阶段。分析阶段一般会在深入理解业务的情况下，形成软件的业务概念原型。业务概念原型是业务功能和业务数据模型的有机统一体，比如用例的集合和业务数据模型，每一个用例在逻辑上都可以通过操作业务数据模型完成关键的业务过程。
- 设计阶段分为软件架构设计和软件详细设计。前者一般和分析阶段联系紧密，一般合称为“分析与设计”，软件架构设计的结果一般会通过多种视图来描述形成一个概念上的软件有机统一体，我们称之为软件的系统概念原型；后者一般和实现阶段联系紧密，一般合称为“设计与实现”。
- 实现阶段分为编码和测试，其中测试又涉及单元测试、集成测试、系统测试等。
- 交付阶段主要是部署、交付测试和用户培训等。
- 维护阶段一般是软件生命周期中持续时间最长的一个阶段，而且在维护阶段很可能会形成单独的项目，从而经历分析、设计、实现、交付等几个阶段，最终又合并进维护阶段。

软件开发过程为从形成软件的业务概念原型和系统概念原型到实现、交付、使用和维护的整个过程，在这个过程中软件的故障率有着一定的规律。软件在开发和维护阶段的故障率曲线如图 18-1 所示，与硬件产品不同，软件系统在维护阶段往往会出现故障率上升的情况。

软件过程又分为描述性的（descriptive）过程和说明性的（prescriptive）过程。

描述性的过程试图客观陈述在软件开发过程中实际发生了什么，其示意图如图 18-2 所示。我们想象一下软件开发过程中实际会发生什么？比如测试时发现了一个 bug 是对需求的错误理解造成的，那么必须返回到分析阶段重新调整软件的业务概念模型；比如用户使用过程中出现闪退现象，我们需要返回到系统测试试图重现闪退，乃至回到设计阶段调整设计方案从根本上解决闪退问题。

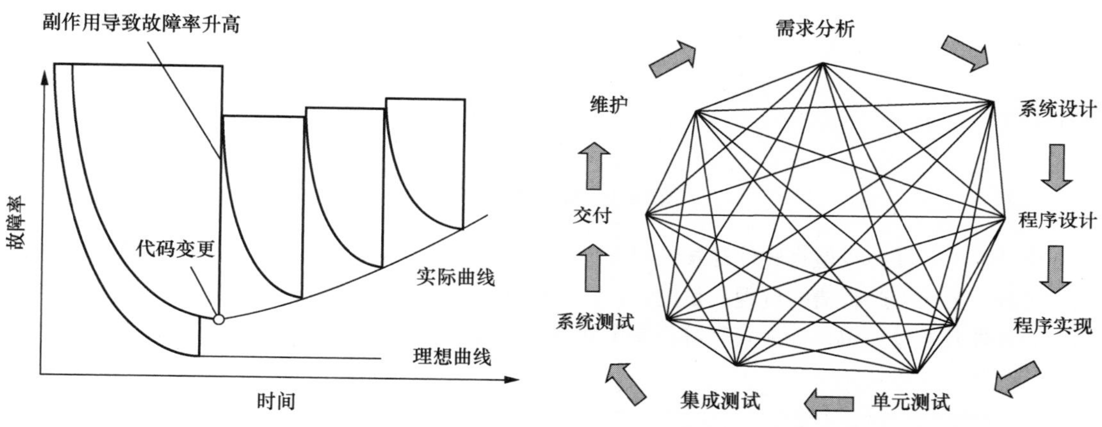

图 18-1 软件在开发和维护阶段的故障率曲线

图 18-2 描述性的软件开发过程示意图

说明性的过程试图主观陈述在软件开发过程中应该会发生什么。显然说明性的过程是抽象的过程模型，有利于整个软件项目团队对软件开发过程形成一致的理解，能够在与实际软件开发过程比较时找出项目过程中的问题。

采用不同的过程模型应该能反映出要达到的过程目标，比如构建高质量软件、早发现缺陷、满足预算和日程约束等。不同的模型适用于不同的情况，我们常见的过程模型，比如瀑布模型、V 模型、原型化模型等都有它们所能达到的过程目标和适用的情况。

18.2 瀑布模型

瀑布模型是早期软件过程开发模型，其示意图如图 18-3 所示。对于能够完全透彻理解的需求，且几乎不会发生需求变更的项目，瀑布模型是适用的。由于瀑布模型能够将软件开发过程按顺序组织过程活动，非常简单和易于理解，因此瀑布模型被广泛应用于解释项目进展情况及所处的开发阶段。瀑布模型中的主要阶段通过里程碑（milestones）和交付产出来划分。

瀑布模型是一个过程活动的顺序结构，没有任何迭代，而大多数软件开发过程都会包含大量迭代过程。瀑布模型不能为处理开发过程中的变更提供任何指导意义，因为瀑布模型假定需求不会发生任何变化。

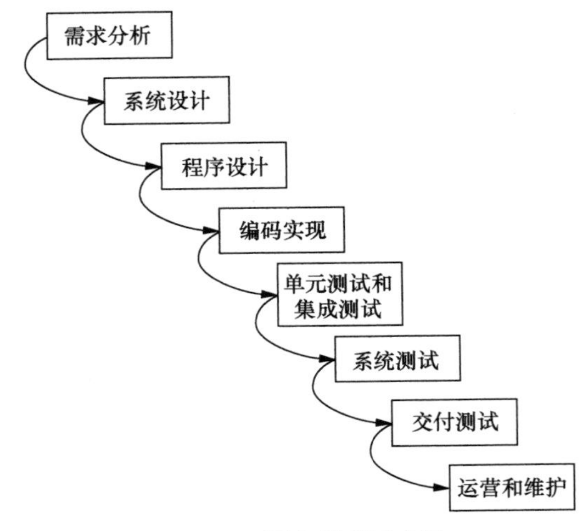

图 18-3　瀑布模型示意图

由此看来，瀑布模型将软件开发过程看作类似于工业生产制造的过程，而不是具有创造性的开发过程。工业生产制造的过程就是没有任何迭代活动，直接出厂最终合格的产品。瀑布模型视角下的软件开发过程也一样，只有等待整个软件开发过程完成后，才能看到最终的软件产品。

18.3　原型化的瀑布模型

显然瀑布模型会将整个软件开发过程中的众多风险积累到最后才能暴露出来。为了尽早暴露风险和控制风险，在瀑布模型的基础上增加一个原型化（prototyping）阶段，其示意图如图 18-4 所示，可以有效将风险前移，改善整个项目的技术和管理上的可控性。

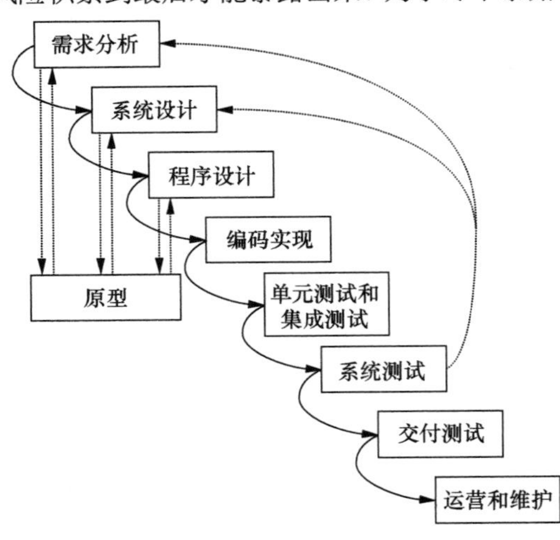

图 18-4　原型化的瀑布模型示意图

原型就是根据需要完成的软件最核心的那一部分，具体要完成哪一部分是根据开发原型的目标确定的，比较常见的有用户接口原型和软件架构原型。

在需求分析阶段，原型可能是软件的用户接口部分，比如用户交互界面。用户接口原型可以有效地整理需求，在需求分析的过程中提供直观的反馈形式，有利于确认需求是否被准确理解。

在设计阶段，原型可能是软件架构的关键部分。比如采用某种设计模型解决某个问题，软件架构原型可以有效地评估软件设计方案是否能够有效解决特定问题，有利于验证技术方案的可行性，为大规模投入开发提供技术储备和经验积累。

18.4　V 模型

V 模型也是在瀑布模型基础上发展出来的。我们发现单元测试、集成测试和系统测试是为了在不同层面验证设计，而交付测试则是确认需求是否得到满足。瀑布模型中前后两端的过程活动具有内在的紧密联系，如果以编码实现为中点将瀑布模型对折，也就是 V 模型了，其示意图如图 18-5 所示。

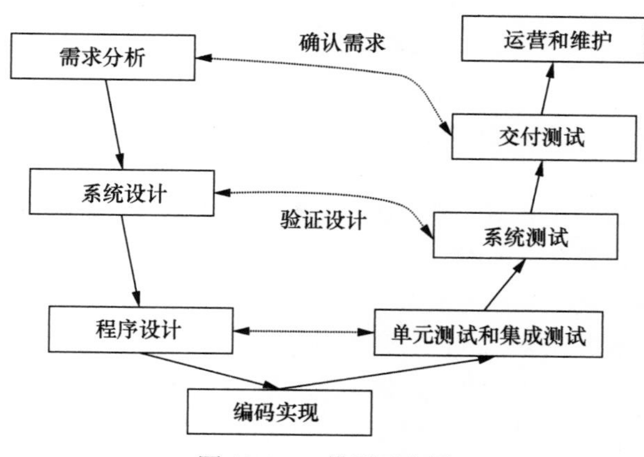

图 18-5　V 模型示意图

如果将模块化软件设计的思想拿到软件开发过程活动的组织中来，可以发现通过将瀑布模型前后两端的过程活动结合起来，可以提高过程活动的内聚度，从而提高软件开发效率。这是 V 模型的价值所在。

V 模型给我们提供了一个工作思路，就是在开始一项工作之前，先去思考验证该工作完成的方法。这大概就是中国传统文化中所谓的“未定生，先定死”，我们可以称之为生死相依原则。在软件开发过程中它被广泛使用，比如创建一个对象和销毁一个对象的代码成对出现便于代码的组织和管理；在 V 模型中开始一个特定过程活动和评估该特定过程活动成对出现，从而便于软件开发过程的组织和管理。

18.5　分阶段的增量和迭代开发过程

分阶段开发可以让客户在软件没有开发完成之前就可以使用部分功能，也就是每次可以交付系统的一小部分，从而缩短开发迭代的周期。分阶段开发中的产品系统和开发系统示意图如图 18-6 所示。

分阶段开发的交付策略分为两种，一是增量开发，二是迭代开发。

增量开发就是从一个功能子系统开始交付，每次交付会增加一些功能，这样逐步扩展功能最终完成整个系统功能的开发。

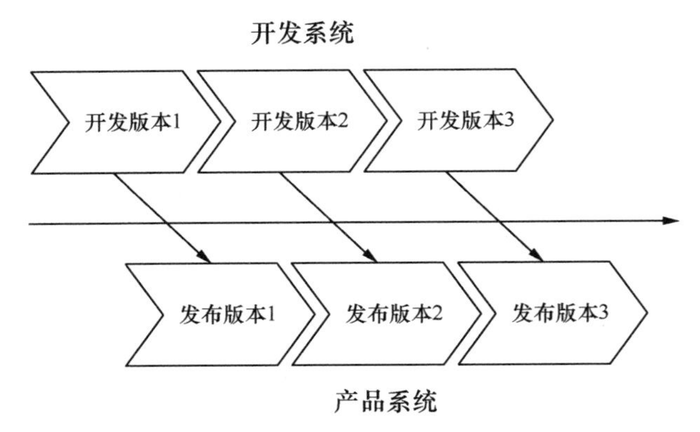

图 18-6 分阶段开发中的产品系统和开发系统示意图

迭代开发是首先完成一个完整的系统或者完整系统的框架，然后每次交付会升级其中的某个功能子系统，这样反复迭代逐步细化最终完成系统开发。

分阶段开发有着显著的优点，简要总结如下。

- 能够在软件没有开发完成之前，开始进行交付和用户培训。
- 频繁的软件发布可以让开发者敏捷地应对始料未及的问题。
- 开发团队可以在不同的版本聚焦于不同的功能领域，从而提升开发效率。
- 有助于提前布局抢占市场。

任何一棵参天大树最初都是由一粒小小的种子所长成的。在众多早期软件过程模型中，分阶段增量和迭代开发就相当于软件开发过程模型的一粒种子，从这粒种子里我们可以感受到敏捷方法的意味、能有持续集成和持续交付的感觉、能看到反复迭代中过程改进和重构的可能性。

18.6 螺旋模型

螺旋模型是在 1988 年由巴利 • W.贝姆（Barry W. Boehm）提出的，是一种演化软件开发过程模型，兼顾了快速原型的迭代以及瀑布模型的系统化与严格监控的特征。螺旋模型最大的特点在于引入了其他模型不具备的风险管理，使软件在无法排除重大风险时有机会停止，以减小损失。同时在每个迭代阶段构建原型是螺旋模型用以减小风险的基本策略。

螺旋模型将每一次迭代过程分为 4 个主要阶段，其示意图如图 18-7 所示，我们简要总结如下。

- 计划阶段，主要是需求分析和软件生命周期方面的计划、开发过程方面的计划、集成和测试方面的计划。
- 设计阶段，主要是确定目标、给出多种可选的设计方案，以及考虑各种约束条件。
- 可行性评估阶段，主要是通过原型或风险分析的方法评估设计方案的可行性。
- 实现阶段，主要开发和测试，从系统概念原型开始，对软件需求进行分析和确认、对软件设计方案进行确认和验证，以及详细的设计、编码和测试。

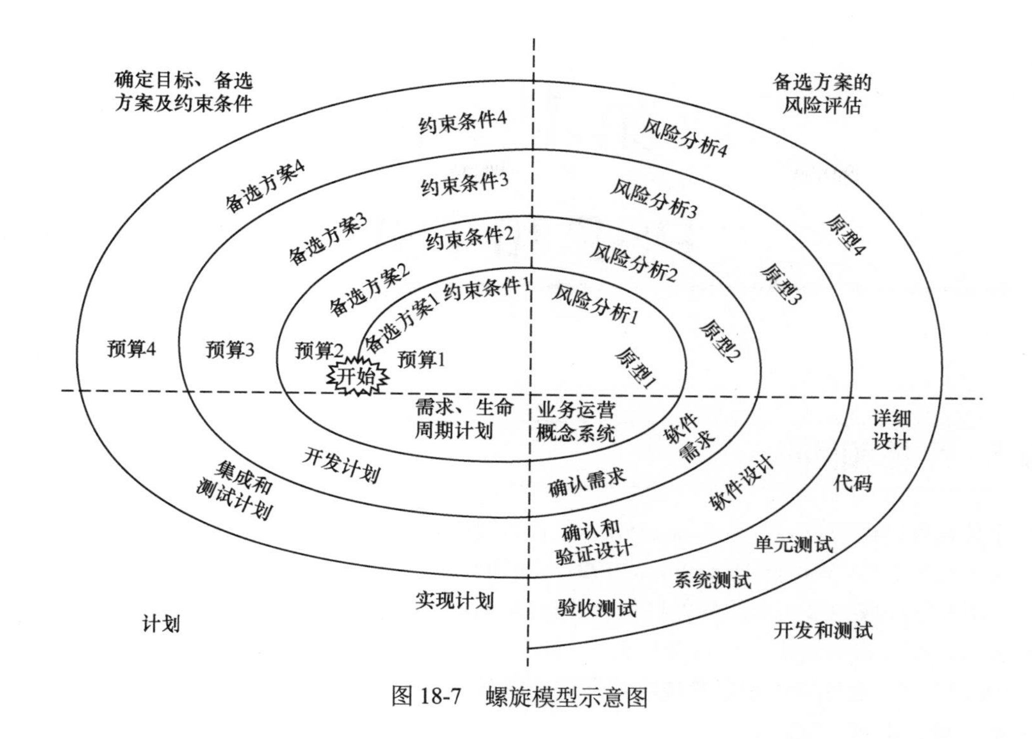

图 18-7 螺旋模型示意图

本章练习

简述题

1．简述什么是描述性的软件过程，什么是说明性的软件过程。

2．简述原型化的瀑布模型的主要特点。

3．简述 V 模型的主要特点。

第 19 章 PSP 和 TSP

19.1 个体和团队

个体软件过程（Personal Software Process，PSP）和团队软件过程（Team Software Process，TSP）是沃茨·S.汉弗莱（Watts S.Humphrey，1927—2010）继 CMM 之后推出的两个软件过程模型。

CMM 已经成为事实上的软件过程行业标准，但是 CMM 虽然提供了一个有力的软件过程改进框架，却只告诉我们“应该做什么”，而没有告诉我们“应该怎样做”。

PSP 和 TSP 通过具体知识和技能弥补这个缺陷。为了在学习和实践上能够循序渐进，我们首先来了解 PSP 和 TSP。

将软件开发与足球比赛类比，可知个人训练项目和团队训练项目具有很大的差异。比如足球运动员个人训练可能将重点放在基本的体能、各种足球技能，以及良好的踢球意识上；而足球球队的训练可能会将重点放在阵型、配合和临场发挥上。软件开发过程的训练与此类似，需要分为个体软件过程的训练和团队软件过程的训练。

19.2 个体软件过程

在个体软件过程中，软件项目中大多数软件模块是由一个人进行独立开发和维护的。一般来说一个人独立进行开发和维护软件模块时大致会经历以下过程。

（1）了解当前情况和需要解决的问题。

（2）找出解决方案。

（3）估算需要完成哪些工作。

（4）与客户或利益相关方沟通建议方案。

（5）开始行动，完成工作。

（6）对产出结果的质量负责。

产出结果的质量会影响软件项目整体的交付产品的质量。作为一个软件工程师，你觉得你的产出结果质量如何呢？有没有这样的体会：看书的时候觉得“技止此耳”，开发项目的时候才觉得实际情况和书上讲的都有一些出入，一些重要的细节书上没有提。很多人是边看书，边开发项目，这相当于一边看医学书一边做手术。

那么一个软件工程师应如何成长，如何证明自己的成长？PSP 提供了一个不断成长进阶的参考路径，即 PSP 框架。以下 7 个小节为大致的 PSP 框架。

19.2.1 PSP 0

一般来说，做任何事情最基本的思路就是计划、执行和总结。PSP 0 就是这个最基本的思路，但是在 PSP 0 阶段必须理解和学会采集软件过程中的数据。

1. 计划阶段
2. 开发阶段
- 设计。
- 编码。
- 测试。
3. 开发完成后进行总结分析

19.2.2 PSP 0.1

PSP 0.1 增加了编码标准规范、程序规模度量以及过程改进计划。显然 PSP 0.1 融入了标准规范，而且使最后的总结分析更加明确充实。过程改进计划用于随时记录过程中存在的问题、解决问题的措施以及改进过程的方法，以提高软件开发人员的质量意识和过程意识。

1. 计划阶段
2. 开发阶段
- 编码标准规范。
- 设计。
- 编码。
- 测试。
3. 程序规模度量
4. 开发完成后进行总结分析
5. 过程改进计划

PSP 0 和 PSP 0.1 的重点是个体度量过程，也就是通过采集过程数据、度量程序的规模等，通过度量数据为软件过程改进提供基准。

19.2.3 PSP 1

PSP 1 在计划阶段增加了项目评估，引入了基于评估的计划方法，用自己的历史数据来预测新程序的大小和需要的开发时间。完成开发阶段之后首先完成项目测试报告。

1. 计划阶段
- 项目评估。

2. 开发阶段

- 编码标准规范。
- 设计。
- 编码。
- 测试。

3. 项目测试报告

4. 程序规模度量

5. 开发完成后进行总结分析

6. 过程改进计划

在 PSP 1 阶段应该学会编制项目开发计划，这不仅对承担大型软件的开发十分重要，即使是开发小型软件也必不可少。因为只有对自己的能力有客观的评价，才能完成更加准确的计划，才能实事求是地接受和完成客户委托的任务。

19.2.4 PSP 1.1

PSP 1.1 建立在 PSP 1 增加项目评估的基础上，开发阶段之后首先统计记录各项工作用了多少时间，前后呼应进行量化管理，为过程改进提供数据支撑。

1. 计划阶段

- 项目评估。

2. 开发阶段

- 编码标准规范。
- 设计。
- 编码。
- 测试。

3. 统计记录各项工作用了多少时间

4. 项目测试报告

5. 程序规模度量

6. 开发完成后进行总结分析

7. 过程改进计划

PSP 1 和 PSP 1.1 的重点是个体计划过程，基于历史数据来评估项目，进而提高项目计划的准确性。

19.2.5 PSP 2

PSP 2 的重点是个体质量管理，引入了设计评审（design review）和代码评审（code review），以便及早发现缺陷，使修复缺陷的代价最小。

1. 计划阶段

- 项目评估。

2．开发阶段

- 编码标准规范。
- 设计。
- 设计评审。
- 编码。
- 代码评审。
- 测试。

3．统计记录各项工作用了多少时间

4．项目测试报告

5．程序规模度量

6．开发完成后进行总结分析

7．过程改进计划

19.2.6 PSP 2.1

PSP 2.1 引入了分析和设计规格，介绍了分析方法，并提供了设计规格。

1．计划阶段

- 项目评估。

2．开发阶段

- 分析。
- 设计规格。
- 编码标准规范。
- 设计。
- 设计评审。
- 编码。
- 代码评审。
- 测试。

3．统计记录各项工作用了多少时间

4．项目测试报告

5．程序规模度量

6．开发完成后进行总结分析

7．过程改进计划

PSP 2 和 PSP 2.1 的重点是个体质量管理，学会在开发软件的早期发现由于疏忽所造成的程序缺陷问题。人们都期盼获得高质量的软件，但是只有高素质的软件开发人员遵循合适的软件过程，才能开发出高质量的软件。PSP 2 引入并着重强调设计评审和代码评审，一个合格的软件开发人员必须掌握这两项基本技术。

19.2.7 PSP 3

PSP 3 的重点是个体循环过程，目标是把个体开发小规模程序所能达到的生产效率和生产质量，扩展到大型软件项目中。主要采用螺旋式上升的方法，即增量和迭代开发方法。首先把大型程序分解成小的模块，然后对每个模块按照 PSP 2.1 所描述的过程进行开发，最后把这些模块逐步集成为完整的软件产品。

应用 PSP 3 开发大型软件系统，必须采用增量式开发方法，并要求每一个增量都是高质量的。在这样的前提下，在新一轮个体循环过程中，可以采用回归测试的方法，重点考察新的增量是否符合要求。因此，要求在 PSP 2 中进行严格的设计评审和代码评审，并在 PSP 2.1 中努力遵循设计规格。

从个体软件过程 PSP 框架的概要描述中，可以清楚地看到，如何做好项目规划和如何保证产品质量，是任何软件开发过程中最基本的问题。

PSP 可以帮助软件工程师运用软件过程的方法和原则，借助于一些度量和分析工具，了解自己的技能水平，控制和管理自己的工作方式，使自己日常工作中的评估、计划和预测更加准确、更加有效，进而改进个人的工作表现，提高个人的工作质量和产量，积极而有效地参与高级管理人员和过程管理人员推动的团队范围的软件工程过程改进。

个体软件过程 PSP 为软件工程师提供了发展个人技能的结构化框架和必须掌握的方法。在软件行业，开发人员如果不经过 PSP 训练，就只能靠在开发中通过实践逐步摸索掌握这些技能和方法，这不仅周期很长，而且要付出很大的代价。

19.3 团队软件过程

团队软件过程 TSP 是为开发软件产品的开发团队提供指导的过程框架。TSP 侧重于为小型项目团队（20 人以下）或者由多团队组成的大型项目团队（150 人左右）提供改善软件质量和生产效率方面的指导，以便使团队更好地达成成本和进度方面的目标。接下来我们通过团队及 TSP 概述、TSP 的基本原理和基本工作方法逐步展开。

19.3.1 团队概述

团队是什么样的？是不是几个人一起干活就是一个团队呢？如果几个人随机组成一个小组共同完成一项工作，比如把 1000 瓶纯净水从 A 地搬到 B 地，如果分工负责、各干各的，彼此之间没有依赖关系，那么这几个人就是临时组成了一个松散的工作组（work group），而不是一个团队（team）。团队应该是在相互依赖、相互协作中完成共同目标的组织。

团队有一些共同的特点，简要总结如下。

- 团队有一致的团队目标，要一起达到这个目标。一个团队的成员不一定要同时工作，比如接力赛跑。

- 团队成员有各自的分工，互相依赖合作，共同完成任务。比如团队赛艇。

软件团队的组织分为高度结构化的组织和松散结构化的组织，不同的团队结构化强度适应不同的项目类型。表 19-1 所示为不同结构化强度的团队及相应的项目特点。

表 19-1 不同结构化强度的团队及相应的项目特点

高度结构化的团队的项目特点	松散结构化的团队的项目特点
高度确定性的项目	不确定性高的项目
重复的项目	新技术研发或应用
大规模的项目	规模比较小的项目

高度结构化的团队组织适合高度确定性的项目、重复性的项目和大规模的项目；而松散结构化的团队组织更加适合不确定性高的项目、新技术研发或应用和规模比较小的项目。

19.3.2 TSP 概述

大多数商业软件都是由团队开发的，因此要想成为一个优秀的软件工程师，你就必须具有在团队中工作的能力。如果你有与人合作的意识并且愿意付诸实践，你就具备了成为一个优秀的团队成员的基本素质。但是团队协作的含义远比融洽相处要丰富。

团队必须计划项目、跟踪进展、协调工作，还必须有一致的工作目标，共同的工作过程，并且经常自由沟通。

TSP 是一个为多达 20 人的团队开发或升级大型软件系统而设计的工业化软件过程，而且通常是需要几年时间才能完成的大型项目。我们学习 TSP 无法完整地模拟实际大型项目的情况，但是可以学习其最基本的概念和方法，以便将来在实际大型项目中能够快速上手 TSP。

单纯地把一项工作任务交给一群工程师并不能自动产生一个团队。建设团队的步骤并不显而易见，新的团队经常要花费大量时间去建立团队的运行机制。他们必须明确如何作为一个团队一起工作，如何定义要做的工作，以及如何设计工作方案。他们必须在团队成员间分配任务、协调任务，并且跟踪和汇报工作进展。虽然这些团队建设工作很重要，但是并不难，而且已有很多完成这些工作的方法，你和你的团队成员并不需要自己去重新发明这些方法。

19.3.3 TSP 的基本原理

项目失败最重要的原因之一是团队问题。哪些常见的团队问题容易导致项目失败？导致项目失败的团队问题可以总结如下。

- 缺乏有效的领导和管理。
- 团队成员不能做出妥协、不服从安排或不善于合作。
- 团队成员缺少参与。
- 团队成员拖拉与缺乏信心。
- 软件质量低劣。

- 软件功能多余。
- 无效的团队成员互评。

其实从导致项目失败的团队问题中，可以看到团队的一些基本要素，比如规模越大的团队越是需要有效的领导和管理，但也越难以形成团队凝聚力，而且团队的协作更加复杂和困难。

团队的基本要素主要包括团队规模、团队的凝聚力和团队协作的基本条件。如何建设高效的团队？建设高效的团队主要从以下4个方面入手。

- 建设具有凝聚力的团队。
- 设定有挑战性的目标。
- 形成有效的反馈机制。
- 设定共同遵守的工作流程和框架。

19.3.4 TSP的基本工作方法

在理解了TSP的基本原理之后，这里给出一个TSP的基本工作方法的框架。由于篇幅所限不便展开，如有需要可以在如下基本工作方法框架的指引下参考TSP相关的指南。

1. 如何开始一个团队项目

- 设定团队目标。
- 设定团队成员目标，包括各个角色的目标。
  - 团队领导角色。
  - 开发经理角色。
  - 计划经理角色。
  - 质量和过程经理角色。
  - 支持经理角色。
- 项目筹备及第一次项目会议。

2. 团队项目的基本策略

- 计划先行，也就是做出承诺之前先计划。
- 完成概念设计。
- 选择开发策略。
- 完成初步规模估算。
- 完成初步时间估算。
- 评估风险。
- 建立策略文档。
- 制订配置管理计划。

3. 开发计划

- 制订计划。
- 实现计划。
- 对照计划跟踪进展。

- 质量管理。

4．定义需求

- 软件需求规格说明书。
- 需求任务分配。
- 系统测试计划。
- 需求变更和追溯管理。

5．与团队一起设计

- 利用所有团队成员的才智。
- 产生精确的设计。
- 复用性设计。
- 易用性设计。
- 可测试性设计。
- 设计规格说明书。
- 设计评审和审查。

6．产品实现

- 编码标准。
- 缺陷预防。
- 详细设计与设计评审。
- 编码及代码评审。
- 单元测试。

7．集成与系统测试

- 构建和集成策略。
- 测试计划。
- 跟踪缺陷。
- 系统测试。
- 回归测试。

8．结项总结

- 过程改进建议。

本章练习

简述题

1．简述 PSP 提供了一个怎样的不断成长进阶的参考路径。

2．简述团队组织的结构化强度与项目特点之间的关系。

3．简述 TSP 的基本工作方法。

第20章 CMM/CMMI

20.1 CMM/CMMI简介

为了应对软件危机保证软件产品的质量，20 世纪 80 年代中期，美国联邦政府提出对软件承包商的软件开发能力进行评估的要求。因此美国卡内基梅隆大学软件工程研究所于 1987 年研究发布了软件过程成熟度框架，并提供了软件过程评估和软件能力评价两种评估方法。

1991 年，CMU/SEI 将软件过程成熟度框架发展成为软件能力成熟度模型 CMM（Capability Maturity Model for Software，CMM，准确的缩写为 SW-CMM），并发布了 SW-CMM 1.0。经过两年的试用，1993 年 CMU/SEI 正式发布了 SW-CMM 1.1。

继 SW-CMM 首次发布后，CMU/SEI 还开发了其他领域的成熟度模型，包括系统工程、采购、人力资源管理和集成产品开发等领域。虽然各个模型针对的专业领域不同，但彼此之间也有一定的重叠，毕竟它们同宗同源。当 CMU/SEI 开发新一代成熟度模型的时候，开始整合不同模型中的最佳实践经验，建立统一模型，从而覆盖不同领域，以便为企业提供整个组织的全面过程改进。2001 年 12 月，CMU/SEI 正式发布了能力成熟度集成模型 CMMI 1.1，其 5 个级别如下。

CMMI 一级，初始级。在初始级水平上，软件组织对项目的目标与要做的努力很清晰，项目的目标可以实现。但是由于任务的完成带有很大的偶然性，软件组织无法保证在实施同类项目时仍然能够完成任务。项目实施能否成功主要取决于实施人员。

CMMI 二级，管理级。在管理级水平上，所有第一级的要求都已经达到。另外，软件组织在项目实施上能够遵守既定的计划与流程，有资源准备，权责到人，对项目相关的实施人员进行相应的培训，对整个流程进行监测与控制，并联合上级单位对项目与流程进行审查。二级水平的软件组织对项目有一系列管理程序，可避免软件组织完成任务的偶然性，保证软件组织实施项目的成功率。

CMMl 三级，已定义级。在已定义级水平上，所有第二级的要求都已经达到。另外，软件组织能够根据自身的特殊情况及自己的标准流程，将管理体系与流程予以制度化。这样软件组织不仅能够在同类项目上取得成功，也可以在其他项目上取得成功。科学管理成为软件组织的一种文化，成为软件组织的财富。

CMMI 四级，量化管理级。在量化管理级水平上，所有第三级的要求都已经达到。另外，软件组织的项目管理实现了数字化。通过数字化技术来实现流程的稳定性，实现管理的精度，降低项目实施在质量上的波动。

CMMI 五级，持续优化级。在持续优化级水平上，所有第四级的要求都已经达到。另外，软件组织能够充分利用信息资料，对软件组织在项目实施的过程中可能出现的问题予以预防。能够主动地改善流程，运用新技术，实现流程的优化。

由上述的 5 个级别可以看出，每一个级别都是更高一级的基石。要上高层台阶必须首先要踏上所有下层的台阶。

CMM 基于众多软件专家的实践经验，是组织进行软件过程改善和软件过程评估的一个有效的指导框架。CMMI 更是为工业界和政府部门提供了一个集成的产品集，其主要目的是消除不同模型之间的不一致和重复，降低基于模型改善的成本。CMMI 将以更加系统和一致的框架来指导组织改善软件过程，提高产品和服务的开发、获取和维护能力。CMM/CMMI 不仅是模型、工具，更代表了一种管理哲学在软件工业中的应用。

CMM/CMMI 的思想来源于已有多年历史的产品质量管理和全面质量管理。沃茨・S.汉弗莱和罗恩・雷迪斯（Ron Radice）在 IBM 公司将全面质量管理的思想应用于软件工程过程，收到了很大的成效。

CMU/SEI 的软件能力成熟度框架就是在以沃茨・S.汉弗莱为主的软件专家实践经验的基础上发展而来的。软件能力成熟度模型中融合了全面质量管理的思想，以不断进化的层次反映了在软件工程过程和项目管理中定量控制的基本原则。

CMM/CMMI 所依据的想法是只要不断地对企业的软件工程过程的基础结构和实践进行管理和改进，就可以克服软件生产中的困难，增强开发能力，从而能按时地、不超预算地开发出高质量的软件。

20.2 CMM/CMMI 的作用

CMM/CMMI 是基于政府评估软件承包商的软件能力发展而来的，有两种通用的评估方法用以评估组织软件过程的成熟度：软件过程评估和软件能力评价。

- 软件过程评估：用于确定一个组织当前的软件工程过程状态及组织所面临的软件过程的优先改善问题，为组织领导层提供报告以获得组织对软件过程改善的支持。软件过程评估集中关注组织自身的软件过程，在一种合作的、开放的环境中进行。评估的成功取决于管理者和专业人员对组织软件过程改善的支持。
- 软件能力评价：用于识别合格的软件承包商或者监控软件承包商开发软件的过程状态。软件能力评价集中关注识别，在预算和进度要求的范围内，完成高质量的软件项目的合同及相关风险。评价在一种审核的环境中进行，重点在于揭示组织实际执行软件过程的文档化的审核记录。

CMM/CMMI 主要应用在两大方面：能力评估和过程改进。软件过程评估和软件能力评价都属于能力评估。

软件过程改进是一个持续的、全员参与的过程。CMM/CMMI 建立了一组有效地描述成熟软件组织特征的准则。该准则清晰地描述了软件过程的关键元素，并包括软件工程和管理方面的优秀实践经验。企业可以有选择地引用这些关键实践经验指导软件过程的开发和维护，以不断地改善软件过程，达成项目的成本、进度、功能和产品质量等目标。

20.3 CMM/CMMI 的主要内容

CMM/CMMI 把软件开发组织的能力成熟度分为 5 个等级。除了第 1 级，其他每一级都由几个过程域组成。每一个过程域都由公共特性予以表征。

CMM/CMMI 给每个过程规定了一些具体目标。按每个公共特性归类的关键惯例是按该关键过程的具体目标选择和确定的。如果恰当地处理了某个关键过程涉及的全部关键惯例，这个关键过程的各项目标就能达到，这就表明该关键过程实现了。

这种分级的思路在于把一个组织执行软件过程的成熟程度分成循序渐进的几个阶段，这与软件组织提高自身能力的实际推进过程相吻合。

这种成熟度分级的优点在于级别明确而清楚地反映了过程改进活动的轻重缓急和先后顺序。这一点很重要，因为大多数软件组织只能在某一段时间里集中开展少数几项过程改进活动。

CMMI 共有分属于过程管理、项目管理、工程和支持 4 个类别的 25 个过程域，SW-CMM 共有 18 个过程域。虽然 CMMI 中的很多过程域与 SW-CMM 中的基本相同，但有几个过程域的范围和内容发生了重要的变化，另外也有几个新增加的过程域。我们这里以 CMMI 为例简要列举相关的过程域。

- CMMI 一级，初始级。没有包含任何过程域。
- CMMI 二级，管理级。包含的过程域有需求管理（RM）、项目计划（PP）、项目监督与控制（PMC）、供应协议管理（SAM）、过程与产品质量保证（PPQA）、配置管理（CM）和度量与分析（MA）。
- CMMI 三级，已定义级。包含的过程域有需求定义（RD）、技术方案（TS）、产品集成（PI）、验证（VER）、确认（VAL）、组织过程聚焦（OPF）、组织过程定义（OPD）、组织培训（OT）、集成项目管理（IPM）、风险管理（RSKM）、决策分析与决定（DAR）、集成供应商管理（ISM）、组织集成环境（OEI）和集成组队（IT）。
- CMMI 四级，量化管理级。包含的过程域有组织过程性能（OPP）和定量项目管理（QPM）。
- CMMI 五级，持续优化级。包含的过程域有组织革新与部署（OID）和原因分析与决策（CAR）。

20.4 CMMI 的评估过程

CMMI 评估组由几方人员共同组成，由主任评估师领导。其中评估小组由经验丰富的软件专业人员组成，还要经过培训，使他们了解组织的同时，也懂得如何将 CMM/CMMI 模型及关键实践与组织的要求建立关联。参与评估的人员包括：公司的管理人员、项目经理、开发人员、培训人员和采购人员等。

评估过程主要分成 3 个阶段：准备阶段、评估阶段和报告阶段。各阶段简述如下。

- 准备阶段包括小组人员培训、计划以及其他必要的评估准备工作。在评估的最初阶段，小组成员的主要任务是采集数据，回答 CMM/CMMI 提问单，文档审阅以及进行交谈，对整个组织中的应用形成全面的了解。
- 评估阶段主要进行数据分析。评估员要对记录进行整理，并检验所观察到的一切信息，然后把这些数据与 CMM/CMMI 进行比较，最后给出评估报告。在每个评估报告中，必须针对 CMM/CMMI 的每个过程域，指出这个软件过程在什么地方已经有效地执行了，什么地方还没有有效地执行。只有在所有评估人员一致通过的情况下，评估报告才有效。
- 在评估报告的基础上，评估小组产生评估结果。评估和评级的结果应与有关的关键过程域和目标相对应。评估报告和结果将送交所有有关的人员并上报美国卡内基梅隆大学软件工程研究所。

本章练习

简述题

简述 CMMI 的 5 个级别及其划分的主要思路。

第21章 敏捷方法

21.1 敏捷方法产生的背景

在 20 世纪 60 年代到 70 年代，软件的客户大多是大型研究机构、军方、航空航天局、大型股票交易公司等，他们需要通过软件系统来进行科学计算、军方项目、登月项目、股票交易系统等超级复杂的项目。这些项目对软件功能的要求非常严格，对计算的准确度要求相当高。

20 世纪 80 年代到 90 年代为“桌面软件时代”，软件开发周期明显缩短，各种新的方法开始进入实用阶段。但是软件发布的媒介还是软盘、CD、DVD 等，开发完成一个软件产品至分发至客户电脑上需要较长的时间周期和较大的经济投入，不能频繁发布新版本。

2000 年前后开启的“互联网时代”，很多软件都是通过网络服务器端实现的，由各种方便的推送渠道快速直达客户端。互联网使知识的获取变得更加容易，很多软件可以由一个小团队来实现。同时，技术更新的速度在加快，用户需求的变化也在加快，开发流程必须跟上这些快速变化的节奏。于是敏捷方法就自然而然地产生了。

2001 年年初，来自于极限编程、Scrum、DSDM、自适应软件开发、水晶方法、特征驱动开发、实效编程的代表们，以及希望找到文档驱动、重型软件开发过程的替代品的一些推动者，共同发布了敏捷软件开发宣言（Manifesto for Agile Software Development）。

由全体参会者签署的敏捷软件开发宣言成为敏捷方法诞生的重要标志。

21.2 敏捷软件开发宣言及所遵循的原则

我们从敏捷软件开发宣言官方网站上引用敏捷软件开发宣言，原文如下。

We are uncovering better ways of developing software by doing it and helping others do it. Through this work we have come to value:

Individuals and interactions over processes and tools

Working software over comprehensive documentation

Customer collaboration over contract negotiation

Responding to change over following a plan

That is, while there is value in the items on the right, we value the items on the left more.

翻译如下。

我们一直在实践中探寻更好的软件开发方法，在身体力行的同时也帮助他人。由此我们建立了以下价值观。

- 个体和互动高于流程和工具。
- 工作的软件高于详尽的文档。
- 客户合作高于合同谈判。
- 响应变化高于遵循计划。

也就是说，尽管每一句后者有其价值，我们更重视前者的价值。

敏捷方法所遵循的原则如下。

- 我们最重要的目标，是通过持续不断地及早交付有价值的软件使客户满意。
- 欣然面对需求变化，即使在开发后期也一样。为了客户的竞争优势，敏捷过程掌控变化。
- 经常地交付可工作的软件，相隔几星期或一两个月，倾向于采取较短的周期。
- 业务人员和开发人员必须相互合作，项目中的每一天都不例外。
- 激发个体的斗志，以他们为核心搭建项目。提供所需的环境和支援，辅以信任，从而达成目标。
- 不论团队内外，传递信息效果最好、效率也最高的方式是面对面的交谈。
- 可工作的软件是进度的首要度量标准。
- 敏捷过程倡导可持续开发。责任人、开发人员和用户要能够共同维持其步调稳定、可持续。
- 坚持不懈地追求技术卓越和良好设计，敏捷能力由此增强。
- 以简洁为本，它是极力减少不必要工作量的艺术。
- 最好的架构、需求和设计出自自组织团队。
- 团队定期地反思如何能提高成效，并依此调整自身的举止表现。

21.3 Scrum 敏捷开发方法①

Scrum 是英语中橄榄球运动的一个专业术语，表示争球，在软件工程领域特指一种敏捷开发方法。Scrum 是一种迭代的增量软件项目管理方法，是敏捷方法中最为常见的软件开发模型之一。

在 Scrum 中将团队角色分为：项目经理（Scrum master）、产品经理（product owner）和团队（team）。

- 项目经理，一般也称为 project manager，负责项目的开发过程。
- 产品经理，代表业务需求方及利益相关方，负责如定义产品功能和特性等工作。

---

① 本节内容主要参考了 Scrum 官网和《硝烟中的 Scrum 和 XP——我们如何实施 Scrum》（*Scrum and XP from the Trenches*）。

- 团队，一个跨职能小组，进行实际分析、设计、实现、测试等工作。

在 Scrum 中每一轮迭代称为一个冲刺（sprint），每个冲刺包括以下活动形式。

- 冲刺规划会议（sprint plan meeting）。
- 每日站会（scrum daily meeting）。
- 冲刺评审会议（sprint review meeting）。
- 冲刺回顾会议（sprint retrospective meeting）。

在 Scrum 中通过以下几种形式来定义工作和跟踪进展。

- 产品积压订单（product backlog），如表 21-1 所示，由产品的所有功能特性组成，包括业务功能、非业务功能（比如技术架构和设计约束等）、改进点以及 bug 修复等。
- 冲刺积压订单（sprint backlog），一般是产品积压订单中优先级比较高的一部分，分配到当前冲刺来完成。
- 燃尽图（burndown chart），是对需要完成的工作的一种可视化表示。一般在坐标系中会有两条线，分别表示期望的工作进度和记录实际的工作进度。记录实际的工作进度的线会根据工程的进展不断更新，每完成一个工作要点就减去相应的数值，以此来衡量剩余的工作量及工作全部完成的剩余时间。如图 21-1 横轴表示天数，纵轴表示工作量，直线表示期望的工作进度，曲线是项目过程中每天更新燃尽图得到随着时间的耗尽工作量逐渐减少的情况。
- 障碍积压订单（impediments list），列举了所有阻碍项目进度的问题，主要是团队内部和团队相关的工作任务。

表 21-1 产品积压订单

序号	名称	优先级	估算工作量	如何演示	备注
1	存款	30	5	登录，打开存款界面，存入 1 元，检查我的余额是否增加了 1 元	需 UML 时序图
2	查询交易明细	10	8	登录，存款，查询交易记录，最新的交易为刚刚完成的存款，进入该交易界面，看到交易明细	交易记录列表应该具有分页功能
……	……	……	……	……	……

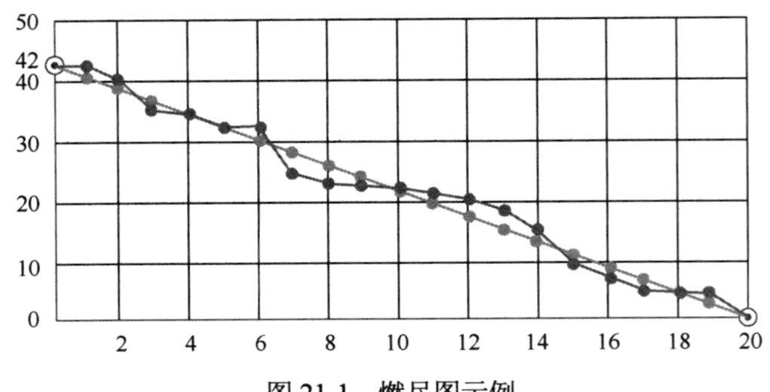

图 21-1 燃尽图示例

冲刺计划会议要点如下。

- 计划会议要有足够的时间，最好至少 8 个小时。
- 取出部分产品积压订单做成冲刺积压订单，并写成索引卡，索引卡示意图如图 21-2 所示。

订单序号：2	优先级
订单名称： 查询交易明细	10
如何演示： 登录，存款，查询交易记录，最新的交易为刚刚完成的存款，进入该交易界面，看到交易明细	估算工作量 8
备注： 交易记录列表应该具有分页功能	其他选项： ➤ ☐ ➤ ☒ ➤ ☑ ➤ ☒

图 21-2　积压订单索引卡示意图

- 确定并细分每一个索引卡的用户故事（user story）。
- 用故事看板划分索引卡的优先级。在冲刺计划会议中将当前冲刺的所有索引卡的用户故事列举在故事看板上，通过投票的方式确定优先级顺序。
- 用计划纸牌评估工作量。即团队中的每个成员给出评估的工作量数值，给出最高评估值和最低评估值的成员需要解释其评估的依据，然后重复计划纸牌评估工作量，直到所有团队成员评估值大致相同。
- 由团队成员进行工作认领，而不是分配工作任务。这样有利于调动团队成员的责任感和主观积极性。
- 确定每日站会的时间和地点。
- 确定好演示会议和回顾会议的日期。

每日站会要点如下。

- 10～15 分钟。
- 迟到将接受惩罚。
- 自问自答 3 个问题。
    - 昨天做了什么？
    - 今天要做什么？
    - 遇到了什么问题？
- 使用好任务看板，每日更新任务看板，其示意图如图 21-3 所示。
- 每日更新燃尽图。

冲刺评审会议要点如下。

- 演示是跨团队的，会产生不同团队之间的交流。
- 不要关注太多的细节，以演示主要的功能为主。
- 让老板和客户看到演示效果。
- 冲刺评审会议非常的重要，绝对不可以被忽略。

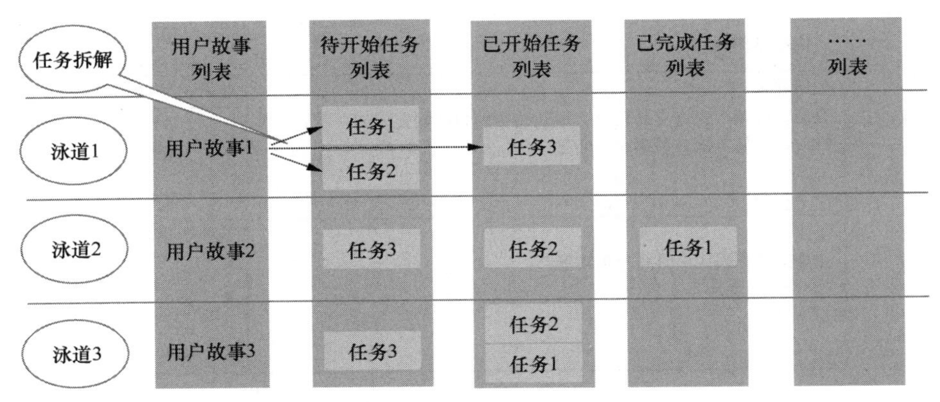

图 21-3　任务看板示意图

冲刺回顾会议主要是在团队内部进行，讨论的问题举例如下。

- 我们应花更多时间，把故事拆分成更小的条目和任务。
- 我们办公室的环境太吵、太混乱了。
- 我们做出了过度的承诺，最后只完成了一半工作。

Scrum 敏捷开发方法基本流程示意图如图 21-4 所示。

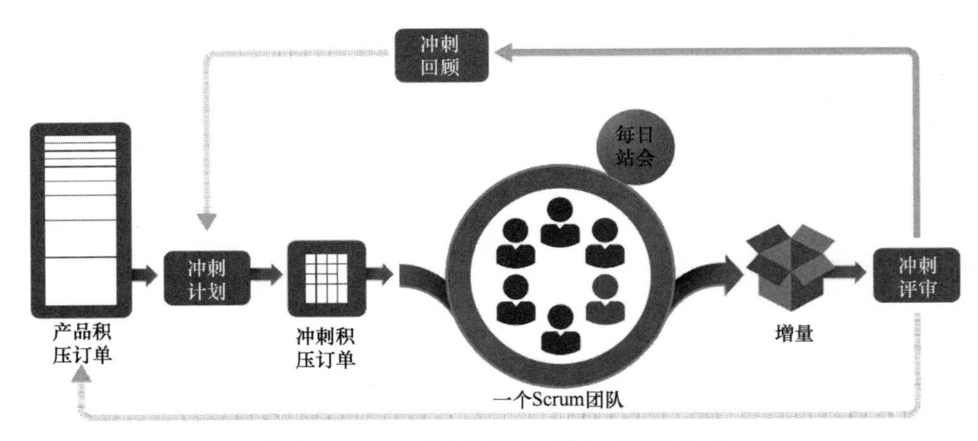

图 21-4　Scrum 敏捷开发方法基本流程示意图

第一步：找出完成产品需要做的事情，即产品积压订单（如图 21-4 中的产品积压订单）。

产品经理领导大家对产品积压订单中的条目进行分析、细化、理清相互关系，估计工作量等工作。每一项工作的时间估计以天为单位。

第二步：计划当前的冲刺需要解决的事情（如图 21-4 中的冲刺计划），决定冲刺积压订单（如图 21-4 中的冲刺积压订单）。整个产品的实现被划分为几个互相联系的冲刺。产品积压订单上的任务被进一步细化了，被分解为以小时为单位。如果一个任务的估计时间太长（如超过 16 个小时），那么它就应该被进一步分解。

订单上的任务由团队成员根据自己的情况来认领。团队成员能主导任务的估计和分配，他们的主观能动性可得到较大的发挥。

第三步：冲刺。

团队按照冲刺积压订单任务执行。在冲刺阶段，外部人士不能直接打扰团队成员。一切交流只能通过项目经理来完成。冲刺阶段团队成员每日举行站会（如图 21-4 中的每日站会）。

第四步：完成当前冲刺得到软件的一个增量版本（如图 21-4 中的增量），举行冲刺评审会议（如图 21-4 中的冲刺评审），发布给用户。最后举行冲刺回顾会议（如图 21-4 中的冲刺回顾），然后在此基础上进一步计划增量的新功能和改进进入下一轮冲刺。

Scrum 的主要缺陷如下。

- 工作压力大。
- 不方便跨时区、跨语言的团队采用 Scrum。
- 工作流程的维护成本偏高。
- 项目开发流程无法被中断，一旦中断会影响项目整体工作流程。

如何改善 Scrum？我们认为可以从以下几个方面改善 Scrum。

- 结合极限编程（eXtreme Programming，XP）的以下优点。
  - 和客户坐在一起开展工作。
  - 采用结对编程提高编程质量。
  - 遵循测试驱动开发方法。
  - 在项目中使用编码规范。
- 采用每周 40 小时工作制减小工作压力，提高工作效率。

根据 Scrum 敏捷开发方法的工作流程，我们可以对 Scrum 做个简要的总结，要点如下。

- 全员规划，分块并行。
- 文档为纲，当面交流。
- 迭代开发，分块检查，持续交付。
- 优先开发，讲究实效。

本章练习

一、选择题

下列软件哪个最适合采用敏捷开发方法。（　　）

A．Windows操作系统

B．铁路12306购票网

C．ERP管理系统

D．小型创业项目软件

二、简述题

1．简述敏捷方法的主要原则。

2．简述Scrum敏捷开发方法的主要工作流程。

第22章 DevOps

22.1 什么是 DevOps

DevOps 是 Development 和 Operations 的组合词，特指一组过程、方法与系统的统称，用于促进软件开发、技术运营和质量保障（Quality Assurance，QA）部门之间的沟通、协作与整合。它的出现是由于软件行业日益清晰地认识到：为了按时交付软件产品和服务，开发和运营工作必须紧密合作。

可以把 DevOps 看作开发、技术运营和质量保障三者的交集，其示意图如图 22-1 所示。

传统的软件组织将开发、技术运营和质量保障设为各自分离的部门。DevOps 是一套针对这几个部门间沟通与协作问题的流程、方法和系统。

学术界和软件工程实践者并没有对 DevOps 给出统一的定义，但是从学术的角度看，计算机科学研究人员建议将 DevOps 定义为“一套旨在缩短从提交变更到变更后的系统投入正常生产之间的时间，同时确保产品高质量的实践方法”，其流程如图 22-2 所示。将开发阶段的计划、创建、验证、打包，和运营阶段的发布、配置、监控，紧密结合起来。

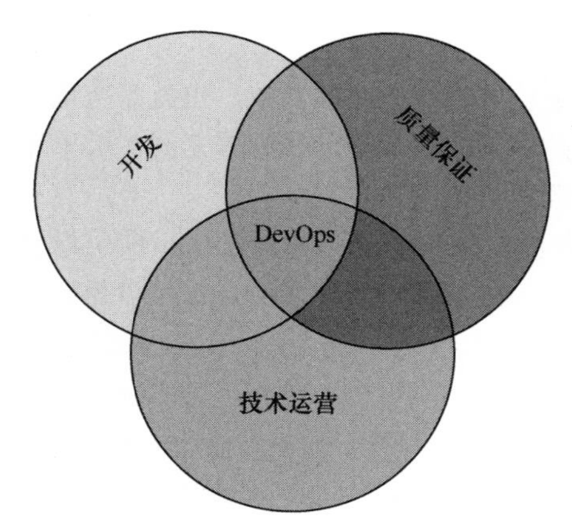

图 22-1　DevOps 示意图

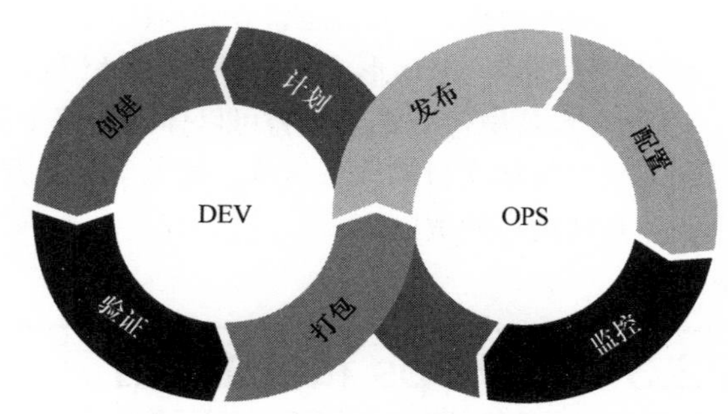

图 22-2　DevOps 流程示意图（源自互联网）

DevOps 一般认为起源于 2009 年，雅虎旗下的图片分享网站 Flickr 的运维部门经理约翰•阿尔斯帕瓦（John Allspaw）和工程师保罗·哈蒙德（Paul Hammond），于2009年6月23日，在美国加利福尼亚州圣何塞举办的Velocity 2009大会上，发表了演讲“10+ Deploys Per Day: Dev and Ops Cooperation at Flickr”。

这次演讲有一个核心议题：Dev和Ops的目标到底是不是冲突的？传统观念认为Dev和Ops的目标是有冲突的，即Dev的工作是添加新特性，而Ops的工作是保持系统运行的稳定和快速；而Dev在添加新特性时所带来的代码变更会导致系统运行不稳定和变慢，从而引发Dev与Ops的冲突。然而从全局来看，Dev和Ops的目标是一致的，即都是让业务所要求的那些变化能随时上线可用。

其实早在2007年DevOps的潜在需求就已出现，当时比利时独立咨询师帕特里克·德布瓦（Patrick Debois）在参与一个测试工作时，需要频繁往返于Dev团队和Ops团队。Dev团队已经实践了敏捷，而Ops团队还是采用传统运维的工作方式。看到Ops团队每天忙于“救火”和疲于奔命的状态，帕特里克想：能否把敏捷的实践引入Ops团队呢？

了解到“10+ Deploys Per Day: Dev and Ops Cooperation at Flickr”演讲之后，帕特里克于2009年10月30日至31日，在比利时的一个城市根特，以社区自发的形式举办了一个名为DevOpsDays的大会。这次大会吸引了不少开发者、系统管理员和软件工具程序员来参加。会议结束后，大家继续在网上交流。帕特里克把DevOpsDays中的Days去掉，而创建了#DevOps这个主题标签，DevOps一词正式诞生。

22.2 DevOps和敏捷方法

从企业业务周期的角度回顾整个开发到运维的过程，开发和运维往往分别按照不同的节奏进行，导致产品部署的时间间隔过长，使一个敏捷开发团队的产品发布变成了一直试图避免的瀑布生命周期。这时无论开发团队有多么敏捷，从总体上改变企业业务缓慢和迟钝的表现都是极其困难的。

因此可以将DevOps看成是敏捷方法从技术开发领域扩展到业务运维领域，也就是实现业务上全周期的敏捷。在业务运营者做出决策、开发者进行响应和IT运维上线部署之间能够紧密互动和快速反馈，从而形成与业务需求始终努力保持一致的持续改进过程。

DevOps使敏捷方法的优势可以体现在整个企业业务组织机构层面。通过实现反应灵敏且稳定部署、持续交付的业务运维，使其能够与开发过程的创新保持同步，DevOps可以做到整个业务实现过程的敏捷。

22.3 DevOps和精益原则

精益原则是衍生自丰田生产方式的一种管理哲学。精益生产（lean production）是美国麻省理工学院的专家对日本丰田准时生产（just-in-time，JIT）的生产方式的赞誉称呼。精益生产指在需要的时候、按需要的量、生产所需的产品。

精益生产的主要特点如下。

- 追求零库存。精益生产是一种追求无库存生产，或使库存达到极小的生产系统，为此而开发了包括“看板”在内的一系列具体方式，并逐渐形成了一套独具特色的生产经营体系。
- 追求快速反应，即快速应对市场的变化。
- 把企业的内部活动和外部的市场（顾客）需求和谐地统一于企业的发展目标。
- 强调人力资源的重要性，把员工的智慧和创造力视为企业的宝贵财富和未来发展的原动力。

精益创业（lean startup）是硅谷流行的一种创业方法论，它的核心思想是，先在市场中投入一个极简的原型产品，然后通过有价值的用户反馈不断改进，对产品进行快速迭代优化，以期适应市场。

精益创业是一种消除浪费、提高速度与提升效率的方法。旨在以客户为中心，尊重客户价值，防止服务不足与服务过度，杜绝无价值的经济活动，并致力于持续改进、追求卓越，不断优化投入产出效益。

精益创业的目标是提升效益。创业者都知道利润该怎么计算：利润=销售收入−销售成本。实际上，精益创业就是要通过强化细节管理降低成本和提升效率，进而提升企业效益。

实现精益创业的基本方法如下。

- 全过程——不放过任何一个环节。
- 全员化——要树立全员成本控制的理念，而不是仅靠创业者自己。
- 标准化——要力求做到量化，能够定量的要定量，不能定量的要定性，做到成本管理有依据可衡量。
- 责任化——明确承担相应责任的对象，如果没有明确的责任人，成本目标和手段等均将形同虚设。

软件开发中的精益原则体现在最小可行产品上，又称最小功能集（minimal feature set），把产品最核心的功能用最小的成本实现出来（或者描绘出来），然后快速征求用户意见获得反馈进行改进优化。

显然 DevOps 在整个业务实现过程中都在践行精益原则。

22.4 DevOps 和全栈自动化

在敏捷和精益原则的指导下，全栈自动化（full stack automation）是 DevOps 得以实现的重要支撑。随着虚拟化和云计算技术的发展，全栈自动化在 Docker 等基础设施即代码（infrastructure as code）的基础上得以实现，从而将开发阶段和运维阶段的工作通过自动化的方式无缝衔接，从而极大地加速从需求、开发、测试、发布和运维整个过程的迭代，做到持续集成、持续交付。

全栈自动化相关工具分类如表22-1所示。

表22-1 全栈自动化相关工具分类表

类别	软件工具举例
配置管理	Subversion (SVN), git, Perforce, PassPack, PasswordSafe, ESCAPE, ConfigGen
持续集成	Jenkins, AntHill Pro, Go. Supporting tools: , Doxygen, JavaDoc, NDoc, CheckStyle, Clover, Cobertura, FindBugs, FxCop, PMD, Sonar
测试	AntUnit, Cucumber, DbUnit, Fitnesse, JMeter, JUnit, Selenium
构建和部署	Ant, NAnt, MSBuild, Buildr, Gradle, make, Maven, Rake
基础设施环境	AWS EC2, AWS S3, Windows Azure, Google App Engine, Heroku, Capistrano, Cobbler, BMC Bladelogic, CFEngine, IBM Tivoli Provisioning Manager, Puppet, Chef, Windows Azure
数据存储	Hibernate, MySQL, Oracle, PostgreSQL, SQL Server, SimpleDB, SQL Azure, MongoDB
组件和依赖	Ivy, Archiva, Nexus, Artifactory, Bundler
协作	Mingle, Greenhopper, JIRA

综合前述软件危机、软件过程模型、PSP和TSP、CMM/CMMI、敏捷方法和DevOps，我们简要做个总结。

为了应对软件危机，人们首先想到的是通过简化和抽象的方法“就事论事”地处理软件本身的问题，从而诞生了结构化程序设计、面向对象分析和设计、模块化方法、软件设计模式、软件架构等一系列技术。这些技术确实在一定程度上缓解了软件危机，这些技术本质上都是通过对软件本身的抽象来有效管控软件的复杂性。但在大型复杂软件系统中，这些技术依然力有不逮。

“行有不得，反求诸己”。难以为复杂软件建立完整且一致的抽象概念模型这一本质问题显现出来后，人们逐渐认识到相对于软件本身的管理这一局部问题，项目管理上的全局问题是更为主要的矛盾。于是开始反思软件开发过程本身，因此将软件过程改进纳入应对软件危机的视野中，从而提出了各种软件生命周期模型及软件过程改进方法，以PSP和TSP的基本方法为支撑的CMM/CMMI最具有代表性。

随着互联网、移动互联网以及虚拟化、云计算等技术的发展，软件要依赖的环境发生显著变化，当然这些变化本身也是软件塑造的结果。软件从复杂单体软件的以架构为中心向微服务架构的分布式软件转变，软件过程从CMM/CMMI向敏捷方法和DevOps转变。

重构作为编程的一种基本方法得到业界的普遍认同和采纳；微服务架构有利于在更高的设计抽象层级上对软件进行重构；敏捷方法进一步有利于在软件开发过程层面进行迭代和重构；DevOps可全面地在业务、运维和效益层面进行快速迭代重构。

本章练习

一、填空题

DevOps 是 Development 和 Operations 的组合词，特指一组过程、方法与系统的统称，用于促进（　　　　）、（　　　　）和（　　　　）部门之间的沟通、协作与整合。

二、简述题

简述 DevOps 在思想上和实践上的主要内涵。

测验题

一、选择题

1．软件工程的基本目标是（　　）。

A．消除软件固有的复杂性

B．开发高质量的软件

C．努力发挥开发人员的创造性潜能

D．更好地维护正在使用的软件产品

2．软件工程的出现主要是由于（　　）。

A．程序设计方法学的影响

B．其他工程科学的影响

C．软件危机的出现

D．计算机的发展

3．以下哪一项不是软件危机的表现形式（　　）。

A．开发的软件不满足用户需要

B．开发的软件可维护性差

C．开发的软件价格便宜

D．开发的软件可靠性差

4．软件可行性研究一般不考虑（　　）。

A．是否有足够的人员和相关的技术来支持系统开发

B．是否有足够的工具和相关的技术来支持系统开发

C．待开发软件是否有市场、经济上是否合算

D．待开发的软件是否会有质量问题

5．需求分析阶段的主要任务是确定（　　）。

A．软件开发方法

B．软件开发工具

C．软件开发费

D．软件系统的功能

6．需求分析最终结果是产生（　　）。

A．项目开发计划

B．需求规格

C．设计

D．可行性分析报告

7．某企业财务系统的需求中，属于功能需求的是（　　）。

A．每个月特定的时间发放员工工资

B．系统的响应时间不超过 3 秒

C．系统的计算精度符合财务规则的要求

D．系统可以允许 100 个用户同时查询自己的工资

8．软件需求分析阶段建立原型的主要目的是（　　）。

A．确定系统的功能和性能要求

B．确定系统的性能要求

C．确定系统是否满足用户要求　　D．确定系统是否为开发人员需要

9．面向对象分析过程中，从给定需求描述中选择（　　）来识别对象。

A．动词短语　　B．名词短语

C．形容词　　D．副词

10．小汽车类与红旗轿车类的关系是（　　）。

A．泛化关系　　B．聚合关系

C．关联关系　　D．实现关系

11．车与车轮之间的关系是（　　）。

A．组合关系　　B．聚合关系

C．继承关系　　D．关联关系

12．软件的基本结构包括（　　）等。

A．过程、子程序和分程序　　B．顺序、分支和循环

C．递归、堆栈和队列　　D．调用、返回和转移

13．当类中的属性或方法被设计为 private 时，（　　）可以对其进行访问。

A．应用程序中所有方法　　B．只有此类中定义的方法

C．只有此类中定义的 public 方法　　D．同一个包中的类中定义的方法

14．采用继承机制创建子类时，子类中（　　）。

A．只能有父类中的属性　　B．只能有父类中的行为

C．只能新增行为　　D．可以有新的属性和行为

15．面向对象设计时，对象信息的隐藏主要是通过（　　）实现的。

A．对象的封装性　　B．子类的继承性

C．系统模块化　　D．模块的可复用

16．对象实现了数据和操作的结合，使数据和操作（　　）于对象的统一体中。

A．结合　　B．隐藏

C．封装　　D．抽象

17．（　　）意味着一个相同的操作在不同的类中有不同的实现方式。

A．多继承　　B．封装

C．多态性　　D．类的复用

18．面向对象分析设计方法的基本思想之一是（　　）。

A．基于过程或函数来构造一个模块

B．基于事件及对事件的响应来构造一个模块

C．基于问题领域的成分来构造一个模块

D．基于数据结构来构造一个模块

19．软件设计中的（　　）设计指定各个组件之间的通信方式以及各组件之间如何相互作用。

A．数据　　B．接口

C．结构　　D．组件

20. 内聚表示一个模块（　　）的程度，耦合表示一个模块（　　）的程度。

A. 可以被更加细化　　B. 仅关注在一件事情上

C. 能够适时地完成其功能　　D. 连接其他模块和外部世界

21. 模块 A 直接访问模块 B 的内部数据，则模块 A 和模块 B 的耦合类型为（　　）。

A. 数据耦合　　B. 标记耦合

C. 公共耦合　　D. 内容耦合

22. 软件设计中划分模块的一个准则是（　　）。

A. 低内聚低耦合　　B. 低内聚高耦合

C. 高内聚低耦合　　D. 高内聚高耦合

23. 为了提高模块的独立性，模块内部最好是（　　）。

A. 逻辑内聚　　B. 时间内聚

C. 功能内聚　　D. 通信内聚

24. 软件详细设计的主要任务是确定每个模块的（　　）。

A. 算法和使用的数据结构　　B. 外部接口

C. 功能　　D. 编程

25. 某软件在应用初期运行在 Windows 操作系统中，现因某种原因，该软件需要在类 UNIX 操作系统中运行，而且必须完成相同的功能。为适应这个要求，软件本身需要进行修改，而所需修改的工作量取决于该软件的（　　）。

A. 可扩展性　　B. 可靠性

C. 可复用性　　D. 可移植性

26. 软件设计中，用抽象和分解的目的是（　　）。

A. 提高易读性　　B. 降低复杂性

C. 增加内聚性　　D. 降低耦合性

27. 以下哪个不是统一过程 RUP 的核心（　　）。

A. 压低开发成本　　B. 以架构为中心

C. 增量且迭代的过程　　D. 用例驱动

28. 软件测试的目标是（　　）。

A. 证明软件是正确的　　B. 发现错误、降低错误带来的风险

C. 排除软件中所有的错误　　D. 与软件调试相同

29. 经过严密的软件测试后所提交给用户的软件产品（　　）。

A. 不再包含任何错误　　B. 还可能包含少量软件错误

C. 所提交的可执行文件不会含有错误　　D. 文档中不会含有错误

30. 在设计测试用例时，应当包括（　　）。

A. 合理的输入条件　　B. 不合理的输入条件

C. 合理的和不合理的输入条件　　D. 部分条件

31．使用白盒测试方法时，应根据（　　）来确定测试用例。

A．程序的内部逻辑　　B．程序的复杂程度

C．该软件的编辑人员　　D．程序的功能

32．测试的关键问题是（　　）。

A．如何组织对软件的评审　　B．如何验证程序的正确性

C．如何采用综合策略　　D．如何选择测试用例

33．某项目为了修正一个错误而进行了修改。错误修改后，还需要进行（　　）以发现这一修改是否引起原本正确运行的代码出错。

A．单元测试　　B．接收测试

C．安装测试　　D．回归测试

34．界面原型化方法是用户和软件开发人员之间进行的一种交互过程，适用于（　　）系统。

A．需求不确定的　　B．需求确定的

C．管理信息　　D．决策支持

35．下列软件哪个最适合采用敏捷开发方法（　　）。

A．Windows 操作系统　　B．铁路 12306 购票网

C．ERP 管理系统　　D．小型创业项目软件

36．从瀑布模型来看，在软件生命周期的各个阶段中，下面的（　　）中出错对软件的影响最大。

A．需求分析　　B．设计

C．实现　　D．测试

37．软件会逐渐退化而不会磨损，其原因在于（　　）。

A．软件通常暴露在恶劣的环境下　　B．软件错误通常发生在使用之后

C．不断的变更引起错误　　D．软件备件很难订购

二、判断题

1．（　　）按照工程规范 C 语言代码中 if、for、while、do 等语句应自占一行，执行语句不得紧跟其后，但执行语句只有一句时可以考虑省略前后的{}。

2．（　　）代码行内要适当多留空格，如“=”“+=”“>=”“<=”“+”“*”“%”“&&”“||”“<<”“^”等操作符的前后应当加空格。但对于表达式比较长的 for 语句和 if 语句，为了紧凑可以适当地去掉一些空格，如 for (i=0; i<10; i++)和 if ((a<=b) && (c<=d))。

3．（　　）代码风格规范非常重要，当我们参与一个大型项目时，对于原来团队已经形成的习惯性的不良代码风格要勇于说不，并按良好的代码风格进行新增代码，甚至可以建议团队按良好的代码风格规范重新整理已有代码。

4．（　　）在一个函数体内，逻辑上密切相关的语句之间不加空行，其他地方应适当多加空行分隔。

5．（　　）程序的分界符'{'和'}'应独占一行并且位于同一列，同时与引用它们的语句左对齐。{ }之内的代码块在'{'右边 8 个空格处左对齐。

6．（　　）遵守代码风格规范的主要目的是能编译出执行效率更高的可执行程序，同时能

提高代码的可读性以便于维护代码。

7．（　　）一行代码只做一件事情，如只定义一个变量，或只写一条语句。一个函数只做一件事情，如只完成一个特定功能，或只负责一项特定的工作。一个类或软件单元模块只做一件事情，如只完成特定的一类功能，或只负责一组类似的工作。这样做的目的是降低代码的耦合度和内聚度。

8．（　　）代码中的注释是非常重要的，它能帮助提高代码的可读性，但通过变量名、函数名、类名等命名等代码风格规范上就能保证代码易于阅读和理解，则注释不一定是必要的。

9．（　　）代码中一般要避免直接使用 magic number（一些可变的参数数值），一般 magic number 需要使用宏定义间接用到代码逻辑中去，比如#define ZERO 0，用 ZERO 替代代码中的 0 就是比较好的做法。

10．（　　）如果能在编码过程中通过文件名、变量名、函数名等命名的方式达成易于阅读和理解的目标，则所有注释都是不必要的，如函数接口说明、重要的代码行或段落提示、版权声明等注释。

11．（　　）测试驱动是将测试用例传递给被测对象的例行程序；测试桩是模拟缺少的软件模块的专用程序。

12．（　　）模块化的思想和关注点分离是两个不同的概念，模块化使用耦合和内聚的程度来度量；而关注点的分离是分解大的系统或模块的方法。

13．（　　）接口规格是软件系统的开发者正确使用一个软件模块需要知道的所有信息，那么这个软件模块的接口规格定义就必须清晰明确地说明正确使用本软件模块的信息。一般来说，接口规格包含 5 个基本要素：接口的目的；接口使用前所需要满足的条件，一般称为前置条件或假定条件；使用接口的双方遵守的协议规范；接口使用之后的效果，一般称为后置条件；接口所隐含的质量属性。以函数方式的接口为例，参数个数、参数类型、返回值类型等是指使用接口的双方遵守的协议规范，而接口使用之后的效果，可以是返回值，也可以是指针方式的参数等。

14．（　　）功能内聚是理想的内聚程度，是指一个模块只负责单一的功能，是划分模块的重要原则。

15．（　　）面向对象设计中对象之间的继承关系有利于子类复用父类的功能，而对象更重要的作用是提供一种抽象方法，将数据、行为和功能进行更高层级的封装，暴露出更加简洁的外部可见接口。基于这种思想我们可以对复杂系统进行特定目的的抽象封装，封装为一个对象，这个对象及其外部可见的接口即外观，这就是外观模式。

16．（　　）软件设计模式是为包容变化而生的，因此使用软件设计模式带来的结果是代码更容易修改和扩展、更容易理解和阅读、有更好的执行效率等。

17．（　　）用户接口原型可以帮助做系统架构可行性验证，而软件架构原型可以帮助获取需求。

18．（　　）软件过程模型中的 V 模型体现了模块化的思想，是在瀑布模型的基础上将有共同点的任务聚集起来，实际上提高了阶段性任务的内聚程度，比如需求分析和交付测试都有共同关心的关键内容，那就是需求规格；系统设计与系统测试也都有共同关心的关键内容即系统设计规格。

19．（　　）统一过程与敏捷方法的共同点有用例驱动、增量开发和迭代开发；与 CMM 的共同点包括对系统架构的精心设计、计划及文档化等。

20.（　　）根据敏捷宣言的思想，编写可工作的代码至关重要，而设计、测试、计划等文档可有可无。

21.（　　）流行的敏捷软件开发过程有 XP 和 Scrum 等，显然它们都按照敏捷宣言的思想要求对规范化、架构设计、过程改进、文档化、周密计划、严格控制等完全不做要求，以快速迭代地发布新版本软件的方式提高软件开发效率。

22.（　　）在 Scrum 敏捷开发过程中具体的任务由项目经理负责分配。

23.（　　）可以通过多种途径来挖掘需求，不同途径获取的需求可能会不一致，甚至是矛盾的，需求评审可以尽早发现需求中的问题，但这依赖于评审者的经验和能力水平，使用界面原型方法和建模的方法是验证需求的一致性的有效措施。界面原型更容易发现不同用户对用户界面要求的差异，而建模的方法能更容易发现矛盾的需求及逻辑上不一致的地方。

24.（　　）观察者模式和策略模式都属于 Publish-Subscribe 模式的架构策略。

25.（　　）在模块化软件设计中，我们在不同层级进行模块的抽象封装，换句话说模块化软件设计的复杂系统一般是符合层次化架构风格的，系统越复杂层次化风格的表现一般就越突出。

26.（　　）代码设计的质量属性首要的是可读性；架构设计的质量属性首要的是可修改性。代码设计基本不关心性能问题，而架构设计需要仔细考虑架构对性能的影响。其中架构设计时模块之间的耦合度越高可修改性越好，模块的内聚度越高可修改性也越好。

27.（　　）架构质量中的性能可以用响应时间的长短、吞吐量的大小、负载均衡程度和结果是否正确等指标来衡量。

28.（　　）系统架构支持从故障中快速恢复说明架构质量属性中的可靠性好。

29.（　　）软件架构设计文档中只需要对设计的结果进行描述，比如使用部署视图、执行视图、分解视图等不同角度进行描述，方便软件开发过程中不同类型的工程师理解架构的不同方面。架构设计过程中的关键问题和重要权衡在文档中不必描述。

30.（　　）使用不同视图对架构进行描述，不仅可以发现架构设计的不一致性等设计问题，而且有助于提高设计评审的效率和质量。

31.（　　）如果两个模块之间没有任何耦合关系，则一个模块被修改理论上不会对另一个模块带来任何影响。

32.（　　）当我们积累了大量故障数据，使用云计算、大数据、数据分析等最新技术我们可以相对准确地预测下一次故障发生的时间。

33.（　　）软件需要维护的主要原因是现实需求在不断变化，而不良的维护造成需求、设计、代码等文档之间不一致，进一步带来维护难题，甚至造成代码恶化系统能力降级等更严重的后果，因此提高维护人员素质和导入维护技术工具显得格外重要，其中从需求到测试过程的可视化水平跟踪工具能够避免大多数维护中造成的不一致问题。

34.（　　）逆向工程是从软件代码逆向分析其原始需求规格和设计方案，在实际软件开发过程中逆向工程被广泛应用，因为大多数软件都不是从头开始开发的，而是对现有的软件代码进行改造、集成加以利用。

35.（　　）工作任务分解结构（Work Breakdown Structure，WBS）在项目计划和管理中非常有用，因为它可以将项目划分成离散的独立任务，对进度追踪管理和项目工作量评估都可以起到基础性作用。另外，WBS在描述系统架构时也比较常用，因为它可以描述模块化架构中的模块内部的内聚性和模块之间的耦合性。

36.（　　）活动图中从起点到终点的最长路径为关键路径，关键路径上的活动不得延期，否则整个项目必然延期；如果关键路径上的某个活动提前1个人月完成，则整个项目必然提前1个人月结束。

37.（　　）大项目一般适合选择高度结构化的组织形式，但高度集权的组织形式不利于团队创新能力的发挥。统一过程包含增量和迭代的开发等敏捷方法中的一些最佳实践，因此统一过程降低了组织的结构化来达成提高团队工作效率的目的。

38.（　　）软件开发中的工作量评估是困难的，它非常依赖个人能力和经验，因此个人独立进行工作量评估得到的结果往往偏差较大。Scrum敏捷开发过程中的纸牌方法可以发现评估值的两个极端，通过对这两个极端值产生原因的讨论（实际上进一步理解了任务本身），可以得到更加准确的工作量评估值。

39.（　　）软件开发是一项复杂的工作，软件工程师自身的主观能动性在开发过程中起着决定性的作用，因此在软件项目管理中激发软件工程师的进取心、责任感和成就感异常重要。在具体任务分配过程中，鼓励软件工程师主动做出承诺，比如鼓励主动认领任务而不是摊派任务，同时任务一定要有明确的产出结果、责任人和截止时间，当然这些最好也由工程师主动做出承诺，至少要达成一致。

40.（　　）软件危机产生的根源是：一个整体上错综复杂的系统，内部紧密耦合，当代码的规模达到一定程度后超出了程序员应对复杂问题的能力极限。

三、填空题

1．需求的类型有（　　　　）、（　　　　）、（　　　　）和（　　　　）。

2．需求分析的两类基本方法是（　　　　）和（　　　　）。

3．VS Code中调出查找并运行所有命令工具的快捷键是（　　　　）。

4．VS Code中切换集成终端的快捷键是（　　　　）。

5．在Git命令行下查看当前工作区的状态的命令为（　　　　）。

6．在Git命令行下将更改的文件加入暂存区的命令为（　　　　）。

7．在Git命令行下把暂存区里的文件提交到仓库的命令为（　　　　）。

8．正则表达式中的通配符（　　　　）将匹配任意一个字符；通配符（　　　　）用来查找出现一次或多次的字符；通配符（　　　　）用于匹配零次或多次出现的字符；通配符（　　　　）指定可能存在的字符，也就是检查前一个字符存在与否。

9．使用字符集可以灵活地搜索文字模式，其中（　　　　）中的字符用来定义一组你希望匹配的字符。

10．用（　　　　）可以定义捕获组，用于查找重复的子串，即把会重复的模式的正则表达式放在其中。如果我们在搜索替换中希望保留搜索字符串中的某些字符串作为替换字符串的一部分，可以使用符号（　　　　）在替换字符串中访问捕获组。

11．统一过程的核心是（　　　　）、（　　　　）、（　　　　）且（　　　　）的过程。

12．DevOps 是 Development 和 Operations 的组合词，特指一组过程、方法与系统的统称，用于促进（　　　　）、（　　　　）和（　　　　）部门之间的沟通、协作与整合。

四、简述题

1．在 Git 中默认的分支合并方式为“快进式合并”，但是我们常常使用--no-ff 参数关闭“快进式合并”，请你简述两者有何不同。

2．简述在代码编写中性能优先策略背后隐藏的代价有哪些。

3．简述模块化软件设计的基本原理。

4．什么是本地化外部接口？

5．简述接口的 5 个要素。

6．简述接口与耦合度之间的关系。

7．简述通用接口定义的一般方法。

8．简述什么是可重入函数。

9．简述高质量需求的典型特征。

10．用例可以划分为 3 个抽象层级，简述用例的 3 个抽象层级的内涵。

11．验证业务领域相关的动名词或动名词短语是不是用例的标准是满足 4 个必要条件，请简述这 4 个必要条件。

12．简述对象交互建模的基本步骤。

13．请举例说明闭包的含义。

14．请分析以下代码的执行时序。

```
function timeout(ms) {
    return new Promise((resolve) => {
        setTimeout(resolve, ms);
    });
}

timeout(100).then(() => {
    console.log('done');
});
```

15．谈谈你对软件本质属性的理解。

16．简述依赖倒置原则的主要含义及其应用价值。

17．为什么说 MVC 架构更灵活，而 MVVM 架构更智能？从软件结构特点上简述背后的原因。

18．简述执行视图、实现视图和部署视图主要描述了软件的哪些方面。

19．为什么易于修改维护在软件质量属性中具有突出的地位？

20．简述原型化的瀑布模型的主要特点。

21．简述 V 模型的主要特点。

22．简述团队组织的结构化强度与项目特点之间的关系。

23．简述 CMM/CMMI 的 5 个级别及其划分的主要思路。

24．简述敏捷宣言的核心思想。

25．简述 DevOps 在思想上和实践上的主要内涵。

五、编程题

参照以下接口定义，文件名为 linktable.h，采用面向接口编程的方法，请编写测试驱动（test driver）代码，实现在链表中查找符合自定义条件的节点。

```
#ifndef _LINK_TABLE_H_
#define _LINK_TABLE_H_

#define SUCCESS 0
#define FAILURE (-1)

/*
 * LinkTableNode Head Type, example as below:
 * typedef struct UserNode
 * {
 *     tLinkTableNode head;
 *     tUserData data;
 * }tUserNode;
 */
typedef struct LinkTableNode tLinkTableNode;

/*
 * LinkTable Type
 */
typedef struct LinkTable tLinkTable;

/*
 * Create a LinkTable
 */
tLinkTable * CreateLinkTable();
/*
 * Delete a LinkTable
 */
int DeleteLinkTable(tLinkTable *pLinkTable);
/*
 * Add a LinkTableNode to LinkTable
 */
int AddLinkTableNode(tLinkTable *pLinkTable, tLinkTableNode * pNode);
/*
 * Delete a LinkTableNode from LinkTable
 */
int DelLinkTableNode(tLinkTable *pLinkTable, tLinkTableNode * pNode);
/*
 * Search a LinkTableNode from LinkTable
 * int Condition(tLinkTableNode * pNode, void * args);
 */
tLinkTableNode * SearchLinkTableNode(tLinkTable *pLinkTable, int Condition(tLink
TableNode * pNode, void * args), void * args);

#endif /* _LINK_TABLE_H_ */
```